草本花卉与景观

HERBACEOUS FLOWERS AND LANDSCAPE

王意成　著

中国林业出版社

图书在版编目（CIP）数据

草本花卉与景观 / 王意成 著. — 北京：中国林业出版社, 2014.4
（植物与景观丛书）
ISBN 978-7-5038-7418-5

Ⅰ.①草… Ⅱ.①王… Ⅲ.①草本植物—花卉—观赏园艺②园林植物—景观设计 Ⅳ.①S68②TU986.2

中国版本图书馆CIP数据核字(2014)第052689号

策划编辑 何增明　陈英君
责任编辑 陈英君　苏亚辉

出版发行 中国林业出版社(100009
　　　　　北京市西城区德内大街刘海胡同7号)
电　　话 (010)83227584
制　　版 北京美光设计制版有限公司
印　　刷 北京卡乐富印刷有限公司
版　　次 2014年9月第1版
印　　次 2014年9月第1次
开　　本 889mm×1194mm　1 / 20
印　　张 15
字　　数 520千字
定　　价 98.00元

前言 Preface

草本花卉粗看起来名字并不起眼，也不很知名，老百姓对这个名字可能有点陌生。其实"草本花卉"与人们的日常生活和生存环境的关系十分密切。居家的窗台、阳台和小庭院都离不开几盆草本花卉的点缀、绿饰。尤其是节假日庆典、各种展览会、城市环境的布置等都少不了草本花卉的使用和烘托。

20世纪50年代，每到国庆节日，全国大大小小的广场、交通要道、站点、机关、学校、工厂和大的商店等，都会用一串红、万寿菊、鸡冠花、菊花等草本花卉来装点门面，塑造出一个欢庆热烈的场面，表达对伟大祖国的爱。居民家中也会种上几盆凤仙花、天竺葵、瓜叶菊、矮牵牛等，或者在小院内种几棵美人蕉、蜀葵、玉簪、萱草之类，来调节自家的生活。

当进入80年代后，草本花卉的应用越来越普及，并且开始出现了许多新面孔，譬如矮牵牛、长春花、夏堇、美女樱、小百日菊、花烟草、观赏向日葵、长寿花、新几内亚凤仙、耧斗菜、蓬蒿菊、松果菊、冰岛虞美人、山梗菜等等，使城市的环境面貌有了很大改善，也改变了到处都是"一片红"的传统做法，初步展现出"万紫千红"的城市景观。

21世纪以来，由于国际许多著名的花卉公司先后进入我国建基地、开公司，有独资的、有合资的、有代理的，每年举办各种形式的花卉品种展示会。由此，草本花卉的种类落户我国的越来越多、品种越来越新，基本达到了与国际同步的水平。此时此刻无论是老种类还是新种类，应用的都是新的"栽培品种"级别的草本花卉，其配植的景观也有了"质"的提高。

本书就在这样一个草本花卉应用飞速发展的年代，为了做好我国城市环境"美容师"们的帮手，笔者从众多的草本花卉中精选出较有代表性的一、二年生草花，多年生宿根花卉和多年生球根花卉等200余种，做了形态特征、分布习性、繁殖栽培、园林用途、种植参考密度和常见栽培品种等方面的简要描述，同时对一些草本花卉提供了不同花色的品种图片，便于"美容师"们配色时参考，还挑选了草本花卉在景观应用中的实景，供模拟参考。每章中的花卉原则上按照花卉中文名称的拼音字母顺序排列。书后附有花卉的中文名称、拉丁学名索引，便于读者查找。

目前，城市之间在应用草本花卉美化环境上还存在着较大差距，希望本书能让草本花卉的栽培者创造出更优美的景观，让设计者更好地了解草本花卉的生态习性，让作品更上一层楼，目的是能为"美容师"们当好参谋。

本书能顺利完成撰写，首先要感谢我国花卉园艺界的前辈王其超先生的推荐和支持，同时也要感谢我的夫人刘树珍女士，感谢她在日常生活上的贴心照顾，尤其是在长三角地区拍摄草本花卉实地景观时辛劳地全程陪同。

本书是笔者退休后主编出版的第60本书，谨以此书献给笔者工作了40多年的南京中山植物园。

王意成于南京

2014年2月

目 录 *Contents*

第一章

概论

一、草本花卉的定义

凡茎的木质化程度低、木质化细胞少、茎枝比较柔软，并有观赏价值的植物，称之为草本花卉。草本花卉通常包括一、二年生草花，多年生宿根花卉和多年生球根花卉等。

一年生草花是指凡在一年内完成其生命周期，即在春季播种，夏、秋季开花结实，直至死亡的植物，如半支莲、凤仙花等。还有不耐寒的多年生花卉，在温带及以北地区不能露地越冬，需春种秋收的种类如一串红、矮牵牛等，都称之为一年生植物或一年生花卉、一年生草花。凡在2年内完成其生命周期，即秋季播种后次年开花然后死亡的植物，如三色堇、金盏菊、雏菊等，以及多年生植物中其观赏价值随栽培年限延长而逐渐丧失的种类如石竹、金鱼草等，都称二年生花卉。上述两类植物的整个生长发育期一般不超过12个月，合称一、二年生草花。

多年生宿根花卉是指植株地下部宿存越冬而不膨大，次年继续萌芽开花，并可持续多年的草本花卉。简单地说，凡生命周期在2年以上的草本花卉，都称多年生宿根花卉。

多年生球根花卉，是地下部分肥大变态的多年生花卉的统称。

二、草本花卉的特点

草本花卉具有繁殖系数高、生长快、花色丰富多彩、装饰效果好、美化速度快等特点。至今被广泛应用于城市环境和社会活动的装饰与美化。

草本花卉的具体特点如下：

1. 一、二年生草花的特点

（1）繁殖系数大。从播种到开花需要的时间短，如百日草、万寿菊、长春花、孔雀草等只需2~3个月；金鱼草、凤尾鸡冠、半支莲、千日红、金盏菊等为3~4个月；雏菊、石竹、矮牵牛等需4~6个月。在较短的1~2年内可繁殖大批种苗。

（2）种类繁多，尤以栽培品种特别丰富，年年有新品种推向市场，品种更新快，色彩鲜艳，从早春经夏季至秋季都有不同种类的开花品种，在株型和高度上也有变化，可适用于各种景观的配置。

（3）播种、育苗和管理等栽培技术要求较精细，多采用包衣种子，穴盘育苗，对环境条件要求比较严格，

一、二年生草花波斯菊的丛植景观

一、二年生草花美丽月见草与观赏草高低错落布置于步道一侧

一、二年生草花虞美人的群体景观

多年生宿根花卉黄帝菊丛植景观

一、二年生草花蓝花鼠尾草丛植景观

二年生草花一串红用于花坛布置

年生宿根花卉西洋滨菊丛栽道路两侧，使景色更显亮丽

常在温室或大棚中育苗，管理上较为费工，成本稍高，但苗株健壮、整齐。

（4）每个品种的花期集中而短，为保持良好的观赏效果，必须及时更换种类。

2. 多年生宿根花卉的特点

（1）生活力强，在景观设计中，一次栽植可多年欣赏，经济又实用。

（2）多数种类适应性强，对环境条件要求不高，具有耐寒、耐旱、耐湿、耐热、耐阴、抗污染等能力，可适应不同环境的美化与绿化。

（3）种类繁多，株型高低错落，花期从春到秋，花色丰富多彩，花姿美丽诱人，易形成万紫千红的景观。

（4）许多宿根植物又是重要的经济植物，如石斛、射干、芍药、白及等为著名中药；六出花、花烛、香石竹、蛇鞭菊、非洲菊、蝴蝶兰、文心兰、鹤望兰、蝎尾蕉等都是国际上重要的切花和装饰花卉。

（5）在园林景观设计中，可单独栽植成为专类园，如芍药园、鸢尾园、菊圃、兰圃等。又可采用多种类、多品种栽植组成多年生混合花境。

（6）有些种类如蜀葵、大花金鸡菊、羽扇豆、金光菊等，其种子有自播繁衍能力，可减少人为繁殖的费用和劳力。

3. 多年生球根花卉的特点

（1）种植容易，开花整齐，又适合盆栽、水养和促成栽培。

（2）种类、品种繁多，花大色艳，花期又长，通过种类搭配，自早春至深秋开花不断。

（3）园林中应用景观效果明显，尤其是成片栽植，姿态优美、整齐，花色鲜丽、醒目，营造出优美的植物景观。

（4）通过产业化的切花生产，可全年向市场供应鲜切花。

三、草本花卉的发展前景

我国进入21世纪以来，由于经济建设高速发展和城镇化建设的步伐加快，对城市环境的要求越来越高。在城市环境的创建、改造绿化中，除了乔、灌木等骨干树种之外，草本花卉也越来越受到政府领导、建设者和老百姓的认可和欢迎。原因是草本花卉具有繁殖系数高、生长快、花色丰富多彩、装饰效果好、美化速度快等特点。如今已被广泛应用于城市环境和社会活动的装饰与美化。无论是举办国际的还是国内的花博会、世博会、运动会和各种展览会等，都离不开草本花卉的绿饰和烘托。同时，由于居住条件的改善，城乡的庭院美化和室内环境的装饰，都少不了草本花卉的加入。由此，推动了我国花卉事业的加快发展。

当前，世界著名的花卉公司都纷纷投资中国的花卉产业，有独资的，有合资的，在全国各地建立规模较大的生产基地，把先进的设施、技术和品种等投放到基地。同时，每四年举办一届的中国花卉博览会，到2013年已经是第八届了，每年分别在北京或上海举办一届的中国国际花卉园艺展览会，到2013年已经举办到第十五届。

展出的规模水平，一届比一届高，展出的内容，一届比一届丰富。其中无论室内展品，还是室外景点，都是草本花卉唱"主角"。这说明草本花卉在改善环境和丰富民众生活中的重要性。

从国外的现代化城市角度来看，城市印象除了表现在经济、产业、建筑、交通、教育等方面以外，城市景观也是一个重要方面。城市景观的建设离不开草本花卉，由此草本花卉也是"绿色产业"的重要组成部分。至今，这个"绿色产业"不仅政府部门在投资，其他重要的国企、民企都在转产投资，所以说草本花卉这个产业的前景是非常看好的。

多年生球根花卉红花石蒜丛植景观

多年生球根花卉百子莲用于庭院景观配植

多年生球根花卉郁金香在公园中丛植景观

2

根据目前国内外栽培的习惯，常将草本花卉分为一、二年生草花，多年生宿根花卉和多年生球根花卉等3种类型，也可以说按生态习性来分类。

一、一、二年生草花

根据栽培习性常分为：一年生草花、二年生草花、露地草花和室内草花等。

1. **一年生草花** 多数一年生草花，原产于热带和亚热带地区，不能忍受0℃以下的低温。它们必须在5～10℃温度下，经过5～15天完成春化阶段。生长期要求较高的温度。秋季在每天日照为8～12小时短日照下完成其光周期。若在春季通过遮光处理，可提早开花。

2. **二年生草花** 多数原产于温带或寒冷地区，在0～10℃低温下，经30～70天完成春化阶段。秋播后，以幼苗状态度过冬季，生长期不耐高温。如在春末播种，未经低温处理，不能正常开花。一般在每天有14～16小时的长日照下，完成其光周期。

3. **露地草花** 常指在自然条件下，完成全部生长过程，不需保护设施的一、二年生草花。多数草花种类属于此类。

4. **室内草花** 是指原产热带、亚热带或南方温暖地区的花卉。同时，不适应极端的自然条件（如过多的雨水，过强的光照和过高的温度等），必须在一定保护设施下生长的一、二年生草花。如瓜叶菊、蒲包花等。

一年生草花千日红

室内草花蒲包花

二年生草花冰岛虞美人

二年生草花雏菊

露地草花牵牛

温性宿根花卉兜兰　　喜温性宿根花卉鹤望兰

寒性宿根花卉蝴蝶花

二、多年生宿根花卉

多年生宿根花卉根据其耐寒程度，常分为3类：

1. **喜温性宿根花卉**　如蝎尾蕉、红花蕉、鹤望兰、兜兰等，其越冬温度必须在5℃或10℃以上，否则容易受冻害，甚至死亡。这类宿根花卉在我国华南地区可露地栽培。

2. **不耐寒类宿根花卉**　又称落叶宿根花卉，如桔梗、菊花、萱草等，冬季能忍受－5℃以上短暂低温，它们在我国长江流域地区可露地栽培。

3. **耐寒类宿根花卉**　又称常绿宿根花卉，如火炬花、蝴蝶花等，冬季能耐－10℃低温，能在我国黄河流域地区露地栽培。

多年生宿根花卉根据其对光照强度要求不同，常分为3类：

1. **喜阴性宿根花卉**　如大花君子兰、楼斗菜等，在荫蔽度50%以上的弱光下，才能正常生长发育。

2. **喜光性宿根花卉**　如菊花、大花金鸡菊、勋章花、松果菊、金光菊等，需在充足的阳光下，植株生长健壮，叶色浓绿，花色鲜艳。否则叶色变淡，花茎细长软弱，开花少，甚至不开花，花小色暗淡。

3. **中性宿根花卉**　如蜀葵、射干、马薄荷等，光照强弱对植株生长发育无明显影响。

草本花卉的分类

阴宿根花卉玉簪　　　中性宿根花卉蜀葵　　　喜光宿根花卉勋章花

7

三、多年生球根花卉

多年生球根花卉根据其对温度的要求，可分为春植球根花卉和秋植球根花卉2类：

1. **春植球根花卉** 原产热带或亚热带的种类，如文殊兰、唐菖蒲、百子莲、大丽花等。分布于南非、中南美洲等地区。生长期喜较高的温度。一般春季栽植，开始生长，夏季高温时生长茂盛并开花，秋季霜冻后地上部分逐渐枯萎死亡，冬季休眠。由于此类春植球根植物不耐寒，必须从地下挖出球根放温暖处贮藏。

2. **秋植球根花卉** 原产温带及地中海沿岸地区的种类，如郁金香、黄水仙、风信子、百合等，喜冷凉气候。秋季栽植，栽植后球根开始发根或出芽，入冬后停止生长并在土壤中越冬。翌年春季，气候转暖，继续生长至开花。入夏，气温升高，地上部分枯萎，地下球根进入休眠期。秋植球根多在夏季休眠期进行花芽分化，一般在20～25℃范围内有利于球根的花芽分化，这对提高球根的开花数量和质量十分重要。

春植球根花卉文殊兰

秋植球根花卉郁金香

秋植球根花卉黄水仙

3 第三章

草本花卉的繁殖

在草本花卉的繁殖过程中，你会在赞叹生命奇迹的同时，享受到无穷的乐趣。当你亲身参与播种、扦插、分株的过程，可以增加你对心爱草花的了解和喜爱。你亲手培育的草花，也可作为礼物馈赠亲朋好友，共同享受。

一、播种

是草本花卉使用最普遍的繁殖方法。播种前要选购适合本地区栽培的草本花卉种类，仔细阅读种子说明书（例如种子的大小、发芽率、喜光或嫌光等）。然后确定播种时间和播种盆、土的准备（包括播种土的配制、消毒等）。

播种的具体操作：常用口径30cm、深8cm的播种浅盆。播种土为腐叶土、培养土和沙的混合土，需高温消毒，播种土的湿度要均匀。装盆时，粗土放下层，细土放上层，表面用小木板压平后播种。播种的深度视种类而定，小粒种子，播浅一点，中等或大粒种子，可略深一点，一般深度在1～3cm，对发芽需要光照的种子，则不能覆土。播种完毕从盆底浸水，盆口盖上玻璃或薄膜，以保持盆内湿度，置放在最佳的室温中。草本花卉种子在15～25℃下，播后约1～2周发芽。出苗后及时间苗。待幼苗长出4片真叶时，移栽到小花盆。

产业化生产草本花卉苗株，均采用穴盘育苗。

二、扦插

草本花卉主要用茎插法，应用于有主茎的草花，如藿香蓟、四季秋海棠、长春花、白晶菊、石竹、香雪球、矮牵牛等；有主茎的宿根花卉，如非洲凤仙、新几内亚凤仙、菊花、小

蒲包花的播种育苗

君子兰播种出苗情况

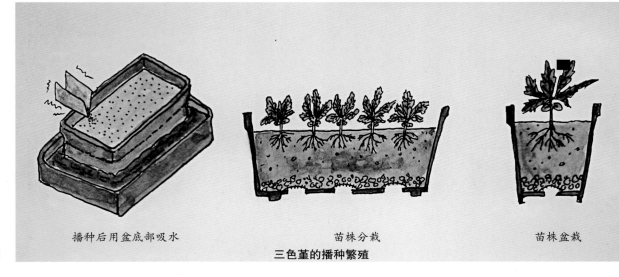

播种后用盆底部吸水　　　　苗株分栽　　　　苗株盆栽

三色堇的播种繁殖

剪取顶端插条　　扦插与插条生根　　生根后盆栽

长寿花的扦插繁殖

脱盆分株　　　　分株苗盆栽

鹤望兰的分株繁殖

长出不定根　　用水苔将不定根　　直接栽进盛
　　　　　　　包扎并切下　　　水苔的盆内

花烛的压条繁殖

菊、马薄荷、马利筋、美女樱、天竺葵、长寿花等。扦插时间在春末至初夏，插条长度在10cm左右，插壤以河沙和蛭石为主，插后2周左右生根，3～4周可盆栽。扦插成活率较高。对新芽较少的宿根花卉也可用扦插。如大花金鸡菊、红花除虫菊、马薄荷、香石竹、猪笼草等用嫩枝扦插；宿根福禄考、芍药、荷包牡丹等用根扦插；非洲堇等用叶插；石斛则用假鳞茎扦插；蝴蝶兰还可用花梗扦插。其中半支莲、大花马齿苋等茎肉质、含水量高的草花，插壤的湿度不能高，防止插穗腐烂。另外，球根花卉中的大丽花可用嫩枝扦插；球根秋海棠用带顶芽的枝茎扦插；亚洲百合等剪取花后，用成熟花茎切成小段扦插；大岩桐还可用叶片扦插繁殖。

三、分株

常用于茎叶呈丛生状的草花，有雏菊、石竹、四季报春、多花报春、三色堇等，在早春或秋季进行。

多年生宿根花卉的分株繁殖，常在植株休眠期进行。春季开花的种类如春兰、蕙兰、芍药、荷包牡丹等，常在秋、冬季节分株。而夏秋季开花的种类如菊花、金光菊、火炬花、蛇鞭菊、随意草、补血草等可在春季分株。大多数宿根花卉如兜兰、石斛兰、大花君子兰等，可在开花后进行分株。另外，有些草花如藿香蓟、矮牵牛、大花马齿苋和宿根花卉中的蔓性天竺葵、小菊、猪笼草、地被福禄考、金球亚菊、宿根亚麻等，其接近地面的茎节，受湿后常生不定根，将生根的植株剪下即可盆栽。一般分株苗的生长势比播种实生苗差。

球根花卉的分株（又称分球），广泛适用于如朱顶红、风信子、红花石蒜、小苍兰、黄水仙、郁金香等球根花卉。在采挖球根后，必须按大小进行分级，便于贮藏管理和栽培。同时，大丽菊于发芽前可将块根分割繁殖，每个块根只需带芽眼即可；球根秋海棠和风信子还可用球根分割法繁殖。

四、压条

凡茎部呈蔓性或匍匐生长的草本花卉，如蔓性天竺葵、矮牵牛、大花马齿苋、半支莲、美女樱、蟛蜞菊、魔幻钟花等都可采用波状压条法繁殖。茎部直立性强的草本花卉如菊花等还可采用高空压条法繁殖。但一般露地花卉使用不多。

五、嫁接

在草本花卉的繁殖上使用不多，常用于特殊栽培方面，如菊花的嫁接，主要用于大立菊、悬崖菊、艺菊等制作和造型。

大立菊由嫁接而成

盆景式艺菊由嫁接而成

悬崖菊由嫁接而成

第四章

草本花卉的栽培管理

一、栽培基质的应用

草本花卉栽培基质的应用，主要分两方面：一是直接撒播在种植的地块上，要求种植地需要施基肥、翻耕、耙细、作畦、覆盖薄膜等措施，做到土地平整、疏松、肥沃、排水好，有利于种子的发芽出苗；二是室内盆播或穴盘育苗和盆栽，需用的栽培基质，绝大多数是根据种类不同而采用几种基质配置的混合基质。

草本花卉最常用的栽培基质有：

1. 肥沃园土

是指经过改良、施肥和精耕细作的菜园或花园中的肥沃土壤，去除杂草根、碎石子，并且无虫卵，经过打碎、过筛的微酸性土壤。

2. 腐叶土

以落叶阔叶树林下的腐叶土最好，特别是栎树林下，由枯枝落叶和根腐烂而成的腐叶土，它具有丰富的腐殖质和良好的物理性能，有利于保肥和排水，土质疏松、偏酸性。其次是针叶树和常绿阔叶树下的叶片腐熟而成的腐叶土。也可集落叶堆积发酵腐熟而成。

3. 培养土

常以一层青草、枯叶、打碎的树枝与一层普通园土堆积起来，并浇入腐熟饼肥或鸡粪、猪粪等，让其发酵、腐熟后，再打碎过筛。一般理化性能良好，有较好的持水、排水能力。

4. 泥炭土

为古代湖沼地带的植物被埋藏在地下，在淹水和缺少空气的条件下，分解不完全的特殊有机物。泥炭土呈酸性或微酸性，其吸水力强，有机质丰富，较难分解。

5. 沙

主要是直径2～3mm的沙粒，呈中性。沙不含任何营养物质，具有通气和透水作用。

6. 苔藓

是一种白色，又粗又长，耐拉力强的植物性材料，具有疏松、透气和保湿性强等优点。

7. 蛭石

是硅酸盐材料在800～1100℃下加热形成的云母状物

质。通气、孔隙度大和持水能力强，但长期使用，容易变得致密，影响通气和排水效果。

8. 珍珠岩

是天然的铝硅化合物，用粉碎的岩浆岩加热至1000℃以上所形成的膨胀材料。是封闭的多孔性结构。材料较轻，通气良好，质地均一，不分解。保湿、保肥性较差，易浮于水上。

目前，国际上盆栽草本花卉所用盆器的规格都不是很大，常用10～15cm口径的圆盆。所用栽培基质有限，除必要的营养物质以外，栽培基质的物理性要好，植株才能正常生长和发育。

草本花卉在栽培管理上，特别是一些名贵的草本花卉如春兰、杏黄兜兰、火鹤花、卡特兰等，要求肥沃、疏松、排水良好、保水力强、透气性好、中性或微酸性的栽培基质条件。容器栽培草本花卉则要求用腐叶土或泥炭土、肥沃园土和粗沙比例不同的混合基质。露地栽培草本花卉要深翻土地，精耕细耙，创造最佳的种植条件。

肥沃园土　　培养土

泥炭土　　沙

蛭石　　苔藓

二、栽植技巧

草本花卉栽植的内容包括露地苗株定植、苗株盆栽和换盆等。首先草本花卉在栽种时要根据其生长习性，选择苗株栽植的深度、密度、株数和位置，才能收到事半功倍的效果。

露地苗株定植时间要根据需要观花的时间来确定，过早或过晚定植，达不到预期观花的效果。苗株盆栽的时间同样如此，换盆的时间一般来说在春季植株萌芽之前或植株落叶之后，也可在花后进行。而球根花卉中的秋植球根，栽植期一般在10月下旬至11月上旬。春植球根的栽植期需在4月中旬以后，栽植过早则新芽易受冻害，若能设置防寒措施，提前栽植则能提前开花。

关于草本花卉苗株栽植的密度，要根据花卉品种的生长习性来定，本书专门提供了园林应用参考种植密度，当然也要看具体栽植地的土壤肥力和养护措施能否跟上。如果能达到设计密度，其景观效果就能凸显出来。

草本花卉的盆栽，一定要根据盆钵口径大小来确定栽植多少苗株。具体栽植上并非1盆只栽1株，或者1盆栽苗株越多越好，要根据具体需要而定。如分枝性能好的品种，栽植株数不宜多，可以通过摘心来增加分枝数，扩大株幅，多栽就浪费种苗。如果盆栽植株要求花朵早点满盆，则盆栽时用苗株应适当多些。

关于草本花卉栽植的深度，一般情况下，一、二年生草花和多年生宿根花卉，无论地栽还是盆栽，都不宜深栽。球根花卉栽植的深度与球根的生长发育关系十分密切，过深或过浅对生长均不利。一般为球根纵径的2～3倍，如郁金香的栽植深度为2cm，花毛茛为2～5cm，小苍兰为3～6cm，番红花为5～6cm，嘉兰为2.5～5cm，菠萝花为5～10cm，百合为4～5cm，马蹄莲为10cm，美人蕉、红花石蒜为8～10cm，秋水仙为10～15cm，朱顶红的鳞茎1/3露出土面，球根秋海棠的块茎稍露出土面，葱兰、文殊兰的鳞茎与土面平，仙客来、大岩桐的块茎一半露出土面。其中石蒜有伸缩根，能自动调节鳞茎的深度。球根花卉的根，少而脆嫩，损伤后不易再生，故生长期切忌移植。叶片少，应尽量避免伤叶。

草本花卉栽植的位置要因地制宜，根据草本花卉品种特性来安排种植的位置，特别耐阴的草本花卉，可以栽植在背阴处、林下、角隅、山石旁等位置，喜光的草本花卉可以配置在向阳的草坪边缘、花坛、花境等处。

三、合理浇水

草本花卉生长的好坏，在一定程度上取决于浇水的适宜与否。所以说浇水是养好草本花卉十分关键的措施，甚至说草本花卉的生命取决于水了。

草本花卉来自世界各地，种类繁多，需要浇水量也不同。首先，要根据其需水量来决定浇水量和浇水的频率。一般来说，一、二年生草花根系发达，但分布浅，地上部茎叶茂盛，需水量相对多一些。宿根花卉的根部有发达的肉质根或根状茎，有一定贮藏水分的功能，叶片比一、二年生草花要厚实，需水量要少于一、二年生草花。而球根花卉的根部均为变态根，贮水能力强，同时叶片比宿根花卉更厚实，需水量少于宿根花卉。由此，浇水量为一、二年生草花＞宿根花卉＞球根花卉。

为此，球根花卉从其形态而言均属抗旱植物，土壤中水分过多或发生积水，会引起球根腐烂，尤其在球根成熟至休眠时土壤必须保持干燥。如果夏季干旱，不利于春植球根的生长与开花。秋季干旱会影响秋植球根根部的正常生长，必须适当浇水，才能保证球根的良好生长和发育。

同时，草本花卉在不同的生长期，其浇水量也不一样。茎叶生长期浇水量要多一些，保持土壤湿润，防止茎叶出现凋萎现象。开花前要控制浇水量，有利于花芽分化，开花期浇水量适当增加，当花卉进入半休眠或休眠期，就减少浇水量，甚至停止浇水。

草本花卉在不同季节，由于受到温度和光照的影响，浇水量也有不同。

春季，虽然气温逐渐回升，但常出现忽高忽低的不稳定现象。此时，正值草本花卉的生长期和生长旺盛期，应根据气温的变化补充水分。地栽的草本花卉，必须保持土壤湿润，只要土壤稍干燥就要浇水，但浇水的温度不能与土温相差太大，过高过低，都会对根部产生伤害。一、二年生草花每隔1～2天浇水1次；宿根花卉每隔3～4天浇水1次；地栽的球根花卉，一般不需专门浇水，除非长期不下雨，又处萌发新芽或现蕾时，可适当浇水，有利于新叶生长和开花。

夏季温度高，光照强，草本花卉对水分的需求相应增加，要防止叶片缺水、凋萎。露地栽培的一、二年生草花每天需要早晚各浇水1次，宿根花卉每天浇水1次，球根花卉多数种类已进入休眠期不用浇水，保持干燥。但此时正处梅雨季节，雨量充足，更重要的是避免土壤积水，及时做好排水。

秋季气温开始下降，日温差逐渐加大，雨水明显减少，天晴日数增多。初秋季节，气温有时仍比较高，空气比较干燥，草本花卉进入第二个快速生长期，露地生长的一、二年生草花和宿根花卉，每隔2～3天浇水1次。秋植球根花卉刚刚栽植不需浇水。此时，向草本花卉的叶面适当喷水，保持较高的空气湿度，对生长发育十分有利。但切忌向花朵和有茸毛的叶片喷水。

冬季天气转冷，在北方，温度已下降到0℃左右，长江流域地区会出现霜冻。大多数草本花卉基本上停止生长，一、二年生草花已枯萎死亡。宿根花卉中除常绿的留有叶丛以外，其他种类处于休眠阶段，部分地栽的球根花卉正在生根。此时，通常停止浇水，防止土壤过分潮湿，否则易导致根部腐烂。

四、施肥要领

草本花卉的生长发育需要各种养分，除天然供给的氧、二氧化碳和水分以外，在生长过程中，可能发生氮、磷、钾的不足，需要补充。另外，微量元素钙、镁、铁、锰等同样起到一定作用。如果不了解各种肥料的性质而随便施用，将会产生相反的结果，甚至造成植物的伤害或死亡。所以，充分了解肥料的种类及其特性是非常重要的。同时，还要了解草本花卉对肥料的吸收能力。一般来说，花卉由叶或根吸收肥料中的成分，转化为生长所需的营养。根据草本花卉的种类、生长发育阶段的不同以及季节变化，其对肥料的要求有所差异。所以，正确、科学的施肥才能确保草本花卉生长所需要的最佳营养剂量，它必须通过观察和经验来实现。

目前，有机肥的来源主要有各种饼肥、家禽、家畜粪肥、鸽粪、人粪尿、骨粉、米糠、鱼鳞肚肥、各种下脚料等，通过市场购买取得，经过腐熟发酵而成。优点是释放慢、肥效长、容易取得、不易引起烧根等肥害。缺点是养分含量少、有臭味、易弄脏植株叶片。无机肥有硫酸铵、尿素、硝酸铵、磷酸二氢钾、氯化钾等。优点是肥效快、草本花卉容易吸收、养分高。缺点是使用不当易伤害植株。

如今，随着花卉产业化的进程，花卉肥料已广泛采用最佳的氮、磷、钾配制，还出现了不少专用肥料，质量较好的有"卉友"系列水溶性高效营养肥。其中有：

卉友15-15-30 (氮、磷、钾比例) 盆花专用肥，适用于藿香蓟、白晶菊、观赏向日葵、矮大丽花等菊科草花和西洋滨菊、勋章菊、蓝眼菊、大花天竺葵、长寿花、天使花、新几内亚凤仙等大部分宿根花卉以及促进东方

不能向三色堇花瓣上喷水

正确浇水（丽格秋海棠）　　花烛喷水

百合、亚洲百合、大岩桐、大丽菊、黄水仙、风信子等球根花卉地下部分肥大充实。

卉友10-52-10幼芽肥，适用于草本花卉苗期。

卉友20-20-20通用肥，适用于鸡冠花、千日红、花烟草等一、二年生草花，马薄荷、海石竹、剪秋罗、美女樱、蓬蒿菊、秋牡丹、玉簪等宿根花卉和仙客来等球根花卉在整个生长期使用。

卉友20-8-20四季用高硝酸钾肥，适用于紫罗兰、羽衣甘蓝等十字花科草花和火鹤花、花烛、非洲菊、鹤望兰和球根鸢尾等。

卉友28-14-14高氮肥，适用于草本花卉叶面喷洒。

卉友21-7-7酸肥，适用于四季报春、多花报春、袋鼠花等。

卉友12-0-44硝酸钾肥，适用于菊花、小菊等。

"花宝"系列速效肥有：

花宝2号（20-20-20），适于大部分草花和宿根花卉。

花宝3号（10-30-20），适于草本花卉花前使用。

花宝4号（25-5-20），适用于四季秋海棠、蒲包花等阳台盆栽草花和火鹤花、花烛、非洲菊、鹤望兰等。

花宝5号（30-10-10），适用于草本花卉的幼苗期使用。

另外，还有中美合资生产的百花牌叶绿宝、蝶恋花开花专用型营养液、欣宝观花植物专用营养液等，都适合草本花卉栽培使用。

确施肥（非洲菊）

卉友"各种复合肥

球根花卉如果生长在基肥充足的土壤中，在生长过程中一般不需要再进行施肥。栽培过程中要严格控制氮肥施用量，以免引起徒长，推迟开花；适当多施磷钾肥，促使花大和球根发育充实。花后应及时剪除残花，不让结实，以减少养分消耗。

露地栽种时，要选择地势高燥的园地，四周空旷，光线充足，无土壤和空气污染。同时，要求土壤肥沃、疏松、排水良好和富含有机质的中性或微酸性沙质壤土。栽种前施入腐熟的饼肥和厩肥作基肥。

草本花卉在施肥过程中要注意的要点：

刚萌芽不久的苗株，对肥料要求少，施肥要少而稀为好，切忌浓肥。随着生长加速，施肥量可逐步增加。生长到一定阶段，所需肥料相对稳定或适当减少。在生长期，需要氮素肥多些，孕蕾开花期需要增加磷。生长盛期多施肥，半休眠或休眠期则停止施肥。若按季节变化来说，春、秋季多施，夏、冬季少施或停施。具体做法是，春季是花卉茎叶生长最快，开花种类最多的季节，需要追肥来补充营养，应多施。夏季是一个现蕾开花季节，但又出现高温、多湿和强光天气，有些花卉被迫处于半休眠状态，应少施，适当补充磷钾肥。秋季是花卉的第2个生长季节，适量施肥对茎叶的生长和开花均十分有利。冬季气温明显下降，少数花卉进入现蕾开花期，酌量施肥。由此，正确、合理、科学地施肥对草本花卉的生长、开花是有益的；而不正确的施肥，结果适得其反。

花宝"复合肥

饼肥

五、修剪方法

草本花卉通过整枝修剪，使植株的外形更美观，有些草本花卉经过修剪后，花开得更旺，植株更健壮。草本花卉修剪的方式通常包括摘心、疏剪、强剪、摘除残花、摘蕾、修根等内容。

1. 摘心

草本花卉在苗期或盆栽初期进行，通过摘心，促使分枝，使株型更紧凑。摘心就是将植株茎部顶端的嫩芽用手指摘除，目的是为刺激其下位侧芽长出，增加分枝数；有些植株在生长期进行多次摘心，以促使更多的分枝，分枝多，必定开花多。此法适用于大多数草花和宿根花卉，不仅开花多，也是压低株型的好办法。

2. 疏剪

换句话说，就是清理门面，将重叠的密枝、过长的蔓枝、多余的侧枝以及弱枝、枯枝和病虫枝等加以清除，保持植株外观整齐、平衡。

3. 强剪

是修剪中强度最大的措施，要剪除整个植株的1/2、1/3或留下植株基部10～20cm，以促使植株基部或根际部萌发新枝，再度孕蕾开花。常用于万寿菊、矮牵牛、石竹、半支莲、大花马齿苋等草花和大花天竺葵、天竺葵、蔓性天竺葵、新几内亚凤仙、长寿花、马利筋等宿根花卉。

4. 摘除残花

是草本花卉的一项经常性工作，就是将开败的残花摘掉。摘除残花有3个好处：保持植株美观、减少养分损失、促使花芽生长。但摘除残花的方法有所区别，如三色堇、金盏菊、雏菊、垂笑君子兰、鹤望兰、火炬花、天竺葵、萱草等，花谢后，需将花茎一起剪除。百日菊、藿香蓟、蟛蜞菊、长寿花等，花谢后，要和残花序下部一对叶一起剪除。四季报春、多花报春、非洲凤仙、蜀葵、小圆彤等，花谢后，将花瓣摘掉，留下的花茎仍保持绿色，不影响留种。对观叶草花如彩叶草等，见抽出花序，需立即剪除。

5. 摘蕾（摘花枝）

在草本花卉中，为了使花开得大一点，往往在1个花枝上，只留1个花蕾，摘除其余的花蕾，让养分集中，使花朵开得大、开得美。常用于矮大丽花、鸡冠花、蒲包花、芍药、菊花等。

6. 修根

常在草本花卉移栽或换盆时进行。移栽时，过长的主根或受伤的根需要加以修剪整理。换盆时，将老根、烂根和过密的根系适当进行疏剪整理。

疏剪（长寿花）

摘除残花（三色堇）

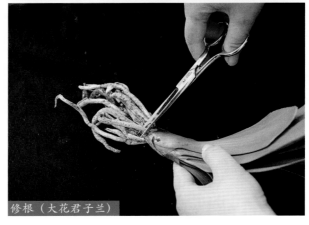
修根（大花君子兰）

霜霉病（羽衣甘蓝）

白粉病（瓜叶菊）

灰霉病（三色堇）

叶斑病（多花报春）

炭疽病（金盏菊）

六、病虫害防治

1. 草本花卉主要病害

●霜霉病

可侵染羽衣甘蓝、紫罗兰、糖芥等。

［病害症状］受害植株的叶片、嫩梢、花，初期出现褐色病斑，叶背有白色霉层。严重时，叶片萎垂，植株死亡。

［病原菌］真菌性病害。

［防治措施］注意通风，保持干燥。发病前，可喷洒波尔多液或波美0.3度石硫合剂预防。发病初期用75%百菌清可湿性粉剂800倍液或50%甲霜灵可湿性粉剂2000倍液喷洒。

●白粉病

可侵染瓜叶菊、四季秋海棠、波斯菊、金盏菊、矮大丽花、凤仙花等。

［病害症状］受害植株的茎、叶和花上覆盖一层灰白色粉末，使植株生长势明显减弱。

［病原菌］真菌性病害。

［防治措施］室内注意通风，降低空气湿度，每隔10天，用70%代森锰锌可湿性粉剂700倍液喷洒预防。发病初

期用20%三唑酮可湿性粉剂4000倍液喷洒。

●灰霉病

可侵染三色堇、四季报春、虞美人、百日菊、矮牵牛、鹤望兰、白花鹤望兰、风信子、郁金香、仙客来等。

［病害症状］受害植株的茎、叶柄、花梗变软、腐烂。植株生长弯曲，最后枯死。

［病原菌］真菌性病害。

［防治措施］浇水不宜过多，注意通风，用1%波尔多倍液喷洒预防。发病初期用75%百菌清可湿性粉剂800倍液喷洒。球根花卉栽植前用0.3%硫酸铜液浸泡鳞茎半小时处理。

●叶斑病

可侵染翠菊、石竹、多花报春、牵牛花、百日菊、花烛、丽格秋海棠、玉簪等。

［病害症状］受害植株的叶片出现褐色或淡黑色斑点，严重时导致大量落叶。

［病原菌］真菌性病害。

［防治措施］高温季节，注意室内通风，做到降温、降湿，剪除布满病斑的叶片，用75%百菌清可湿性粉剂800倍液喷洒预防。发病初期用50%霜灵锰锌可湿性粉剂500倍液喷洒。

●炭疽病

可侵染波斯菊、金盏菊、红花蕉、猪笼草等。

［病害症状］受害植株的叶尖和叶缘出现红褐色小点，以后扩大成灰褐色大斑，病斑边缘有褪绿色黄晕。

［病原菌］真菌性病害。

［防治措施］注意室内通风，减少氮肥施用，浇水时不要喷淋叶面。发病初期用50%炭疽福美500倍液喷洒。

●茎腐病

可侵染一串红、翠菊、瓜叶菊、三色堇、鸡冠花等。

［病害症状］受害植株茎的基部变黑，有的腐烂使整个苗株猝倒死亡。

［病原菌］真菌性病害。

［防治措施］加强盆栽植株的管理，少施氮肥，多施复合肥。用70%土菌消可湿性粉剂500倍液或75%敌克松常用量处理土壤。

●病毒病

可侵染金鱼草、金盏菊、万寿菊、一串红、福禄考、瓜叶菊、百合、朱顶红、风信子、郁金香、大丽花、小苍兰等。

［病害症状］受害植株的叶片褪绿、黄化，有的出现彩斑，卷曲、皱缩、畸形。

［病原菌］由病毒引起，常通过蚜虫和蓟马传播。

[防治措施]严禁引种带病毒的种子、种苗,发现病毒植株必须拔除烧毁,用40%氧化乐果乳油2000倍液灭杀蚜虫、蓟马等传染媒介。发病初期用20%病毒A可湿性粉剂500倍液喷洒。

● 软腐病

可侵染大花君子兰、黄花君子兰等。

[病害症状]受害植株的叶片,初期出现水渍状病斑,很快扩大呈软腐状腐烂,最后黄化枯死。

[病原菌]细菌性病害。

[防治措施]注意通风,防止高温高湿。发病前,可喷洒200单位农用链霉素粉剂1000倍液预防。发病初期用75%百菌清可湿性粉剂800倍液喷洒。

● 黑斑病

可侵染金鱼花、鲸鱼花等。

[病害症状]受害植株的叶片上出现紫褐色小点,后扩大成黑褐色病斑,造成枯黄落叶。

[病原菌]真菌性病害。

[防治措施]注意通风,合理施肥、修剪,定期喷洒晶体石硫合剂50～100倍液预防。发病初期用70%甲基硫菌灵可湿性粉剂1000倍液喷洒。

● 叶枯病

可侵染长寿花、羽扇豆、黄鸟蝎尾蕉等。

[病害症状]受害植株的叶片出现小圆点褐斑,后扩大成大斑,造成枯尖、枯叶。

[病原菌]真菌性病害。

[防治措施]加强通风透光,合理施肥。发病初期用50%多菌灵可湿性粉剂600倍液喷洒防治。

● 花叶心腐病

可侵染象腿蕉、地涌金莲等。

[病害症状]发病时叶片或茎褪绿,坏死,变黑褐色而腐烂。

[病原菌]黄瓜花叶病毒。

[防治措施]本病由蚜虫在苗期传播,要防治刺吸类昆虫的传播,及时发现,用10%吡虫啉可湿性粉剂2000倍液喷杀。

● 菌核病

可侵染郁金香、风信子、黄水仙、球根鸢尾、番红花等。

[病害症状]受害鳞茎的外层鳞片发生软腐,菌核由白色转黑褐色,影响植株生长和开花。

[病原菌]真菌性病害。

[防治措施]贮藏鳞茎时注意室内通风,室温不超过20℃。发病初期用50%多菌灵可湿性粉剂1000倍液喷洒。

叶枯病(黄鸟蝎尾蕉)　　褐斑病(仙客来)

● 褐斑病

可侵染中国水仙、郁金香、朱顶红、文殊兰等。

[病害症状]受害植株的叶片出现褐色或淡黑色斑点,严重时植株逐渐枯萎。

[病原菌]真菌性病害

[防治措施]注意室内通风,做到降温、降湿,剪除布满病斑的叶片。发病初期用50%霜灵锰锌可湿性粉剂500倍液喷洒。

● 根腐病

可侵染郁金香、仙客来、小苍兰、风信子等。

[病害症状]受害鳞茎种植后不能出苗或生长不良,鳞茎出水渍状,根系腐烂。

[病原菌]真菌性病害。

[防治措施]栽植前土壤和鳞茎必须消毒。发病前或发病初期用40%三乙膦酸铝可湿性粉剂300倍液喷洒土壤和植株基部。

● 线虫病

可侵染风信子、郁金香、大丽菊、中国水仙、仙客来等。

[病害症状]线虫危害根部、茎部和叶片,严重时导致植株矮化,不能正常生长发育。

[病原菌]是一种细小的蠕形动物。

[防治措施]盆栽土壤必须消毒。种植前种球用温水(50℃)浸泡处理30分钟;或用43℃温水加入0.5%福尔马林浸泡3～4小时。盆土中加入10%克线磷颗粒剂预防。

2. 草本花卉主要虫害

● 蚜虫

[危害对象]瓜叶菊、三色堇、金鱼草、雏菊、霞草、一串红、矮牵牛、万寿菊、菊花、萱草、小菊、荷兰菊、百合、球根鸢尾、小苍兰等。

[主要症状]群集于新梢、叶片、花蕾上刺吸危害,使叶片卷曲和枯黄,导致植株生长不良,乃至不能正常开花,

蚜虫（菊花）　　　潜叶蝇（菊花）

白星金龟子（萱草）　　介壳虫（鹤望兰）

还招致煤污病和病毒病的发生。

[防治措施]发生时，家庭中可用黄色板诱杀有翅成虫，量多严重时，用50%灭蚜威2000倍液喷杀。

●蓟马

[危害对象]洋桔梗、翠菊、百合、大岩桐、大丽花等。

[主要症状]微小昆虫主要寄生在隐蔽处(如花中)以成虫、若虫锉吸花朵，造成花瓣卷缩、花朵早凋谢。有时若虫寄生于叶片两面，在叶脉间吸汁危害，还传播病毒。

[防治措施]发生时，家庭可人工捕杀或用肥皂水冲刷。发生严重时用5%吡虫啉乳油1500倍液喷杀。

●红蜘蛛

[危害对象]凤仙花、万寿菊、郁金香、球根秋海棠、大岩桐、黄水仙、仙客来等。

[主要症状]主要以若虫和成虫危害叶片，被害叶片初呈黄白色小斑点，后逐渐扩展到全叶，造成叶脱水卷曲、枯黄脱落。

[防治措施]发生时可用水冲淋灭杀，危害严重时用5%噻螨酮乳油1500倍液喷杀。

●白粉虱

[危害对象]香豌豆、虞美人、牵牛花、一串红、长春花、观赏向日葵、万寿菊等。

[主要症状]以成虫和幼虫群集叶片背面刺吸汁液危害，严重时叶片干枯。它们能分泌大量蜜露，导致煤污病发生。

[防治措施]合理修剪、疏叶、去掉虫叶和清除花卉附近的杂草，减少虫源。发生时用软毛刷灭杀。危害严重时用20%杀灭菊酯，2500倍液喷杀。

●棉铃虫

[危害对象]一串红、万寿菊、黄蜀葵、鸡冠花、观赏向日葵、矮丽花等。

[主要症状]幼虫咬食嫩叶和花朵，并蛀食花蕾，造成孔洞和花朵掉落。

[防治措施]用黑光灯诱杀成虫。幼虫发生时，用35%甲多丹乳油2000倍液或30%灭铃灵乳油1000倍液喷杀。

●潜叶蝇

[危害对象]菊花、非洲菊、香石竹等。

[主要症状]是一种以幼虫钻入叶片中危害花卉的害虫。幼虫取食叶肉，留下上下表皮，形成潜道交错的惨状。

[防治措施]早春发现虫叶需及时摘除。幼虫初潜入危害期，用40%氧化乐果乳油1000倍液喷杀，7～10天喷洒1次，连续2～3次。

●白星金龟子

[危害对象]萱草、蜀葵、菊花等。

[主要症状]以成虫咬食幼嫩的芽、叶、花和花蕾。

[防治措施]人工捕捉危害花和花蕾的成虫。当成虫盛发危害时，用40%氧化乐果乳油1000倍液喷杀。

●介壳虫

[危害对象]鹤望兰、天竺葵等。

[主要症状]以成虫和若虫在叶片背面刺吸汁液，导致叶片卷曲、褪绿发黄，严重时干枯脱落。它们的黏性蜜露还能诱发煤污病。

[防治措施]注意室内通风，降低室温，可减轻白粉虱的危害。发生时可用水冲洗叶片或用软毛刷、布抹擦灭杀，危害严重时用40%氧化乐果乳油1500倍液喷杀。

●蕉苞虫

[危害对象]大花美人蕉、黄脉美人蕉等。

[主要症状]幼虫卷叶成苞，食害叶片，发生严重时，蕉叶残缺不全，影响植株生长和开花。

[防治措施]幼虫初发生时，摘除虫苞灭杀。或用90%敌百虫原药800倍液喷杀。

七、种子和种球的贮藏

贮藏对草本花卉来说，主要是一、二年生草花和宿根花卉种子的贮藏，球根花卉种球的贮藏。

草本花卉的种子在贮藏前必须做好采种这个重要环节，也就是说贮藏的种子必须是优质种子。要采收到优质种子，就要把好采种母株选择、最佳采种时间和科学的采

番红花球茎　　球根鸢尾鳞茎　　葡萄风信子鳞茎

种方法等3道关。采种母株应当是种性纯正，生长健壮和无病虫害的植株。最佳采种的时间是在种子达到生理成熟和形态成熟时采收，其种子质量是最好的。在采种方法上要掌握随熟随采，种子质量好。对天然异花授粉的草本花卉，必须采用隔离采种，防止品种混杂，品质退化。采收的优质种子必须加以干燥后才能贮藏。

草本花卉种子的贮藏寿命差距很大，一是受到遗传因素的制约，种子本身就是短命种子，贮藏条件再好，种子也很难贮藏太久。二是贮藏的环境条件，主要是温度、湿度、氧气的控制。大多数草本花卉的种子要求贮藏在低温、干燥和密闭条件下，种子的生活力保存最长久。目前，市场上出售的袋装花卉种子，基本符合干燥和密闭两个条件，只要将种子包装袋放进冰箱5～6℃的冷贮室就能较好地保存花卉种子。

多年生球根花卉在地上部停止生长后，叶片呈现萎黄时，应选晴天采收，挖出的球根，去除附土，待表面晾干后贮藏。如美人蕉、大丽花等在贮藏过程中对通风要求不高的种类，需适当保持湿润，可用湿沙分层堆藏。如郁金香、黄水仙、风信子等要求通风干燥贮藏的种类，宜摊放在带孔塑料周转箱或粗铁丝网箱中贮藏。球根贮藏室冬季温度保持5℃左右，夏季保持干燥凉爽，温度在20～25℃。经常翻动、检查，将腐烂或伤、病球根及时清除。

贮藏前种球的选择标准，无论是规模生产还是家庭栽培，选择优质的种球是关键。优质的种球并非是越大越好，它必须具备以下标准：

（1）种球的外形必须符合种或品种的特征，并达到一定的周长或直径大小，才能成为开花的种球。

（2）种球外皮必须完整，有皮鳞茎要有褐色膜质外皮，无皮鳞茎，鳞茎外层平滑呈乳白色。

（3）手触摸感硬，有沉甸感，说明球体充实，淀粉含量充足，如感觉软，表明球体养分已丧失或者球体内部已开始腐烂。

（4）种球表层无凹陷、不规则膨胀、损伤、病斑和腐烂。

（5）球根的顶芽必须完整、健壮、饱满、无损伤。

为此，采收的球根材料在贮藏前必须按照其大小进行分级后分别入室贮藏。作为优质的种球必须符合左表的种球最佳周长。

球根花卉开花种球的最佳周长

中名	种球周长(cm)	中名	种球周长(cm)	中名	种球周长(cm)
大花葱	18～24	小苍兰	5～6	番红花	5～7
蜘蛛百合	14～16	朱顶红	26～30	球根鸢尾	6～8
花毛茛	7～9	东方百合	16～22	葡萄风信子	8～10
郁金香	12～14	红花酢浆草	6～7	彩色马蹄莲	14～20
欧洲银莲花	6～7	马蹄莲	14～20	风信子	22～24
红花石蒜	10～12	火星花	6～8	亚洲百合	16～22

一、盆栽

多数一、二年生草花和多年生宿根花卉在育苗过程中，要经过1～2次移苗，移苗时由于切断主根，促进了侧根生长，有助于防止徒长，使植株生长健壮。幼苗生长期的追肥应以氮肥为主，促进枝叶生长，定植后还应追施磷、钾肥。为了使植株呈低矮丛生状，多分枝，多开花，如一串红、金鱼草、矮牵牛、百日草、半边莲、蓬蒿菊、蓝眼菊、天竺葵、长寿花等，常采用多次摘心的方式，促使开花大而美。为了集中养分，常采取去蕾的方法，即保顶蕾去侧蕾，如圆绒鸡冠、矮大丽花、菊花、观赏向日葵、香石竹等。同时，盆栽植株根据需要，为了达到快速成型，栽植时可适当多栽苗株。盆栽的草本花卉也是配置景观的重要花材。

郁金香盆栽

二、栽植箱

目前，栽植箱的应用十分普遍，尤其在城市环境中能达到快速成型的装饰效果。栽植箱的栽植过程与普通盆栽相同，它使用的容器要大于常规的盆栽。如今常见有长方形的塑料箱，规格有CK800mm×300mm×350mm，CS500mm×180mm×120mm栽植箱、SL－X102 900mm×242mm×238mm悬挂式园艺绿化箱和SL－X201 470mm×1000mm×420mm城市园艺绿化箱等。箱内种植基质多数采用泥炭土、肥沃园土和珍珠岩等配置的培养土，力求轻型、肥沃、疏松、排水好。栽植箱使用草本花卉苗株的方式有两种，一是品种、花色一致的群体；二是品种不同、花色不同的组合。开花成型的栽植箱主要用于城市道路分隔带、桥的护栏；门廊、过道、步行街的美化；办公区、居住区的窗台、阳台、墙壁和地面装点，以整体的美感，营造出典雅大气的花卉景观。

蓝眼菊盆栽

三色堇盆栽

大花马齿苋栽植槽（水泥）

黄帝菊用于栽植箱布置

天使花栽植箱

接花坛（一、二年生草花）

三、花坛

　　花坛是指在有一定几何轮廓的植床内，种植各种不同色彩的观花或观叶植物，构成具有鲜艳色彩或华丽图案的装饰高台。花坛主要以平面观赏为主，植床不能太高，为使主体突出，花卉植床常高出地面7～10cm，植床周围用缘石围起，使花坛有一个明显轮廓。草本花卉具备高矮整齐、开花繁茂、花期一致、花叶比例适当、花色华丽等特点，如矮牵牛、三色堇、孔雀草、天竺葵、蓝眼菊、雏菊、美女樱等，都是典型的、最常用的花坛花卉。花坛在园林中常作主景或配景观赏，为此在风景区、公园、大型花卉展览会，都把花坛布置在入口处或中心地带作为重要景观展示。

　　如今，又出现一种拼接园艺绿化箱，用板材可以自行拼装成各种方形图案，图案内可以栽种各种各样的草本花卉，构成一个移动式的花坛，其最大的优点是能在路面上摆放。

四、花境

　　花境在园林中，有从规则式到自然式的各种构图。其平面轮廓与带状花坛相似。植床两边是平行直线或平行曲线。花境植床一般稍高出地面，植物配置是自然式的。花境的种植材料离不开草本花卉，如球根花卉花境，用各种球根花卉来组景，多年生混合花境，由宿根花卉唱"主角"。其中宿根花卉芍药、萱草、玉簪、菊花等，球根花卉红花石蒜、鸢尾、黄水仙、百子莲等，都是最常用的花境花卉。

色堇双色花坛

花、观叶混合花坛

菊花拼色花坛

观赏向日葵与天使花等组成的花境

由毛地黄、羽扇豆、楼斗菜等草本花卉组成的花境

随意草与彩叶草、五星花等组成花境

牵牛、角堇组合的花墙

矮牵牛、菊花等组成的花墙

草本花卉配置的花钟景观

五、花墙

花墙是一种立体的造景形式。它利用植物的色彩对比，构成大尺度的各种图案，表达节日的热烈气氛和时代气息，并与周围环境融为一体，常常成为城市的标志性景观。花墙的植物材料，较多采用花朵密集、开花整齐、花色鲜艳的草本花卉，如矮牵牛、三色堇、角堇、小菊等和生长较慢、叶色鲜艳的观叶植物，如银叶菊、常春藤、五色苋等。图案的设计形式多样，养护管理的重点是浇水、修剪和补充花材。

六、景观配置

一、二年生花卉大多数株型矮小，生长较快，花大色艳，花期集中，为此，群体景观效果极佳，是目前布置花坛、大型栽植槽的主要材料，在园林中多栽种在十分醒目的中心地段，如入口处、广场中心花坛、草坪边缘、雕塑像前后、景观路绿岛以及公园、风景区的节日大型装饰花坛等。

一、二年生花卉常以花色的艳丽取胜，如蓝紫色的飞燕草、藿香蓟、三色堇；粉红色的金鱼草、紫罗兰、福禄考；绿白色的雏菊、香雪球、贝壳花；橘黄色的观赏向日葵、金盏菊、百日草、万寿菊；红色的鸡冠花、一串红、石竹、矮牵牛等。在园林景观中，多用于重点装饰，近距离欣赏。其配植的基本形式有适用于规则式园林的花坛、花台、花带等，均以突出花色和图案美为主。可单独或组合式配置。而自然式园林景观中，则采用花台、花丛、花境、花带等，以表现出自然高低错落、色彩缤纷之美。

多年生宿根花卉花朵艳丽，丛栽效果极佳，园林中常广泛用于花境或花丛布置。在公园、风景区常见有多种宿根花卉组成的花境，它们从植株的高矮，不同的花期和色彩考虑，按后高前矮的原则，使立面稍有高低错落，趋于自然。由于花期的不同和色彩的变化，使生长季节不断有花可赏，每季有突出的色调，构成了不同的季相景观。尤其是由多年生宿根花卉为主体，配植有花灌木、球根花卉，一、二年生花卉等组成的混合式花境，花时，招来川流不息的蜜蜂、蝴蝶，使园中的自然景观更加诱人。

在庭院中，常见有菊花、芍药、萱草、蜀葵、薯草、羽扇豆、大花金鸡菊、白及、西洋滨菊、马薄荷、火炬花等宿根花卉，它们常常配置在窗前、道旁、林下、草地、池畔、叠石边，构成富有层次，又有变化的自然式花丛。

在居室或公共场所的厅堂，由多年生宿根花卉为材料的盆栽、垂吊、插花，通过它们的形态、色彩和花香使室内环境充满生机和活力。

盆栽的蝴蝶兰、石斛兰、文心兰，展示出迷人的魅力；垂吊的万带兰、猪笼草、新几内亚凤仙，表现植物自身的形态美以及典雅别致、生动活泼的风格；由花烛、六出花、香石竹、菊花、非洲菊、蝎尾蕉、鹤望兰等组成的各式插花，不仅美化了室内环境，还能使人们享受到盎然的自然美。

多年生球根花卉由于种类繁多，花朵美丽，栽培比较省工，是园林布置中比较理想的植物材料。荷兰的郁金香、黄水仙、风信子成片丛植于花坛、林下、草地边缘、道旁，花时，形成一幅美丽和谐、鲜艳夺目的早春画卷。火星花、番红花、朱顶红、红花石蒜、葱兰等配置于岩石园、花境或作地被植物，花时十分自然得体，具有浓郁的乡村气息。球根秋海棠、大岩桐、欧洲银莲花、仙客来、立金花等，盆栽点缀或装饰居室或公共场所的厅堂，显得格调高雅，充满诗意。若用球根鸢尾、

东方百合、彩色马蹄莲、黄水仙等切花，制作花束、花篮、花环或瓶插，摆放台阶、窗台或橱窗，特别生动可爱，充满异国情调。

由彩叶草、五色苋配置立体景观

由球根花卉构建的春季景观

阿魏叶鬼针草
Bidens ferulifolia
菊科鬼针草属

形态特征 多年生草本，作一年生栽培。株高30cm，株幅30cm。叶片一至三回羽状复叶，鲜绿色，长8cm，小叶披针形。头状花序，星形，金黄色，有一个深黄色的花盘，花径3～5cm。花期仲夏至秋季。

分布习性 原产美国南部、墨西哥。喜温暖、湿润和阳光充足环境。较耐寒、耐干旱和半阴。生长适温为18～25℃，冬季温度不低于−5℃。宜肥沃、疏松和排水良好的沙质壤土。适合于长江流域以南地区栽培。

繁殖栽培 春季室内盆播，发芽适温13～18℃，播后2～3周发芽，约10～12周开花。春、秋季扦插，约2～3周生根。春季用分株繁殖。生长期应充分浇水，将开花不断，若盆土干燥，导致花朵凋谢。每2周施肥1次，用稀释饼肥水或卉友20-8-20四季用高硝酸钾肥。植株生长过高、过密时，及时修剪控制株形。在阳光充足位置，不怕晒，光照强照常开花。但施肥不能多，否则会造成枝叶徒长，开花少或不开花。花期要勤摘残花，不要向花朵上喷水，这样开花更盛。

园林用途 蕨状叶和金黄色的头状花，给炎热的夏日增色不少，阿魏叶鬼针草又以它耐热、耐阴、抗病的适应性受到人们青睐。布置自然式庭院或岩石园，装点低矮墙垣或块石，使景观更显丰富而自然。盆栽悬挂居室，金光闪闪的花朵，营造出富丽堂皇的高贵品位。

园林应用参考种植密度 4株×4株/m²。

常见栽培品种 '金眼''Golden Eye'，叶片蕨状。花大，亮黄色，花期夏季。也是理想的吊盆和盆栽花卉。'金女神''Golden Goddess'，叶蕨状，细长。花金黄色，花径5cm。具有耐寒、耐高温多湿、抗灰霉病和锈病、生长快、栽培容易等特点。

1	2
3	

1.阿魏叶鬼针草
2.阿魏叶鬼针草吊盆观赏
3.阿魏叶鬼针草用于墙际绿饰

矮大丽花
Dahlia variabilis
菊科大丽花属

形态特征 多年生草本，作一年生栽培。株高20～40cm，株幅20cm。叶片对生，一至二回羽状分裂，裂片卵形，边缘具锯齿，中绿至深绿色。头状花序，花单瓣，花色有白、粉红、深红、黄、橙、紫红等。花期夏季至秋季。

分布习性 原产墨西哥、危地马拉。喜冬季温暖、夏季凉爽，昼夜温差在10℃以上的湿润和阳光充足环境。怕高温和严寒。生长适温10～25℃，夏季温度超过30℃，则生长不正常，开花少。冬季温度低于0℃，易发生冻害。土壤宜肥沃、疏松和排水良好的沙质壤土。适合全国各地栽培。

繁殖栽培 春季采用室内盆播，种子喜光性，覆土宜浅，发芽适温20～22℃。播后2周发芽，从播种至开花需13～14周。夏季剪取嫩枝扦插，约2～4周生根或剪取带腋芽的茎节扦插，插后2～3周生根。播种苗在发芽后3周移栽，4周后定植或盆栽。矮大丽花对水分比较敏感，不耐干旱又怕积水。土壤保持湿润，但过湿根部易腐烂；土壤干裂，影响开花。每旬施肥1次，可用卉友15-15-30盆花专用肥。在定植后10天使用0.05%～0.1%矮壮素喷洒叶面1～2次。以控制植株高度，或在苗高15cm时摘心1次，促使分枝，多开花。花谢后需摘除，促使新花枝形成再开花。夏季高温时向叶茎喷水，但不能把水直接喷淋在花朵上，否则花瓣易腐烂。

园林用途 在公园、风景区成片种植或布置花坛、花境、广场，气氛活跃，奔放热闹，给来访者一种亲切和舒畅的感受。盆栽点缀居室、前庭或台阶，营造出喜庆的气氛，使居室充满活力。

园林应用参考种植密度 5株×5株/m²。

常见栽培品种 ‘象征’‘Figaro’，又名费加罗系列，株高35～45cm，株幅25～30cm。花具墨红、红、粉红、黄、白、紫等色的品种。

1	2
3	

1.矮大丽花‘象征’
2.矮大丽花‘象征’
3.矮大丽花与山石置景

矮牵牛
Petunia hybrida
茄科碧冬茄属

形态特征 多年生草本，作一年生栽培。株高30～90cm，株幅25～40cm。叶片卵形，全缘，中绿色。花朵单生叶腋，有大花型和多花型，单瓣者漏斗形，重瓣者半球形，花瓣边缘多变，有平瓣、波状、锯齿状瓣，花色有白、粉、红、紫及双色以及星状、脉纹等。花期夏季至秋季。

分布习性 矮牵牛都是杂交培育的栽培品种。喜温暖、干燥和阳光充足环境。不耐寒，怕雨涝。生长适温为13～18℃。冬季温度低于4℃植株则生长停止，能耐-2℃低温。在长日照条件下茎部顶端很快着花。土壤宜肥沃、疏松和排水良好的微酸性沙质壤土。适合全国各地栽培。

繁殖栽培 春季在室内盆播，种子细小，播后不覆土，发芽适温13～18℃，约10天发芽，从播种至开花需11～12周，重瓣花种13～15周，垂吊种9～12周。花后剪取萌芽的顶端嫩枝扦插，长10cm，插后2周生根，4周地栽或上盆。播种幼苗具5～6片真叶时地栽，也可栽于10cm盆或12～15cm吊盆。喜干怕湿，生长期需充足水分，夏季高温，保持盆土湿润。若盆土过湿，茎叶易徒长，花期雨水多，花朵褪色或腐烂，花瓣易撕裂。生长期每半月施肥1次或用卉友20-20-20通用肥，花期增施2～3次过磷酸钙肥。夏季高温期植株易倒伏，注意整枝修剪，摘除残花，可延长观赏期。不要向叶片和花朵喷水，如果发现底部叶片脱落或花枝生长过长时，要剪去花枝1/2，并追施肥料，促使萌发新花枝。矮牵牛对缺铁十分敏感，常出现叶黄脱落，应每半月补1次铁肥。

园林用途 矮牵牛是园林中应用较广泛的花卉，适用于花坛布置、花槽配置，景点摆放、窗台点缀，重瓣种用于切花观赏。盆栽摆放窗台、吊盆悬挂阳台、盆花装饰落地窗前，给人以灿烂、甜美、怡人的感觉。尤其蔓生垂吊型和双色迷你型品种的出现，使矮牵牛更具魅力。用重瓣矮牵牛瓶插或盆插，点缀茶几、地柜、餐桌，显得生机勃发，令人感到诗意无穷。

园林应用参考种植密度 4株×4株/m²。

常见栽培品种 矮牵牛常见有大花型和多花型；单瓣花和重瓣花；单色花和双色花等。另外，花瓣边缘多变，有平瓣、波状瓣、锯齿状瓣，花色有白、粉、红、紫、双色以及星状、脉纹等，其中多花、重瓣的"馅饼"系列和意大利盛产的双色迷你矮牵牛尤为闻名。近期推出的蔓生垂吊性品种，使矮牵牛更具魅力。

用不同颜色矮牵牛配置花境平面图

草坪
矮牵牛（红色）
矮牵牛（白色）
矮牵牛（粉色）
矮牵牛（蓝色）
矮牵牛（红色）

1	2	3
4		
5		

1.矮牵牛'盲珠'
2.矮牵牛'盲珠'
3.重瓣矮牵牛（红白双色
4.矮牵牛与乔、灌木组成景观
5.多色的矮牵牛用于大型坛布置

矮雪轮
Silene pendula
石竹科蝇子草属

形态特征 一年生草本。株高15～25cm，株幅15～25cm。叶片卵圆形至披针形，中绿色。松散总状花序，花小而多，萼筒膨大，花粉红色，有单瓣和重瓣。花期夏季。

分布习性 原产地中海地区。喜温暖、湿润和阳光充足。耐寒，怕高温，怕干旱和水涝。生长适温15～25℃，冬季能耐 – 10℃低温。土壤宜疏松、富含腐殖质和排水良好的中性或碱性壤土。适合于长江流域以北地区栽培。

繁殖栽培 地栽选择地势高燥、排水良好、阳光充足和土壤富含腐殖质的场地。栽植前要翻耕土壤，施足基肥。长江流域地区，9～10月播种，播后覆薄的细土，发芽适温16～19℃，播后2～3周发芽，发芽不整齐。苗期遇严寒时，可盖草防寒保护。生长期保持土壤湿润，夏季多雨季节注意排水，以免枝蔓腐烂。每2周施肥1次，花期增施1～2次磷钾肥。花期，当枝叶生长过密时适当疏剪，利于通风透光，使花开得更盛，否则蔓性枝条相互缠绕，不易分开，影响开花。浇水时不要向叶面和花朵上淋水。当长出新叶和开出新花朵时，施1次稀释的饼肥水。

园林用途 植株密集矮生，开花繁茂，其膨大的萼筒别具趣味。用它布置花坛、花境或林下，花时似粉红色地毯一样，格外具有田园之美。若散植水池旁或岩石园中，景色同样清新悦目。盆栽摆放小庭园或室内，使环境更加轻快柔和。

园林应用参考种植密度 5株×5株/m²。

1
2

1.矮雪轮的花枝
2.矮雪轮与道旁绿篱相嵌，别具一格

白晶菊
Chrysanthemum paludosum
菊科菊属

形态特征 一年生草本。株高20～30cm，株幅25～30cm。叶片披针形，具锯齿，深绿色。头状花序，单生，花径4～5cm，舌状花白色，管状花黄色。花期春夏季。

分布习性 原产葡萄牙、西班牙。我国近年来在长江流域引种栽培。喜温暖、湿润和阳光充足环境。生长适温为15～20℃，耐寒性强，冬季能耐－10℃低温，怕高温多湿，耐半阴，光照不足，会影响开花质量。土壤宜肥沃、疏松和排水良好的沙质壤土。

繁殖栽培 春季用播种繁殖，种子喜光性，播后不覆土，发芽适温15～21℃，约2周发芽，从播种至开花需10～12周。花前剪取顶端嫩枝长5～7cm，进行扦插繁殖，约2周生根，3周后盆栽或地栽。苗高10cm时摘心1次，促使分枝。生长期盆土保持湿润，切忌干旱。地栽，梅雨季注意排水，以免积水或土壤过湿造成根部腐烂。生长期每月施肥1次，用腐熟饼肥水或用卉友15-15-30盆花专用肥。严格控制氮肥用量，以免茎叶徒长，推迟开花。由于白晶菊花期长，花朵密集，需随时摘除残花和黄叶，促使新花枝产生，再次开花。

园林用途 白晶菊的花形很像西洋滨菊，就是花朵小一点，有人叫它"迷你滨菊"。白晶菊的白色舌状花在黄色管状花的衬托下，显得格外洁白似水晶一般，如果与黄晶菊组成花坛、花境或花带时，更觉清丽动人。散植庭院中的草坪边缘、池边，使景色更加自然和谐。宜盆栽摆放窗台、阳台、台阶或走廊，让人感受舒适、谐调之美。

园林应用参考种植密度 4株×4株/m²。

	1
	2
	3

1.白晶菊用于道旁景观布置
2.白晶菊与牡丹的置景
3.白晶菊

百日菊
Zinnia elegans
菊科百日菊属

形态特征 一年生草本。株高35～75cm，株幅30cm。叶对生，卵圆形至披针形，基部抱茎，中绿色。头状花序着生于枝条顶端，舌状花扁平，反卷或扭曲，常多轮呈重瓣，有白、绿、黄、粉、红、橙等色，有基瓣具色斑和双色品种。花期夏季至秋季。

分布习性 原产墨西哥。喜温暖、干燥和阳光充足环境。对温度比较敏感，生长适温18～25℃，冬季温度低于13℃，则停止生长，霜降后植株枯萎死亡。30℃以上高温，照常生长开花。土壤宜疏松、肥沃和排水良好的沙质壤土，忌连作。适合全国各地栽培。

繁殖栽培 常用播种和扦插繁殖。播种，春季进行，发芽适温21～25℃，7～10天发芽，播种至开花，因品种不同，45～75天。扦插，6～7月进行，剪取充实侧枝，长10cm，插入沙床，约15～20天生根，25天后栽植。地栽，梅雨季注意排水，以免积水或土壤过湿造成根部腐烂。每半月施肥1次，用腐熟饼肥水或用卉友20-20-20通用肥。苗高10cm时摘心，促使分枝，摘心后2周，用0.5%B9液喷洒，可提前开花，花朵紧密。花后及时剪除残花，促使叶腋间萌发新枝，可再度开花。大多数百日菊为杂种1代苗，极易退化，一般不留种。

园林用途 地栽布置花坛、花境或庭院一角，鲜艳夺目，给人以温馨、欢愉的感觉。盆栽用于摆放窗台、阳台或餐桌、茶几，展现出明亮雅致、生机蓬勃的气氛。

园林应用参考种植密度 4株×4株/m²。

常见栽培品种 梦境(Dreamland)系列，大花种，株高20～30cm，花重瓣，径9～10cm，花有白、紫红、黄、玫红等色。热雪(Tropical Snow)系列，株高30～40cm，花半重瓣，径5～6cm，花有白色、浅黄色。矮材(Short Stuff)系列，株高20～25cm，花重瓣，径7～8cm，花有红色、桃红色。巨仙人掌(Giant Cactus)系列，花似大丽花，株高50～60cm，花重瓣，径10～12cm，花有黄色、橘黄色、紫色。陀螺(Whirligig)系列，株高50～60cm，花重瓣，径8～10cm，花有红、白双色。

1	2	3
4		5
6		
7		

1.百日菊巨仙人掌系列
2.百日菊陀螺系列
3.百日菊矮材系列
4.百日菊梦境系列
5.百日菊热雪系列
6.百日菊用于花坛布置
7.百日菊与置石组景

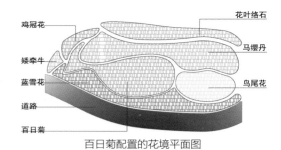

百日菊配置的花境平面图

半 支 莲
Portulaca grandiflora
马齿苋科马齿苋属

形态特征 一年生草本。株高10～20cm，株幅15cm。叶片圆筒形，肉质，亮绿色。花顶生，有单瓣、重瓣，杯状，花色有白、黄、粉、红和玫瑰红等，也有杂色条纹状。花期夏季。

分布习性 原产巴西、阿根廷、乌拉圭。喜温暖、干燥和阳光充足环境。不耐霜冻，怕水湿和多阴天气。生长适温为13～18℃，气温低于10℃，生长停止，霜降后植株逐渐枯萎死亡。耐30℃以上高温，但花小而少。对光照反应敏感，有光时花开茂盛，午后或阴雨天则闭合。光照不足不仅茎叶生长柔软，且开花少而小。土壤宜肥沃、疏松和排水良好的沙质壤土。如果浇水过多，还会导致根部腐烂。若要半支莲开花多，必须不断摘心，促使多分枝，才能多开花。适合于全国各地栽培。

繁殖栽培 5月播种，播后覆薄土或不覆土，发芽适温21～24℃，播后7～10天发芽，从播种至开花只需9～11周。花重瓣的品种用扦插繁殖，生长期剪取健壮枝条，长5～6cm，约2周生根，3周后盆栽。盆土稍干燥，过湿茎叶易徒长，开花减少。天气干旱时适当补充水分，切忌向花朵上浇水。每半月施肥1次，可用腐熟饼肥水或卉友20-20-20通用肥。植株生长过高，稍摘心或剪去植株的1/2，促使分枝，再度开花。苗株具3对叶时移栽，用20cm盆，栽苗5～6株，25cm盆栽苗7～8株。盆土用肥沃园土、泥炭土和沙的混合土。

园林用途 半支莲是极佳的地被植物，适用于草坪边缘、城市广场和道路两侧成片栽培，花时五彩缤纷，热闹非凡。也适合盆栽、花槽和岩石园布置，夏秋花时，呈现出十分自然协调的景观。也是极佳的庭院花卉。有趣的是半支莲开花的时间与香港"白领阶层"的上班时间相吻合，在当地叫它"朝九晚五花"。

园林应用参考种植密度 6株×6株/m²。

常见栽培品种 太阳神（Sundial）系列，株高10～15cm，株幅15cm。花色有橘红、金黄、白、玫红、红和双色等。花径4～5cm，开花整齐，花期长。

	1		
2	3	4	5
	6		

1.半支莲

2.半支莲

3、4、5.半支莲太阳神系列

6.半支莲与草坪组景，可谓五彩缤纷，热闹非凡

冰岛虞美人
Papaver croceum
罂粟科罂粟属

形态特征 多年生草本，作二年生栽培。株高25~35cm，株幅15cm。叶片广椭圆形，羽状半裂至羽状全裂，密生细毛，蓝绿色。花单生，碗形，单瓣或重瓣，有黄、白、橙和浅红等色。花期夏季。

分布习性 原产亚北极地区。喜凉爽、湿润和阳光充足。耐寒性强，怕湿热，忌水湿。生长适温15~22℃，冬季能耐-15℃低温，寒冷地区越冬苗株注意保护。土壤宜肥沃、疏松和排水良好的沙质壤土。适合长江流域以北地区栽培。

繁殖栽培 春季播种，种子细小，播后不必覆土，发芽适温15~24℃，播后1~2周发芽。也可在初夏或秋季就地播种，种子有较好的自播能力。直根性花卉，苗株具3~4片真叶时即可间苗，如需移苗应先浇水使土壤湿润，苗株5~6片真叶时在阴天带土移栽。土壤保持湿润，不能积水，浇水时不能向叶片和花朵上淋水。生长期每月施肥1次，施肥量不宜过多，花前增施1次磷钾肥。花后及时剪去凋萎花朵，促使余花开得更盛。种子容易散落，必须及时采种。

园林用途 用它撒植在向阳坡地、道路两侧或草坪边缘，花时似群蝶飞舞，有强烈的动感。冰岛虞美人抗寒性强，庭院栽植只要避开风口和背阴的场所都能长好，开花不断。也可瓶插或插花观赏。

园林应用参考种植密度 6株×6株/m²。

常见栽培品种 舞趣（Partyfun）系列，株高40~45cm，株幅15cm。花大，花期长，花色有橙红、金黄、黄、白等。有双色品种。香槟气泡（Champagne Bubbles）系列，株高40~50cm，株幅15cm。花大，花径8~12cm，花色有红、褐黄、粉、杏黄、黄等。耐寒，适合盆栽。夏风（Summer Breeze）系列，株高30~35cm，株幅15cm。花色有橙、金黄、黄、白等。夏季开始开花，花期长。仙境（Wonderland）系列，矮生，株高20~25cm，株幅15cm。花色有白、橙、黄、红等。花径10cm，耐寒性、耐风性好。适合盆栽。园神系列，矮生，花色有橙红、黄、粉、橙粉、白等。

1		
2	3	4
5		

1.冰岛虞美人群体的自然景观
3、4.冰岛虞美人舞趣系列
5.冰岛虞美人用于景点布置

彩叶草
Coleus blumei
唇形科鞘蕊花属

形态特征 多年生草本，作一年生栽培。株高25～30cm，株幅25～30cm。叶片对生，卵形，顶端尖，边缘有锯齿，叶面色彩丰富，有红、黄、褐、白、黑等多种颜色，边缘绿色。总状花序顶生，花白色。花期全年。

分布习性 原产亚洲东南部马来西亚、印度尼西亚。喜温暖、湿润和阳光充足环境。不耐寒，不耐干旱。生长适温20～30℃，冬季温度不低于10℃，4℃以下低温叶片变黄脱落，逐渐枯萎死亡。夏季高温、强光时稍加遮阴，阳光充足，叶色鲜艳夺目。土壤宜肥沃、疏松和排水良好的沙质壤土。适合全国各地栽培。

繁殖栽培 早春采用室内盆播，种子喜光，播后不覆土，发芽适温22～24℃，播后8～10天发芽，3周后具4片真叶时盆栽，从播种至观叶需11～12周。春、夏季剪取顶端嫩枝扦插，长10cm，插后4～5天生根，1周后上盆，4周后叶片五彩纷呈。生长期充分浇水，切忌积水，以免引起烂根。若盆土时干时湿或干旱，叶片容易凋萎。

每半月施肥1次，多施磷钾肥，少施氮肥，或用卉友15-15-30盆花专用肥。使叶面色彩更加清新、鲜艳。氮肥施用过多，易出现徒长，叶面暗淡，缺乏光彩。苗期需多次摘心，促其萌发新枝，扩大株丛。及时摘除花序，以免消耗养分。如果不留种，出现花茎时应立即摘除，延长观叶期。

园林用途 彩叶草叶面色彩丰富，有红、黄、橙、紫、白、绿等深浅不同的颜色，植物界称它为"色彩之王"。布置花坛或景点，可构成一幅生动悦目的画面。吊盆栽培，通过摘心、摘花，形成五彩纷呈的彩叶吊篮，十分引人入胜，用它悬挂居室的窗台、阳台或窗前作吊箱，显得格外典雅、壮丽，充满强烈的感染力。

园林应用参考种植密度 5株×5株/m²。

常见栽培品种 热情（Passion）系列，株高25～30cm，株幅25～30cm。叶色有黄、红、玫红等。株型紧凑，生长快。奇才（Wizard）系列，株高25～30cm，株幅25～30cm。矮生，株型紧凑，耐高温、耐高湿，基部分枝性好。从播种至开花需13～15周。巨无霸（Kong）系列，株高45～50cm，株幅25～30cm。叶色有绿、红、玫红、粉红、猩红和马赛克等。生长快，耐阴。

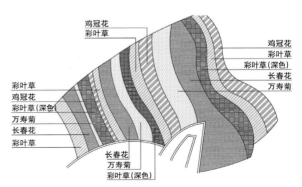

彩叶草配置的花坛平面图

	2	6	
	4	7	9
	5	8	
			10

1.彩叶草巨无霸系列
2.彩叶草奇才系列（散斑）
3.彩叶草奇才系列（马赛克）
4.彩叶草热情系列
5.彩叶草与鸡冠花、长春花等组成模纹花坛
6.彩叶草品种
7.彩叶草用于花坛布置
8.彩叶草用于大型盆栽观赏
9.彩叶草盆栽造景，别具一格
10.彩叶草、万寿菊与叠石组景

波斯菊
Cosmos bipinnatus
菊科秋英属

形态特征 一年生草本。株高1.5m，株幅45cm。叶片对生，二回羽状深裂，中绿色。头状花序，单生，碗状或碟状，舌状花有白、粉红、深红等色，花心黄色。花期夏季。

分布习性 原产墨西哥。喜温暖和阳光充足环境。不耐寒，怕半阴和高温，忌积水。生长适温18~24℃，温度超过30℃，开花减少，花朵变小。冬季气温低于6℃，植株自然枯萎死亡。土壤宜肥沃、疏松和排水良好的壤土。适合全国各地栽培。

繁殖栽培 春季播种，发芽适温16~18℃，播后7~10天发芽，春播苗于6~8月开花，夏播苗于9~10月开花，个别品种用嫩枝扦插繁殖，插后2周生根，再1周后盆栽。苗株具4~5片叶时定植并摘心。生长期土壤保持稍湿润，不能积水。地栽，施基肥，生长期不需再施肥，土壤过肥，枝叶徒长，开花减少。盆栽植株每月施肥1次，用卉友20-20-20通用肥。要植株矮壮、紧凑，可用0.05%~0.1%B9液，向苗株喷洒1~2次。花谢后及时摘除。花开败后，如果不留种，可从花茎的基部剪除，促使萌发新花茎，继续开花。

园林用途 波斯菊叶形雅致，花色丰富，花茎在微风中摇曳，花朵更显浪漫情调。用它成片布置庭院花境、草坪边缘、墙体周围，景观十分自然和谐、舒适。群体撒播于树丛周围和路旁作背景材料，颇具野趣，随时剪取花枝，瓶插装点窗台、镜前或餐室，创造温馨、轻松的家居环境。开花的盆栽波斯菊，色调清爽明快，有让人眼前一亮的感觉。

园林应用参考种植密度 3株×3株/m²。

常见栽培品种 奏鸣曲（Sonata）系列，株高50~60cm，株幅30~40cm。花色有胭脂红、粉红、玫红、粉晕、白等。花大，花径7~10cm。从播种至开花只需9~12周。

1	2
3	4
5	
6	

1、2、3、4.波斯菊奏鸣曲系列
5.波斯菊在道旁与山石相伴
6.波斯菊用于景观布置

长春花
Catharanthus roseus
夹竹桃科长春花属

形态特征 常绿多年生草本，作一年生栽培。株高30～60cm，株幅30～60cm。叶片对生，长卵圆形，中绿至深绿色。聚伞花序顶生，花高脚碟状，有粉红、玫瑰红、红和白色，花心有深色洞眼。花期春夏季。

分布习性 原产马达加斯加。喜温暖、稍干燥和阳光充足环境。耐热怕冷，生长适温16～24℃。冬季温度不低于10℃，6℃以下植株停止生长，逐渐叶黄脱落，枯萎死亡。长春花忌湿怕涝，以干燥为好。光照充足，叶片翠绿，花色鲜艳。土壤宜肥沃和排水良好的壤土，切忌碱性和黏质土壤。适合全国各地栽培。

繁殖栽培 春季播种，种子嫌光性，播后浅覆土，发芽适温18～24℃。播后2～3周发芽。苗期遇强光、高温时，需遮阴。春末剪取嫩枝扦插，夏季用半成熟枝扦插，插条长8～10cm，剪去下部叶，留顶端2～3对叶，插后2～3周生根。苗株具3对真叶时栽10cm盆，每盆栽苗3株。生长期盆土保持湿润，切忌时干时湿，浇水要适可而止。每半月施肥1次，或用卉友15-15-30盆花专用肥。花期随时摘除残花，以免残花留株后发霉，影响观赏效果。长春花有喜干、怕湿的特点，生长期要控制浇水量。

园林用途 长春花的花期可长达半年之久，且连日开花，花朵众多，配植庭院花坛或林下成片栽植作地被植物。花时，一片雪白、蓝紫或深红，独具风格，其垂蔓品种，特别适合大型栽植槽观赏，装点广场、景点、居室，使空间氛围舒适宜人。

园林应用参考种植密度 4株×4株/m²。

常见栽培品种 太平洋（Pacifica）系列，株高20～30cm，株幅20～30cm。花色有玫红、杏黄、白、红晕、红等，开花早，花大，花径5cm，耐热、耐干燥，适合花坛栽培。地中海（Mediterranean）系列，株高25～30cm，株幅25～30cm。花色有粉红、深红、白、紫、红等。播种后12～15周开始垂蔓。耐热、耐干燥，用水量少。热情（Passion）系列，株高25～30cm，株幅25～30cm。花色有玫红、深紫等，花径5cm。

1	2
	3
	4
	5
6	

1.长春花在道旁作带状布置
2.长春花地中海系列
3.长春花地中海系列
4.长春花太平洋系列
5.长春花'太平洋'
6.长春花用于廊际点缀

雏 菊
Bellis perennis
菊科雏菊属

形态特征 多年生草本，常作二年生栽培。株高5～20cm，株幅5～20cm。叶片披针形至倒卵形或匙形，亮绿色。头状花序，单生，舌状花有白、粉红、深红、紫等色，管状花黄色，还有重瓣花种。花期冬末至翌年夏末。

分布习性 原产欧洲、土耳其。喜凉爽、湿润和阳光充足环境。生长适温7～15℃，冬季在5℃下能正常开花，但重瓣品种耐寒性稍差。不耐水湿，怕高温。土壤宜富含腐殖质、疏松、肥沃和排水良好的沙质壤土。适合于长江流域地区栽培。

繁殖栽培 9月播种，种子喜光，播后不必覆土。发芽适温10～13℃，播后1～2周发芽，及时间苗。从播种至开花需12～14周。温暖地区春播育苗，但长势和开花都比秋播苗差，结实也少。花后老株可分株繁殖，但长势不如播种苗。苗株具2～3片真叶时移植1次，促使多发新根，4～5片真叶时移栽定植或作盆栽。生长期土壤保持湿润，表土干燥时应立即浇水。每半月施肥1次，或用卉友15-0-15高钙肥，如肥水充足则开花茂盛，花期亦长。花期勤摘老叶和黄叶，随时剪除残花茎，有利通风透光和萌发新花茎。初夏阳光过强时需适度遮阴。浇水、喷水不要淋到花朵。

园林用途 植株矮小，开花整齐，花色素雅，多用于装饰花坛、花带、花境的边缘，层次特别清晰。若用它点缀岩石园或小庭园，更觉精致小巧，让人喜爱。冬季盆栽摆放窗台或阳台，开花不断，带来浓厚的春意。

园林应用参考种植密度 8～10株×8～10株/m²。

常见栽培品种 塔苏（Tasso）系列，株高10～12cm，花径4cm，花色有白、粉、红等，开花期整齐。

1	2
3	
4	

1、2.雏菊塔苏系列

3.雏菊用于花境布置

4.雏菊与彩叶灌木组景，娇艳亮丽

翠 菊
Callistephus chinensis
菊科翠菊属

形态特征　一年生草本。株高20～50cm，株幅25～45cm。叶片互生，卵圆形或长椭圆形，具粗锯齿，中绿色。头状花序，单生枝顶，舌状花有紫、红、玫瑰红、白、黄、蓝等色，有单瓣、半重瓣和重瓣。花期夏末至秋季。

分布习性　原产中国。喜温暖、湿润和阳光充足环境。怕高温多湿和通风不良。生长适温为15～25℃，冬季温度不低于3℃，0℃以下茎叶易受冻。夏季超过30℃时，开花延迟或开花不良。对日照反应较敏感，每天15小时长日照条件下，植株矮生，提早开花。土壤宜疏松、肥沃和排水良好的中性至碱性沙质壤土。适合于黄河流域地区栽培。

繁殖栽培　常用播种繁殖。发芽适温18～21℃，播后7～21天发芽，幼苗生长迅速，应及时间苗。从播种至开花需90～120天。苗株高8～10cm时摘心1次，促使分枝。生长期浇水需适度，不能过分干燥和过分湿润，当土表干燥时，及时充分浇水。生长期每旬施肥1次，用卉友20-20-20通用肥。花期增施磷、钾肥1次。花谢后及时摘除，以免受湿腐烂。

园林应用　球状翠菊玲珑可爱，群体配置城市广场、花坛、花境或制作景点，富有时代气息。盆栽摆放窗台、阳台或花架，显得古朴高雅，具有浓厚的传统气息。还可用于插花和瓶插，装饰居室。

园林应用参考种植密度　4株×4株/m²。

常见栽培品种　阳台小姐（Pot 'N Patio）系列，株高15～20cm，花径5～7cm，花色有蓝、红、粉、紫等，播种后90天开花。

1	2
3	
4	

1.紫色翠菊
2.翠菊'红绸带'
3.翠菊群体景观
4.道旁的翠菊，显得清雅宁静

大花金鸡菊
Coreopsis grandiflora
菊科金鸡菊属

形态特征　多年生草本，常作二年生栽培。株高45～90cm，株幅40～45cm。基生叶阔披针形，3～5裂，黄绿色。头状花序，舌状花金黄色，管状花黄色，半重瓣、重瓣者形似菊花。花期春季至秋季。

分布习性　原产美国中部和东南部。喜温暖、湿润和阳光充足环境。较耐寒，耐干旱。生长适温10～25℃，冬季可耐－10℃低温。对土壤要求不严，以稍肥沃、疏松和排水良好的沙质壤土为宜。在肥沃而湿润的土壤中枝叶茂盛，开花反而减少。适合于长江流域以北地区栽培。

繁殖栽培　春季播种，属喜光种子，播后不必覆土，发芽适温为13～16℃，播后7～21天发芽，发芽率80%，但发芽不整齐。一般从播种至开花需14～16周。播种苗高10～15cm时移苗定植或盆栽。

分株繁殖，在早春切取根际部旁生的新子株，每丛必须有3个芽以上，可直接盆栽。生长期保持土壤湿润，每月施肥1次，但氮肥量不宜多。花期停止施肥，防止枝叶徒长，影响开花。花后应及时剪去花梗，减少养分消耗，有利于植株基部萌蘖和越冬。大花金鸡菊属于适应性较强的花卉，但多数植株生长5～6年后，由于茎叶生长过于密集，开花逐渐减少，需重新播种或分株繁殖进行更新，才能保持长势旺盛，开花繁多。其自然更新能力强，种子有较强的自播能力。

园林用途　散植于花境、空隙地、向阳坡地，开花时，金光闪闪，热闹非凡。若与波斯菊、花菱草、虞美人等组合配植，其景观效果更佳。矮生种盆栽，摆放花坛、景点边缘、台阶，鲜艳明亮，效果明显。成束长花枝用于瓶插别具雅趣。大花金鸡菊植株高挑，开花密集，花色鲜黄，冬叶葱绿，若散植于庭院的坡地或草坪一角，成为十分自然的"野花"。

园林应用参考种植密度　3株×3株/m²。

常见同属种类　蛇目金鸡菊*Coreopsis tinctoria*，株高1～1.2m，株幅30～45cm。花亮黄色，具暗红色花盘。夏季作一年生花境的花材。

1	2	4	5
3		6	

1.蛇目金鸡菊
2.大花金鸡菊
3.蛇目金鸡菊景观
4.道旁大花金鸡菊丛植景观
5.大花金鸡菊与蓝色鼠尾草等组成的花丛
6.大花金鸡菊用于庭院布置

大花飞燕草
Delphinium gandiflorum
毛茛科飞燕草属

形态特征 多年生草本，作一、二年生栽培。株高50～75cm，株幅30～40cm，茎干挺拔。叶片掌状分裂。总状花序，萼片花瓣状，花色有蓝、紫、白、粉等，还有矮生、重瓣和不同花心等。花期初夏至盛夏。

分布习性 原产欧洲高加索，西伯利亚地区和中国西北部。喜凉爽、稍干燥和阳光充足环境。耐寒，怕高温，生长适温10～16℃，苗期温度以10℃为宜。春末夏初温度高，生长势明显减弱，出现落花现象。土壤宜肥沃、疏松和排水良好的壤土。适合长江流域以北地区栽培。

繁殖栽培 春季4月或秋季9月播种，发芽适温13～15℃，播后2～3周发芽，温度高，发芽不整齐。春季在萌发新芽前，将母株切开带土，可直接盆栽。一般每2～3年分株1次。春季新芽长到8～10cm时，剪取嫩枝或花后剪取基部萌发的新芽进行扦插繁殖，插后2～3周生根，当年夏秋季可开花。直根性花卉，不耐移植，移苗需多带土。土壤以干燥为好，过于湿润或排水不畅，茎叶和根部易腐烂。生长期每半月施肥1次，用腐熟稀释的饼肥水或卉友20-20-20通用肥，花前增施2～3次磷钾肥。主花序枯萎后应及时剪除，促使基部侧芽萌发，形成新花序。

园林用途 飞燕草盆栽适合摆放庭前、路旁、草坪边缘，配置花境、景点，显得素雅别致，具有迷人的风采。也可装点花槽、花箱，也十分清新悦目。

园林应用参考种植密度 4盆×4盆/m²。

常见栽培品种 夏日（Summer）系列，株高25～30cm，花径4～5cm，花色有淡紫、深紫、白、粉红等，株型紧凑低矮，耐热。太平洋（Pacific）系列，株高1～1.5m，株幅50～75cm。花径6～7cm，花色有白、浅紫粉、浅蓝、深蓝等，株型紧凑，耐寒。

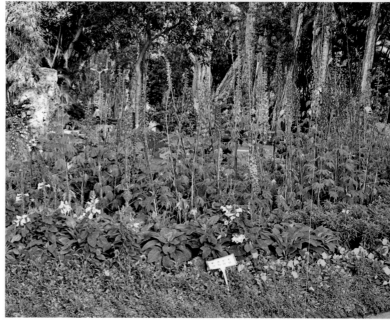

1	2
3	

1.大花飞燕草'夏日白色'
2.大花飞燕草'夏日云彩'
3.以飞燕草为主体的花境

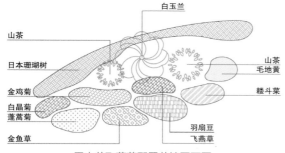

用大花飞燕草配置花境平面图

山茶
日本珊瑚树
金鸡菊
白晶菊
蓬蒿菊
金鱼草

白玉兰

山茶
毛地黄
耧斗菜

羽扇豆
飞燕草

大花马齿苋
Portulaca oleracea var. *gigantes*
马齿苋科马齿苋属

形态特征 多年生草本，作一年生栽培。株高10～45cm，株幅35～50cm。叶片互生，肉质，匙形至卵形，亮绿色。花杯状，有红、粉红、黄、淡紫、白、橙等色。花期夏季到初秋。

分布习性 原产南美洲。喜温暖、干燥和阳光充足环境。不耐寒，怕高温和多湿，耐干旱和瘠薄。生长适温为20～30℃，冬季温度不低于10℃，夏季高温长势减弱，开花少。对光照反应敏感，阳光充足，开花时间长，花朵大，色彩鲜艳。土壤用肥沃、疏松和排水良好的沙质壤土。适合全国各地栽培。

繁殖栽培 春季采用室内播种，种子细小，播后不需覆土，发芽适温13～18℃，播后7～10天发芽，从播种至开花需10～11周。生长期剪取健壮充实的枝条扦插，长7～8cm，插后2周生根，3周后盆栽。生长期浇水不宜多，保持稍湿润和明亮阳光的环境。防止土壤过湿或空气湿度过大，造成茎叶徒长，开花减少，甚至导致烂茎。每半月施肥1次，用稀释饼肥水或卉友20-20-20通用肥。大花马齿苋虽然花期长，但单花的寿命短，只有1天的生命，要开花多，必须不断摘心，促使多分枝，才能多开花。

园林用途 盆栽成片摆放广场、街旁或配置景点，即时繁花似锦，效果突出。作地被或草坪镶边，其景别具一格。盆栽和篮式栽培，点缀窗台、阳台、台阶、窗前和悬挂走廊，花时，五彩缤纷，十分耀眼。

园林应用参考种植密度 5丛×5丛/m²。

常见栽培品种 巨嘴鸟（Toucan）系列，株高7～10cm，株幅35～40cm，花径2～3cm，花色有黄、橙红、紫红、玫红等，抗旱能力强，不需要摘心。

1	2
3	4
5	

1.大花马齿苋与地肤、红花檵木等组景
2.大花马齿苋
3.多彩大花马齿苋镶嵌于道旁，生动活泼
4.大花马齿苋
5.大花马齿苋在路旁带状丛植

多花报春
Primula Polyanthus Group
报春花科报春花属

形态特征 多年生草本，作一年生栽培。株高
15～30cm，株幅15～20cm。叶片倒卵形，深绿色。伞形花
序，花大，通常为双色，生于花梗顶端，梗长20～30cm。花
期冬末至早春。

分布习性 多为杂交培育的栽培品种。冬季喜温暖、夏
季需凉爽，怕高温，受热后会整株死亡。低温多湿，易诱发
病害。生长适温为13～18℃，冬季温度不低于12℃，照常开
花，5℃以下，花、叶易发生冻害。属喜光性植物。土壤宜肥
沃、排水良好的酸性土壤。适合于西南地区栽培。

繁殖栽培 种子细小，喜光，寿命短。秋季采用室内
盆播，播后不必覆土，发芽适温15～20℃，约1周发芽，出苗
过密需及时间苗。苗株具6～7片真叶时移栽到10～12cm盆
或地栽，栽植时根颈部应露出土面。秋季将越夏的母株从
盆内取出，掰开子苗，可直接上盆或地栽。也可直接购买穴
盘苗。生长期和盛花期需多浇水，不能淋湿叶片，否则易感
染病害。花后正值盛夏高温，控制浇水，盆栽植株移放凉
爽、干燥、半阴、通风场所，以利安全越夏。生长期每旬施
肥1次，用卉友20-7-7酸肥。始花时，增施1～2次磷钾肥。
花谢后剪去花茎和摘除枯叶，利于结种。

园林用途 多花报春叶片深绿，花朵紧密，硕大，花色
丰富多彩，是冬季十分诱人的盆栽花卉，目前以盆栽摆放
居多，成片摆放公园、广场、小游园或车站，使公共场所
的气氛更温馨和谐。盆栽点缀客厅、书房或餐室，花时五彩
纷呈，使居室环境的春意更浓。

园林应用参考种植密度 8盆×8盆/m²。

常见栽培品种 和谐（Harmony）系列，株高
10～12cm，花径4～5cm，花色有红、黄、白、橙、蓝、玫
红和双色等。妃纯（Pageant）系列，株高10～15cm，花径
4～5cm，花色有红、黄、白、紫、玫红和双色等，开花
早。节日（Festival）系列，株高10～12cm，花径5cm，花色
有红、黄、白、橙、蓝、深玫红和双色等，株型紧凑。

	1	
	2	
3		4
5	6	7

1.色彩艳丽的多花报春花带
2.由多花报春和花毛茛组成的景点
3.多花报春奇妙系列
4.多花报春节日系列
5.多花报春妃纯系列
6.多花报春和谐系列
7.多花报春'双子座'

蛾蝶花
Schizanthus pinnatus
茄科蛾蝶花属

形态特征 一年生草本。株高20～50cm，株幅25～30cm。叶片蕨状，披针形至倒披针形，羽状全裂至三回羽状全裂，淡绿色。顶生聚伞花序，花筒状，2个唇瓣，有白、黄、粉红、紫红、红等色，喉部黄色，具有紫红色斑点，有时无斑点。花期春季至夏季。

分布习性 原产南美智利。春季喜温暖，夏季喜凉爽和阳光充足环境。不耐寒，生长适温为10～18℃，冬季温度不低于5℃。怕高温和强光，忌干旱和水涝。土壤宜肥沃、排水良好的沙质壤土。适合长江流域以南地区栽培。

繁殖栽培 9～10月秋播，播后不必覆土，但有光影响发芽，需黑暗条件，可用黑色薄膜覆盖或置放黑暗处，发芽适温13～18℃，约1～2周发芽。生长期土壤保持湿润，气温在15～20℃时，每周浇水2次，气温超过25℃，每2～3天浇水1次。每2周施肥1次，喜高钾肥或用卉友15-15-30盆花专用肥。苗高10～12cm时进行摘心，促使分枝，压低株形。花后及时剪去开谢的花枝，促使萌发新枝，能继续开花。

园林用途 蛾蝶花的奇特花形似蛾又像兰，可谓人见人爱，其华丽的花色、斑纹，充满着异国情调，是一个新颖的花坛和盆栽花卉。在长江流域地区，春季布置花坛、花境或配置景点，充满生机和活力，成为视觉欣赏的焦点。盆栽或切花装点庭园或居室走廊、阳台或窗台，充满着异国情调，给人以丰富多彩的印象。

园林应用参考种植密度 4株×4株/m²。

常见栽培品种 王室小丑（Royal Pierrot）系列，株高25～30cm，花径4～5cm，花色有紫、红、白、粉红、酒红等，开花早而整齐。佳音（Jiayin）系列，株高10～15cm，花径4～5cm，花色有红白双色等。信使（Xinshi）系列，株高10～15cm，花径4～5cm，花色有白、粉色等。

	1	
2		3
	4	
5		6

1.由蛾蝶花组成的室内景观
2.蛾蝶花
3.蛾蝶花佳音系列
4.蛾蝶花信使系列
5.蛾蝶花信使系列
6.蛾蝶花王室小丑系列

费利菊
Felicia amelloides
菊科费利菊属

形态特征 一年生草本。株高30cm，株幅30cm。叶片披针形，被软毛，深绿色。头状花序，花单生，舌状花蓝色，花心黄色。花期夏至秋季。

分布习性 原产南非。喜温暖、湿润和阳光充足。较耐寒，不耐水湿，稍耐阴。生长适温15～25℃，冬季温度不低于0℃。土壤宜富含腐殖质、疏松和排水良好的沙质壤土。适合长江流域以南地区栽培。

繁殖栽培 早春播种，发芽适温10～18℃，播后2周发芽。夏末剪取顶端嫩枝扦插，插后2周生根。生长期保持土壤湿润，初夏梅雨季注意排水，严防水淹。每月施肥1次，注意肥液不要沾污叶片。开花前增施1次磷钾肥。花后及时剪除残花，促使萌发新花枝，继续开花。

园林用途 植株紧凑，开花整齐，花色素雅，常布置花坛、花境和道旁，层次清晰，尤其与白色建筑物相伴，景观特别清新幽雅。用它点缀岩石园或小庭园，使环境更显活泼、生动。若散植于山坡或隙地，可形成"野花"景观。费利菊在夏季有长的花期，适合盆栽绿饰窗台、阳台。

园林应用参考种植密度 4株×4株/m^2。

常见栽培品种 春天童话（Spring Merchen）系列，株高15～30cm，花径3～4cm，花色有天蓝、浅蓝、淡紫、白、粉红等，植株矮生，分枝性好。

1	2	3
	4	
	5	

1、2、3.费利菊
4.费利菊在花境中的群体效果
5.费利菊配植于岩石园中

风铃草
Campanula medium
桔梗科风铃草属

形态特征　多年生常绿草本，作一年生栽培。茎蔓生，柔软，基部木质化。株高20～40cm，株幅30cm。叶小、心形，具锯齿，淡绿色，长6cm。花冠钟状，淡蓝或纯白色，团簇于枝顶，花径3.5cm。花期夏季。

分布习性　原产意大利北部。喜冷凉、干燥和阳光充足环境。不耐高温多湿，不耐严寒，怕强光暴晒。生长适温15～18℃，冬季温度不低于0℃。土壤宜肥沃、疏松和排水良好的石灰质沙质壤土。适合长江流域以南地区栽培。

繁殖栽培　常用播种、扦插和分株繁殖。播种，春季采用室内盆播，每克种子1200粒，发芽适温18～20℃，播后10～14天发芽。从播种至开花需22～25周。扦插，初夏剪取新枝扦插，早春用顶端枝扦插。分株，春季或秋季进行。生长期充分浇水，保持土壤湿润，夏季3天浇水1次，气温在15℃以下，每周浇水1次，气温在16℃以上，每天喷水1次。每半月施肥1次，可用卉友20-20-20通用肥，开花过程中，要不断摘除凋谢的花朵，可延长花期。花后适当修剪，剪短枝条，放置凉爽干燥处过冬。吊盆栽培2～3年后，植株基部开始木质化，开花减少，需要重剪更新。

园林用途　花色淡雅、花朵玲珑可爱的风铃草，用其悬挂商厦、宾馆、机场大厅，可烘托清新欢快、耳目一新的气氛，使来访者心旷神怡，留下良好的印象。居室中垂吊一盆风铃草，同样可以创造出一种令人心情舒畅的艺术效果和氛围。

园林应用参考种植密度　4株×4株/m²。

常见栽培品种　冠军（Champion）系列，株高20～30cm，花径3～4cm，花色有蓝、淡紫、白、粉红等，植株矮生，分枝性好。塔凯恩（Takion）系列，株高40～50cm，花径3～3.5cm，花色有蓝、白、淡紫等，分枝性好，抗热性强。

1	2
3	
4	5

1.风铃草冠军系列
2.风铃草冠军系列
3.风铃草塔凯恩系列
4.风铃草用于盆栽观赏
5.风铃草与新几内亚凤仙组景

凤仙花
Impatiens balsamina
凤仙花科凤仙花属

形态特征 一年生草本。株高75cm，株幅45cm。叶片卵形至窄披针形，具深锯齿，淡绿色。花单生或2～3簇生，有单瓣、重瓣，花色有白、红、粉、紫红等。花期夏季至初秋。

分布习性 原产印度、中国、马来西亚。喜温暖、湿润和阳光充足环境。不耐寒，耐半阴和瘠薄土壤，怕积水和空气干燥。生长适温为20～30℃，冬季温度不低于5℃。土壤宜肥沃、排水良好的壤土。适合全国各地栽培。

繁殖栽培 种子稍大，春季采用室内盆播，发芽适温16～18℃。播后10～12天发芽，发芽率高而发芽整齐。种子有自播繁衍能力。幼苗生长快，出苗后及时间苗，苗高5～6cm时可移栽。株高20cm时进行摘心，促使分枝，形成丰满株形。生长期盆土保持湿润，夏季高温干燥时，需及时浇水。每半月施肥1次，用腐熟饼肥水或卉友20-20-20通用肥。

园林用途 适宜布置花坛、花境或房前屋后，盛开时花朵如飞凤，有"辉辉丹禽穴，矫矫翅翎展"、"红花烂盈眼"之说。矮生种可盆栽观赏，种子和茎入药。

园林应用参考种植密度 3株×3株/m²。

1	2
3	4
5	

1、2、3、4.凤仙花
5.凤仙花用于庭院中布置

福禄考
Phlox drummondii
花葱科福禄考属

形态特征 一年生草本。株高15～20cm，株幅20～25cm。叶片窄披针形，深绿色。伞形花序顶生，花星状，裂片边缘有3齿裂，中齿长于两侧齿，花色有玫瑰红/粉红、洋红/粉红、粉红/白等。花期春末。

分布习性 原产美国。喜温暖、湿润和阳光充足环境。不耐寒，耐半阴，怕干旱和水涝。生长适温15～25℃，冬季耐–5℃低温，但幼苗越冬需0℃以上。怕高温，超过25℃，茎叶生长受阻，提早枯萎。土壤宜肥沃、疏松和排水良好的沙质壤土。适合全国各地栽培。

繁殖栽培 春、秋季播种，种子嫌光，播后覆土3cm，再用黑色薄膜覆盖。发芽适温13～18℃，播后2周发芽，发芽率80%，播后14～16周开花。重瓣或半重瓣品种，春季剪取嫩枝扦插，长6～8cm，插后3周生根，成活率高。苗株具3～4片真叶时，栽到10cm盆，苗株不耐移植，移苗要早并多带土。生长期土壤保持湿润，待土壤表面稍干时及时浇水。每月施肥1次，用稀释饼肥水或卉友15-15-30盆花专用肥。施用时防止肥液沾污叶面。花后进行摘心，促使萌发新芽，可继续开花。阴雨天多，用0.25%矮壮素或B9溶液喷洒1～2次，防止茎叶徒长。

园林用途 适用于城市广场、花坛、花境作大面积景观布置，效果特别好。矮生种盆栽，用于装饰家庭居室，更添亮丽和新意。高秆种姿态典雅，用于切花观赏。

园林应用参考种植密度 5株×5株/m²。

常见栽培变种 圆花福禄考*Phlox drummondii* var. rotundata），株高10～45cm，株幅25cm。花碟形，裂片大而阔，呈圆状，有白、淡蓝、淡紫、橙/粉、玫/粉、深红/粉红。花心具"眼"。花期春末。星花福禄考*Phlox drummondii* var. stellaris，株高15～20cm，株幅20～25cm。花星状，裂片边缘有3齿裂，中齿长于两侧齿，花色有玫瑰红/粉红、洋红/粉红、粉红/白等。花期春末。闪耀（Twinkle）系列，株高15～20cm，株幅15～25cm。花星形，花色多样，具尖的、流苏的花瓣，非常特殊。

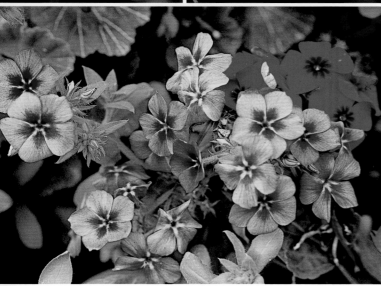

1	2
3	4
5	

1.福禄考放射瓣玫红
2.福禄考闪耀系列
3.星瓣福禄考
4.福禄考闪耀系列
5.圆瓣福禄考

沟酸浆
Mimulus × hybridus
玄参科沟酸浆属

形态特征 多年生草本作一年生栽培。株高12～30cm，株幅30cm。叶片对生，卵形至椭圆形，中绿至深绿色。花单生，筒状，外翻呈嘴状，花色有红、白、金黄、黄、玫红、酒红、紫红、桃红、粉红、橙等色，花瓣和喉部有深红色斑点，整朵花宛如孙悟空的脸谱。花期夏季。

分布习性 原产美国。喜凉爽、稍湿润和阳光充足环境。较耐寒、忌炎热、耐半阴。生长适温10～20℃，冬季可耐0℃低温。土壤宜肥沃、疏松和排水良好的沙质壤土。适合全国各地栽培。

繁殖栽培 秋季或早春采用室内盆播，种子细小，嫌光，播后覆细土，发芽适温13～18℃，播后10天发芽。初夏剪取嫩枝扦插，盛夏用半成熟枝扦插。多年生品种，春季用分株繁殖。生长期均衡浇水，保持土壤稍湿润，土壤过湿或时干时湿，都会导致落叶。每月施肥1次，用稀释饼肥水或卉友20-20-20通用肥。自然分枝性好，苗期不需摘心，花期摘除残花，花后修剪整形。

园林用途 其独特花容和花姿，可营造出妩媚动人的视觉效果，用它点缀灯柱、花墙、棚架、壁挂花槽，使景观更加丰富而自然。吊盆或吊篮适合居室的窗前、阳台的壁挂、门庭、走廊、台阶摆放和商厦的橱窗、展厅的入口等处绿饰，富有活力，给人以轻松自然之感，增加趣味性、亲切感。

园林应用参考种植密度 4株×4株/m²。

常见栽培品种 魔术（Magic）系列，株高15～20cm，花径3～4cm，花色有白、黄、红等，并带色斑，抗寒能力强，从播种至开花只需7～8周。欢呼（Viva）系列，株高10～15cm，花径3～4cm，花色有黄、白并带色斑，抗寒能力强。卡里普索（Calypso）系列，株高15～20cm，花径3～4cm，花色有白、黄、红等，并带色斑，抗寒能力强。慷慨（Bounty）系列，株高10～15cm，花径3～4cm，花色有橙黄、白、黄、粉红、红等，植株紧凑，耐寒。

1	2
3	4
5	7
6	
8	

1.沟酸浆'女神'
2.沟酸浆卡里普索系列（淡黄带斑色）
3.沟酸浆欢呼系列（黄带斑色）
4.沟酸浆魔术系列（白带斑色）
5、6.沟酸浆慷慨系列
7.沟酸浆'春光'
8.沟酸浆在庭院中的群体效果

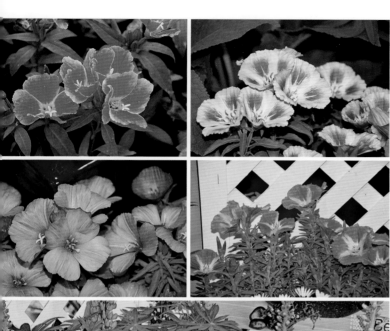

古 代 稀
Godetia amoena
柳叶菜科山字草属

形态特征 一年生草本。株高75cm，株幅30cm。叶披针形，中绿色。似总状花序着生于植株顶端，花漏斗形，有单瓣和重瓣，花色淡紫、淡粉红、红、橙粉。花瓣边缘皱折。花期夏季。

分布习性 原产美国加利福尼亚州。喜凉爽、稍干燥和阳光充足环境。耐寒，生长适温为13～18℃，多数种类冬季可耐－15℃低温。怕高温多湿，耐半阴。土壤宜肥沃、稍湿润和排水良好的微酸性土壤。适合全国各地栽培。

繁殖栽培 播种时间可根据赏花时间而定。早春用室内盆播，盆土必须消毒；露地秋播出苗后要注意防寒保护。发芽适温15～18℃。播后2周发芽，一般播种至开花需12～14周。苗株高10～12cm时可移栽。生长期土壤保持稍湿润，夏季至初秋花期，土壤稍干燥。每月施肥1次，用腐熟稀释的饼肥水或卉友15-15-30盆花专用肥，施肥不能过量，否则易引起茎叶徒长，发生倒伏。花谢后立即摘除，以免残花沾黏在新花上。

园林用途 古代稀挺拔的花茎，其重瓣花形似香石竹和蜀葵，十分生动诱人。常用于花坛、花境和景观布置。也是初夏时尚的盆栽和切花，绿饰窗台、阳台或庭院，充满浪漫的情调。

园林应用参考种植密度 4株×4株/m²。

常见栽培品种 火烈鸟（Flamingo）系列，株高70～80cm，花径3～4cm，花色有红、白、淡紫等。优雅（Grace）系列，株高15～20cm，花径3～4cm，花色有白、橙、红等，并带色斑。杜鹃（Azalea）系列，株高30～40cm，花径3～4cm，花色有白、淡紫、红等，并带色斑。

1	2
3	4
5	

1.古代稀火烈鸟系列
2.古代稀优雅系列
3.古代稀火烈鸟系列
4.古代稀杜鹃系列
5.古代稀用于室内景观布置

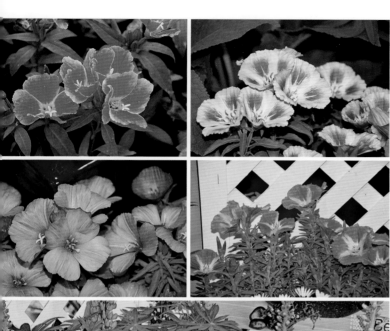

一、二年生草本花卉

55

瓜叶菊
Pericallis × *hybrida*
菊科瓜叶菊属

形态特征　多年生草本，作一年生栽培。株高45～60cm，株幅25～60cm。叶片卵圆形或心形，中绿至深绿色。头状花序，舌状花有白、红、蓝、粉、铜和双色。花期冬季至春季。

分布习性　原产加那利群岛。喜温暖、湿润和阳光充足环境。不耐高温，怕霜雪，生长适温为5～20℃，10℃有利于花芽分化，冬季温度不低于5℃。土壤宜肥沃、排水良好的腐叶土。适合于长江流域以北地区栽培。

繁殖栽培　秋播采用室内盆播，播后不必覆土，发芽适温21～24℃，约2周发芽，从播种至开花因品种和播种时间的不同，需3～5个月。一般9月播种，翌年2月中旬开花，10月播种，翌年3月开花。苗株经2～3次移栽后，就可定植。生长期土壤保持湿润，但过湿易患白粉病。每半月施肥1次，花蕾出现后增施1～2次磷钾肥或用卉友15-15-30盆花专用肥。为了控制株高，使花序更紧凑，可用0.05%～0.1%B9液喷洒叶面2～3次。

园林用途　花朵密集，花色鲜艳，特别是蓝色品种尤为诱人。盆栽成片摆放公共场所，使冬季室内景观更加明亮，充满春意。若点缀家庭窗台或客室，顿时满室生辉。

园林应用参考种植密度　4盆×4盆/m²

常见栽培品种　小丑（Jester）系列，株高15～20cm，花径3.5cm，花色有蓝白双色、红白双色、粉红、胭脂红等，花多，开花整齐。童话（Tonghua）系列，株高18～20cm，花径3.5～4cm，花色有玫红、深红、蓝白双色、红白双色等，株型紧凑整齐，小叶小花，开花密集。娇娃（Jiaowa）系列，株高16～18cm，花径3cm，花色有深紫、朱红、粉红、橙红、白等，株型紧凑整齐，小叶小花，开花密集。春汛（Chunxun）系列，株高22～25cm，花径6～7cm，花色有淡褐、红、粉红、朱红、红白双色等，株型大，花大，花瓣宽，特别耐开。

	1	
2		3
	4	
	5	

1.瓜叶菊童话系列
2.瓜叶菊春汛系列
3.瓜叶菊娇娃系列
4.以瓜叶菊为主花的景观
5.瓜叶菊与三色堇、五针松、叠石组成的景观

观赏谷子 '翡翠公主'
Pennisetum glaucum 'Jade Princess'
禾本科狼尾草属

形态特征　一年生草本。株高60～70m，株幅45～60cm。叶宽条形，基部呈心形，长而下垂，深柠檬绿色。圆锥花序紧密呈柱状，顶端渐变窄，略带下弯，密被柔毛。花期夏季至秋季。

分布习性　栽培品种。喜温暖、湿润和阳光充足环境。不耐寒，耐半阴，生长适温为25～28℃，冬季温度低于10℃，叶片逐渐枯黄死亡。土壤宜肥沃、疏松和排水良好的沙质壤土。

繁殖栽培　播种，春季进行，发芽适温20～25℃，播后3～5天出苗。露地播种，出苗加以间苗，以免植株生长过密，影响株态和景观。生长期土壤保持湿润，但不能积水，每月施肥1次，氮肥不宜使用过多，否则植株生长过高，容易风吹倒伏，抽穗前施1次磷钾肥。

园林用途　观赏谷子 '翡翠公主'，植株秀美，叶片翠绿色，花穗粗壮，下粗上尖，并向外弯，形似狐狸尾巴，特别娇美悦目。适合庭院、公园、风景区布置花境或作背景材料，也可作插花素材。

园林应用参考种植密度　5株×5株/m²。

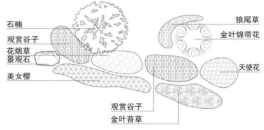

观赏谷子配置花境平面图

1	2
3	
4	
5	

1.观赏谷子 '翡翠公主'
2.观赏谷子 '翡翠公主'
3.观赏谷子 '翡翠公主' 的丛植景观
4.观赏谷子 '翡翠公主' 与花烟草等配景
5.观赏谷子 '翡翠公主'（绿叶直立）

观赏谷子'紫威'
Pennisetum glaucum 'Purple Majesty'
禾本科狼尾草属

形态特征 一年生草本。株高1.2～1.5m，株幅20～30cm。叶宽条形，基部呈心形，叶片深绿色，在充足阳光下转暗紫色。圆锥花序紧密呈柱状，主轴硬直，密被柔毛。花期夏季至秋季。

分布习性 栽培品种。喜温暖、湿润和阳光充足环境。不耐寒，耐半阴，生长适温为25～28℃，冬季温度低于10℃，叶片逐渐枯黄死亡。土壤宜肥沃、疏松和排水良好的沙质壤土。

繁殖栽培 播种，春季进行，发芽适温20～25℃，播后3～5天出苗。露地播种，出苗加以间苗，以免植株生长过密，影响株态和景观。生长期土壤保持湿润，但不能积水，每月施肥1次，氮肥不宜使用过多，否则植株生长过高，容易风吹倒伏，抽穗前施1次磷钾肥。

园林用途 观赏谷子'紫威'，植株挺拔，叶片紫黑色，花穗笔直，具有自然幽静气氛。适合庭院、公园、风景区布置景点或作背景材料，也可作插花素材。

园林应用参考种植密度 5株×5株/m²。

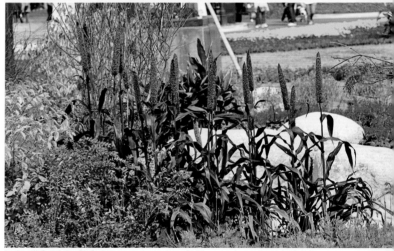

常见栽培品种 '紫爵''Purple Baron'，株型紧凑，叶色深，叶片短而宽，花穗粗大，适合于盆栽观赏。'戏臣''Jester'，叶片颜色在不同生长阶段呈现出不同颜色，叶片更宽，基部分枝多，适合公园地栽或组合盆栽。

1
2
3
4

1.观赏谷子'紫威'
2.观赏谷子'紫威'与鸢尾花、五星花组景
3.观赏谷子'紫威'与石相伴
4.观赏谷子'紫威'用于配置花径

旱金莲
Tropaeolum majus
旱金莲科旱金莲属

形态特征 一年生蔓生草本。株高1～3m，株幅1.5～5m。叶片互生，盾状圆形，似莲叶，淡绿色。花单生叶腋，具长距，花色有黄、橙、粉红、橙红、乳白、紫红、黑色和双色等。花有单瓣、半重瓣和重瓣，还有斑叶种。花期夏、秋季。

分布习性 原产玻利维亚至哥伦比亚。喜温暖、湿润和阳光充足环境。不耐寒，怕高温，喜湿怕涝。生长适温为16～21℃，夏季温度超过30℃时开花减少，冬季温度过低易受冻害。对光照反应敏感，花、叶趋光性强，充足阳光下开花不断，花色诱人。土壤宜疏松、中等肥力和排水良好的沙质壤土。适合全国各地栽培。

繁殖栽培 种子大，播种前将种子外壳轻轻划一刀，再用清水浸泡24小时，点播在盆内，覆土1cm，发芽适温13～16℃，播后1～2周发芽。重瓣品种扦插，初夏剪取充实、健壮、带有2～3节嫩茎作插穗，插后2～3周生根，4周盆栽。生长期茎叶繁茂，需充足水分，向叶面和地面多喷水。但浇水过量，排水不畅，根部容易受湿腐烂，轻者叶黄脱落，重者全株萎蔫死亡。每半月施肥1次，用卉友20-20-20通用肥或腐熟饼肥水。施肥不能过量，否则枝蔓徒长，影响开花。随着枝蔓的生长，结合造型进行摘心，促使分枝，多开花。茎叶过于茂盛，适当摘除部分，以利通风和花芽形成。随时摘除黄叶和残花。

园林用途 成片摆放花坛、花槽或花箱，经久耐观，花时群蝶追逐，富有情趣。丛植窗前的花槽或花箱，悬挂的花叶轻飘曼舞，令人感到诗意无穷。盆栽装饰窗台、阳台和门庭，叶绿花红，异常新奇。

园林应用参考种植密度 2～3盆×2～3盆/m²。

常见栽培品种 美芭（Melba）系列，株高30cm，花色有乳黄色，具红色斑纹、乳黄色等，株型紧凑、整齐，下垂。盘旋鸟（Whirlybird）系列，株高30cm，花大、半重瓣，花色有浅黄、橙红、黄、乳白、深红等，没有花距，花头上昂。阿拉斯加（Alaska）系列，斑叶种，叶片具黄白色斑纹，花色丰富。

1	2
3	4
5	
6	

1. 旱金莲盘旋鸟系列
2. 旱金莲 '闪现'
3. 旱金莲阿拉斯加系列
4. 旱金莲 '直升机'
5. 旱金莲丛植的效果
6. 旱金莲与栅栏的绝妙组合

观赏向日葵
Helianthus annuus
菊科向日葵属

形态特征 一年生草本。株高0.3～2.5m，株幅20～60cm。叶片阔卵形至心形，具锯齿，中绿至深绿色。头状花序，舌状花有黄、橙、乳白、红褐等色，管状花有黄、褐、橙、绿、黑等色，有单瓣和重瓣。花期夏季。

分布习性 原产美国至中美洲。喜温暖、稍干燥和阳光充足环境。生长适温白天为21～27℃，夜间为10～16℃，温差在8～10℃对茎叶生长有利。根系发达，耐干旱，但湿度过大，基部叶片容易发黄脱落。属喜光性花卉，遇高温、阴雨或光照不足，影响叶片、花盘生长发育。土壤用疏松、肥沃的壤土。适合全国各地栽培。

繁殖栽培 种子大，常用点播或穴播，发芽适温21～24℃。播后7～10天发芽，发芽率80%以上。盆栽矮生种从播种至开花只需7～9周，高杆种需15～17周。生长期土壤保持湿润，不能积水，切忌淋浇花盘上，容易引起腐烂。生长期每旬施肥1次，或用卉友15-15-30盆花专用肥。盆花栽培不分枝，以单花为好，花坛观赏，可摘心1次，分枝可产生4～5朵花。

园林用途 大花种显得傲慢自大，小花种则典雅动人，重瓣种活泼可爱。用它成片布置公共场所和配置景点，展现出喜气洋洋的景象。盆栽点缀家庭小庭园、窗台，呈现出欣欣向荣的气氛。

园林应用参考种植密度 5株×5株/m²。

常见栽培品种 '意大利白''Italian White'，株高1～1.5m，花径10cm，花乳白色至白色，花心黑色等。'秋美''Autumn Beauty'，株高1～1.5m，花径10～15cm，花褐红色至金黄色，花心黑色。'派克斯''Parks'，株高80～90cm，花径10～15cm，花深红褐色，花心黑褐色。'小熊''Teddy Bear'，株高30～40cm，花径8～10cm，花黄色，重瓣。株型矮生，从播种至开花需8～10周。'心愿''Xinyuan'，株高30～40cm，花径12～15cm，花黄色，花心黑褐色，从播种至开花需8～10周。'火星''Ring of Fire'，株高1.2～1.5m，花径12～14cm，花瓣黄色内圈深红褐色，花心黑褐色，从播种至开花需10～12周。

观赏向日葵配置景点平面图

1	2	8	9
3	4	8	9
5	6	10	
7		10	

1.观赏向日葵'火星'　　　　6.观赏向日葵'派克斯'
2.观赏向日葵'心愿'　　　　7.观赏向日葵在景区中的群体景观
3.观赏向日葵'意大利白'　　8.观赏向日葵用于台地布景
4.观赏向日葵'巨秋'　　　　9.观赏向日葵用于景观布置
5.观赏向日葵'双耀'　　　　10.观赏向日葵用于花境布置

含笑
美人蕉
芒草
彩叶草
吸毒草

黑种草
Nigella damascena
毛茛科黑种草属

形态特征 一年生草本。株高30～50cm，株幅20～25cm。叶互生，卵圆形，具二至三回羽状深裂，亮绿色，长12cm。单花顶生，浅碟状，淡蓝色，花径4～4.5cm。花期夏季。

分布习性 原产南欧及北非。喜温暖、湿润和阳光充足环境。耐寒，不耐高温和多湿，耐干旱和瘠薄。生长适温为15～20℃，冬季温度不低于－10℃。土壤宜疏松、肥沃和排水良好的培养土或泥炭土。适合于长江流域以北地区栽培。

繁殖栽培 播种繁殖，9月秋播，发芽适温15～20℃，播后12～15天发芽，室外直播效果更好。幼苗不耐移植，出苗后注意间苗，盆栽需用营养钵，定植于12cm盆。生长期土壤干燥后再浇水，防止土壤过湿。生长期每月施肥1次，5月花前增施1次磷钾肥。成熟种子易散落，应及时采种。

园林用途 黑种草枝叶秀丽，花色淡雅，有白、淡蓝、粉红、紫红、天蓝等色。适用于公园、风景区的花坛、花境布置。盆栽摆放公共场所、建筑物周围，轻快柔和，富有质感。

园林应用参考种植密度 5株×5株/m²。

常见栽培品种 波斯宝石（Persian Jewel）系列，株高40cm，花径4～4.5cm，花色有白、浅蓝色、紫红色。

1
2
3

1.黑种草波斯宝石系列
2.黑种草的群体景观
3.庭院中黑种草

花菱草
Eschscholtzia californica
罂粟科花菱草属

形态特征 一年生草本。株高30cm，株幅15cm。叶片多回三出羽状深裂，裂片线形，灰绿色。花顶生，杯形，单瓣，橙色，也有红、白、黄色。花期夏季至秋季。

分布习性 原产美国西南部。喜凉爽、干燥和阳光充足环境。耐寒，不耐湿热，耐干旱和瘠薄。生长适温为10～25℃，冬季耐－10℃低温，花朵在晴天阳光下开放，阴天或傍晚闭合。夏季高温多湿天气易造成植株枯萎死亡。土壤宜肥沃、疏松和排水良好的沙质壤土。适合全国各地栽培。

繁殖栽培 4月春播或9月秋播，发芽适温21～24℃。播后2周发芽，发芽不整齐，苗株不耐移植。种子自播繁衍能力较强。苗株具3～4片叶时，栽10～12cm盆。生长期土壤保持稍湿润，盛夏高温季节浇水应在早、晚进行，严防土壤过湿，造成根叶腐烂。每半月施肥1次，用腐熟饼肥水或卉友20-20-20通用肥。随时摘除基部黄叶。

园林用途 适用于花坛、花境和花带布置，特别适合建筑物前片植，也可在草坪边缘与其他草花一起丛植，其景观效果更突出。盆栽摆放窗台、阳台或台阶，使室内空间充满了动态美。

园林应用参考种植密度 6株×6株/m²。

常见栽培品种 君主艺术色（Monarch Art Shades）系列，株高30～40cm，花径6～7cm，花色有乳白、鲜红、黄、粉红、紫等。

1	2
3	4
5	
6	

1、2、3、4.花菱草
5.花菱草与乔灌木、置石的合理搭配
6.多彩的花菱草与栅栏巧妙结合

红绿草
Alternanthera bettzichiana
苋科虾钳菜属

形态特征 多年生草本，作一年生栽培。株高10～30cm，株幅不限定。叶小，对生，匙状至长披针形，叶面有绿色至黄色、红色。穗状花序腋生，花白色。花期夏末初秋。

分布习性 原产巴西。喜温暖、湿润和阳光充足环境。不耐寒，怕高温和多湿，不耐旱。生长适温15～24℃，冬季温度不低于12℃，低于0℃，茎叶易受冻害。土壤宜肥沃、疏松和排水良好的稍含石灰质壤土。

繁殖栽培 春播，发芽适温13～18℃，播后1周发芽。初夏剪取嫩枝扦插，长3～4cm，带2节茎，插后约1周生根，3周后用于盆栽或装饰。盆栽用10～12cm盆，每盆栽苗3～5株。盆土用泥炭土、培养土和河沙的混合土。土壤保持湿润，过湿或积水，易导致根部腐烂。生长期每月施肥1次，用腐熟饼肥水，或卉友20-20-20通用肥。苗株盆栽后需摘心1～2次，促使分枝，到茎叶完全封盆。

园林用途 植株低矮，叶面鲜绿，具红色、橙色斑块，繁殖容易，耐修剪，是毛毡花坛和绿雕的理想材料。在园林配置和花卉展览中普遍应用，在城市中心广场、公园和风景区，做装饰花纹、图案和文字等平面或立体造型艺术，使城市环境更活泼、更具生命力。盆栽摆放窗台、阳台、庭院或走廊，简洁素雅，还有几分温馨之感。

园林应用参考种植密度 10株×10株/m²。

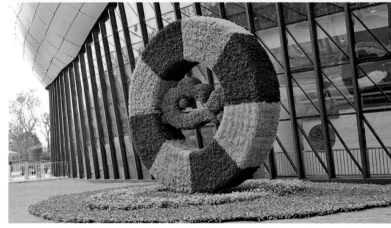

1	2	8
3	4	
5	6	9
7		

1.红色红绿草
2.绿色红绿草
3.红绿草的海鸥造型
4.红绿草用于绿雕加工
5.红绿草用于绿雕制作
6.红绿草的金丝猴绿雕
7.红绿草用作绿雕制作
8.红绿草用作绿雕制作
9.红绿草加工的运动场绿雕

花 烟 草

Nicotiana × sanderae

茄科烟草属

形态特征 一年生草本。株高50～60cm，株幅30～40cm。基生叶匙形，茎生叶长圆披针形，中绿色。总状花序或圆锥花序，花碟形，有白、玫瑰红、粉红或紫等色。花期夏季至秋季。

分布习性 原产巴西、阿根廷。喜温暖、湿润和阳光充足环境。不耐寒，耐高温和干旱，不耐阴，怕水湿。生长适温为13～18℃，冬季温度不低于10℃。属长日照植物。光照充足，日照时间长，植株生长健壮、开花多。土壤宜肥沃、疏松和排水良好的沙质壤土。适合于长江流域以北地区栽培。

繁殖栽培 春季播种，种子细小，喜光，播后不覆土，发芽适温18～24℃，播后1～2周发芽，从播种至开花需3～4个月。春、秋季剪取嫩枝扦插，插后2周生根。生长期需充足水分，一般每周浇水2次，夏季高温和开花期，每周浇水3～4次。但浇水过多，根部易腐烂，梅雨季注意排水。每半月施肥1次或用卉友20-20-20通用肥，花前增施1～2次磷钾肥，若氮肥施用过量，植株生长过高，造成倾斜或折断倒伏。

生长期摘心1次，促使分枝、多开花，并压低株形。当花枝开谢后，将花枝剪掉一半，促使萌发新花枝，继续开花。

园林用途 叶型大，花朵美，富有热带情调的花烟草与其他多年生草本花卉等散植于草坪或树丛边缘，花朵傍晚或夜间开放，散发出阵阵清香，具有极好的观赏性和趣味性。盆栽适合阳台、窗台或小庭园摆放。严禁向叶片和花朵喷淋，梅雨季节遇下雨，需避雨保护，这样生长更好，开花更多。

园林应用参考种植密度 4株×4株/m²。

常见栽培品种 蒙面具（Domino）系列，株高40cm，花径4～5cm，花色有白、红、粉、紫、绿等。

1	2	3
	4	
	5	

1、2、3.花烟草蒙面具系列

4、5.花烟草丛植景观

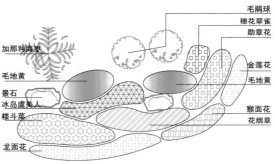

加那利海枣

毛地黄

景石

冰岛虞美人

耧斗菜

龙面花

毛鹃球

穗花翠雀

勋章花

金莲花

毛地黄

猴面花

花烟草

花烟草配置景观平面图

黄波斯菊
Cosmos sulphureus
菊科秋英属

形态特征 一年生草本。株高1.4m,株幅45cm。叶片二至三回羽状裂,淡绿色。头状花序,单生,开放式碗形,舌状花有橙色或淡红黄色,花心黄色。花期夏季。

分布习性 原产墨西哥。喜温暖、湿润和阳光充足环境。不耐寒,怕半阴和高温,忌积水。宜肥沃、疏松和排水良好的壤土。适合全国各地栽培。

繁殖栽培 春季或秋季播种,可用盆播或室外直播,播后覆一层浅土,发芽适温21～24℃,播后5～6天发芽。苗期需摘心1～2次,以促使分枝,压低株形,可多开花。黄波斯菊适应性较强,尤其耐湿性强,生长期可充分浇水。而且黄波斯菊耐瘠薄,盆栽每月施肥1次,地栽施肥1～2次即可。花谢后将残花剪除,有利于继续开花。

园林用途 适用于花境、草地边缘、空旷地布置,花时,金黄色花朵随风摇曳,十分动人。成束瓶插,点缀窗台,韵味十足。

园林应用参考种植密度 3株×3株/m²。

常见栽培品种 宇宙(Cosmic)系列,株高30cm。花径3.4～4cm,花色有橙、黄、红等,花期长,耐热。从播种至开花需7～8周。

1	2	3
	4	
	5	
	6	

1.黄波斯菊'太阳'
2.黄波斯菊宇宙系列
3.黄波斯菊'日落'
4.黄波斯菊丛植景观
5.黄波斯菊与矮牵牛配景
6.黄波斯菊与小栅栏的绝妙组合

黄 晶 菊
Chrysanthemum multicaule
菊科茼蒿属

形态特征 一年生草本。株高20～30cm，株幅25～30cm。叶片披针形，具锯齿，深绿色。头状花序单生，花径3～5cm，舌状花柠檬黄色，管状花黄色。花期春、夏季。

分布习性 原产阿尔及利亚。喜温暖、湿润和阳光充足环境。耐寒性强，怕高温多湿，耐半阴，生长适温为15～20℃，冬季能耐－10℃低温，光照不足会影响开花质量。土壤宜肥沃、疏松和排水良好的沙质壤土。适合全国各地栽培。

繁殖栽培 春季播种，种子喜光，播后不覆土，发芽适温15～21℃。播后1～2周发芽，从播种至开花需10～12周。花前剪取顶端嫩枝进行扦插，长5～7cm，约2周生根，3周后盆栽。苗高10cm时摘心1次，促使分枝。生长期土壤保持湿润，切忌干旱。地栽，梅雨季注意排水，以免积水或土壤过湿，造成根部腐烂。生长期每月施肥1次，用腐熟饼肥水或卉友15-15-30盆花专用肥。严格控制氮肥用量，以免茎叶徒长，推迟开花。由于花期长达2～3个月，花朵密集，需随时摘除残花和黄叶，促使新花枝产生，再次开花。

园林用途 散植草坪边缘、池边和疏林隙地，使景色更加自然和谐。盆栽摆放窗台、阳台、台阶或走廊，让人感受舒适、谐调之美。黄晶菊的金黄色花朵，如果与几盆白晶菊摆放在一起，花时更觉清丽动人。

园林应用参考种植密度 4株×4株/m²。

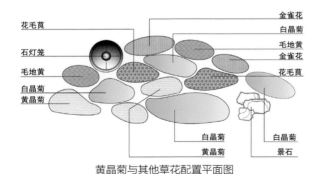

黄晶菊与其他草花配置平面图

1	1.黄晶菊在庭院中的群体景观
2	2.黄晶菊用于道旁景观布置
3	3.黄晶菊与白晶菊等组成花境

藿香蓟
Ageratum houstonianum
菊科藿香蓟属

形态特征 多年生草本，常作一年生栽培。株高15～30cm，株幅15～30cm。叶片卵形，基部心形，具茸毛，中绿色。圆锥花序，小的头状花，花色有蓝、淡蓝、白、粉红、深蓝和蓝/白双色。花期夏季至初霜。

分布习性 原产墨西哥、秘鲁。喜温暖、湿润和阳光充足环境。不耐寒，怕高温。生长适温15～20℃，苗株必须在10℃下越冬。土壤宜肥沃、疏松和排水良好的沙质壤土。适合全国各地栽培。

繁殖栽培 春季采用室内盆播，种子喜光，播后不覆土，发芽适温16～18℃，播后1周发芽，播种至开花需16～17周。秋播，苗株必须在10℃条件下越冬。种子有自播繁衍能力。初夏剪取顶端嫩枝，长10cm，留顶端2对叶片扦插，插后2周生根。植株贴近地面的枝条，常自行生根，剪下直接盆栽。苗高3～4cm时移栽1次，苗株6～7片叶时摘心，促使分枝或使用B9液喷洒矮化。7～8cm高时定植或栽于10～15cm盆。生长期土壤保持稍湿润，如果浇水过多，会造成茎叶徒长，影响开花。生长期每半月施肥1次，用卉友15-15-30盆花专用肥，氮肥过量，导致枝叶茂盛，不易开花。花期增施1～2次磷肥。花谢后从植株基部向上10～15cm处重剪1次，促其萌发新枝，继续开花。

园林用途 株丛繁茂，花色淡雅，常用于配置花坛、镶边、花带、栽植槽、草坪边缘和地被，景观层次清晰明亮。也可用于小庭园、路边、岩石旁点缀，渲染了春天的气息。矮生种盆栽用于装饰窗台、阳台或屋顶花园，素雅醒目。高秆种用于切花插瓶或制作花篮。

园林应用参考种植密度 5株×5株/m²。

常见栽培品种 '蓝色多瑙河' 'Blue Danube'，矮生种，株高15～18cm，花蓝紫色，株型紧凑，花期整齐。从播种至开花需12～16周。夏威夷（Hawaii）系列，株高15cm，花深蓝至淡蓝、纯白等色，茎叶密集、整齐。从播种至开花需10～12周。

1	2
3	
4	

1.藿香蓟'亚得里亚海'
2.霍香蓟
3.藿香蓟'貂皮'
4.藿香蓟用于小型花境布置

鸡 冠 花
Celosia argentea var. *cristata*
苋科青葙属

形态特征 多年生草本，作一年生栽培。株高20～45cm，株幅20～40cm。叶片互生，长椭圆形至卵状披针形，全缘，淡绿色。穗状花序顶生，多变异，有扁平鸡冠状，花色有橙、红、淡红、黄等。花期夏秋季。

分布习性 原产亚洲、非洲、中美洲、南美洲的热带地区。喜温暖、干燥和阳光充足环境。耐干燥，怕水涝，对干旱和光照非常敏感。生长适温18～24℃，冬季温度不低于10℃。土壤宜肥沃、疏松、排水良好的沙质壤土为宜，忌黏湿土壤。适合全国各地栽培。

繁殖栽培 春季播种，发芽适温21～24℃。播后覆浅土，约2周发芽，苗期温度为16～18℃，温度过高，苗株易徒长。鸡冠花为直根性，移栽或盆栽在小苗时进行。苗株3～4片叶时，在阴天移植或盆栽，用10cm盆。头状鸡冠花不需摘心，穗状鸡冠花具7～8片叶时摘心1次，促使分枝。苗期摘除旁生腋芽，保证主花序硕大。晴天每天浇水1次，保持盆土稍干燥，盛夏需早晚浇水，以免损伤叶片。生长期每半月施肥1次，用卉友20-20-20通用肥，花前增施1～2次磷钾肥。若土壤过湿或氮肥过量，导致植株徒长和花期推迟。

园林用途 地栽或盆栽，点缀庭园、篱边、墙角，翠绿光润，鲜红耀眼。群体摆放城市广场、主道、花坛、花槽，鲜艳夺目，为节日增添喜庆气氛。

园林应用参考种植密度 5株×5株/m²。

常见栽培品种有 头状鸡冠中有'宝石盆'、'奥林匹亚'、'火球'、'珍宝箱'等品种。穗状鸡冠中有'世纪黄'、'杏白兰地'、'仙女泉'、'和服'等品种。

1	2	7	
3	4		
5		8	
6			

1.鸡冠花
2.鸡冠花'酋长'
3.鸡冠花'和服'
4.鸡冠花'珍宝箱'
5.成片的红色鸡冠花与太湖石构景醒目而美观
6.鸡冠花与黄色花木配景，十分醒目
7.火炬鸡冠花与万寿菊组景
8.鸡冠花与花草、乔灌木构成多彩的景点

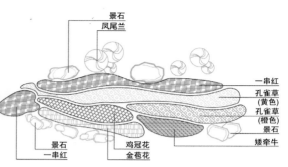

景石
凤尾兰

一串红
孔雀草
（黄色）
孔雀草
（橙色）
景石
矮牵牛

景石
一串红

鸡冠花
金苞花

鸡冠花用于配置花境平面图

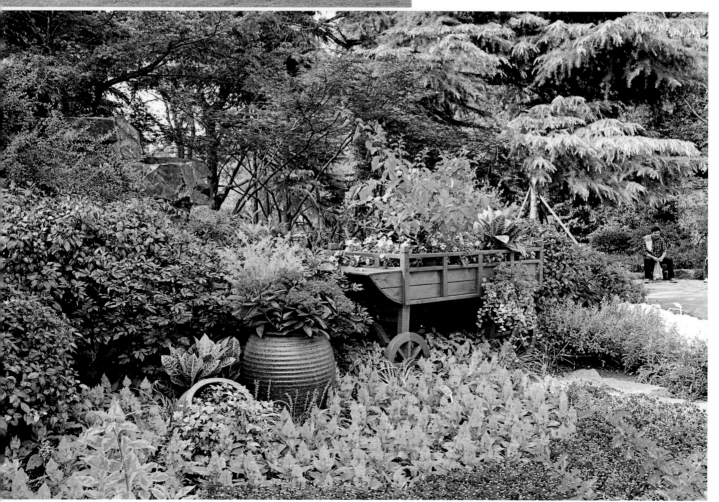

姬金鱼草
Linaria maroccana
玄参科柳穿鱼属

形态特征　一年生草本。株高25～45cm，株幅15～20cm。叶窄线形，中绿色，长4cm。总状花序，花二唇，通常蓝紫色，也有粉红或白色，长1.5cm，下唇具橙黄色斑点，中心稍浅。花期夏季。

分布习性　原产摩洛哥。喜冷凉和阳光充足。耐寒，怕高温，不耐干旱。生长适温为10～25℃，冬季耐－10℃低温。土壤宜疏松、肥沃和排水良好的富含有机质的沙质壤土。适合全国各地栽培。

繁殖栽培　秋季或早春播种，发芽适温15～20℃，播后2周发芽。初夏可嫩枝扦插。适应力强，栽种前施部分基肥，苗株定植后长至15cm高时进行摘心，促使分枝，达到矮生和花序密集，观赏效果好。生长期土壤保持湿润，浇水时不要浇到花上，也不能积水，否则容易萎谢。每月施肥1次，用稀释饼肥水或卉友20-20-20通用肥。花期随时摘除黄叶和残花。

园林用途　株型紧凑，花色鲜艳亮丽，花期长，适用花坛、花境和道旁布置，显得特别清雅舒适。也可用于制作花篮和盆栽观赏。

园林应用参考种植密度　4株×4株/m²。

常见栽培品种　梦幻（Fantasy）系列，株高15～20cm，花色有淡紫、白、黄、浅黄、紫红、玫红、粉红、蓝和双色等，株型紧凑，矮生，花期早。从播种至开花需8～10周。

1	2
3	4
5	
6	

1、2、3、4.姬金鱼草梦幻系列
5.多彩的姬金鱼草布置在墙际，创造出温馨舒适的氛围
6.成片丛植的姬金鱼草让环境更添诗情画意

假马齿苋
Sutera cordata
玄参科假马齿苋属

形态特征 又称百可花。一年生草本。株高15～25cm，株幅45～60cm。茎柔软、下垂。叶对生，匙形，叶缘有齿缺，中绿色。花单生于叶腋，萼片5，花有白、粉红和淡蓝等色。花期春至秋季。

分布习性 原产南非。喜温暖、湿润和阳光充足环境。不耐寒，忌干旱和积水，不耐阴。生长适温为18～25℃，冬季温度不低于5℃。宜肥沃、疏松和排水良好的壤土。

繁殖栽培 春季播种，播后不需覆土，发芽适温13～18℃，约1周后发芽。夏季剪取顶端半成熟枝扦插，插后10～15天生根。地栽或盆栽生长期土壤保持湿润，不要缺水。每月施肥1次，可用腐熟饼肥水或用卉友20-20-20通用肥，开花前加施磷、钾肥1次。苗株根据生长情况，进行1～2次摘心，促使均衡分枝。盆栽或吊盆栽培时，注意修剪，防止茎叶过于密集，影响开花。

园林用途 园林中适用于夏季花坛、花境和景点布置。也可作大型盆栽和吊盆的装饰材料，具有极佳观赏效果。

园林应用参考种植密度 5盆×5盆/m²。

常见栽培品种 仙境（Wonderland）系列，株高15cm，花色有蓝、白等，茎叶密集、下垂，株型圆整，不用摘心。

1	2
3	
4	

1、2.假马齿苋仙境系列
3.假马齿苋'仙境蓝色'
4.假马齿苋与魔幻钟花布置吊盆欣赏

角 堇
Viola cornuta
堇菜科堇菜属

形态特征 多年生草本，作二年生栽培。株高15cm，株幅40cm。叶片卵圆形至心形，具锯齿，深绿色。花单生于叶腋，花小，有紫、蓝、红、粉、白、黄、橙、黑、双和多色，下部具白色斑纹。花期春季至秋季。

分布习性 杂交种，原种产西班牙的比利牛斯山区。喜凉爽和阳光充足。耐寒，怕高温和多湿。生长适温为7～15℃，连续高温在25℃以上，则花芽消失，形成不了花瓣，冬季温度低于−5℃时，叶片易受冻。土壤宜疏松、肥沃和排水良好的沙质壤土。适合全国各地栽培。

繁殖栽培 种子成熟后即播或春播，发芽适温18～21℃，播后1～2周发芽。从播种至开花需12～15周。春末至初夏，剪取植株基部萌发的枝条扦插，插后 2～3周生根。花后将带不定根的侧枝剪下，可直接盆栽。浇水要谨慎，每次浇水必须在盆土略干燥时进行，特别在气温低，光照差的时候，过多的水分会引起茎叶徒长，影响株态和开花。开花时需充分浇水。生长期每2周施肥1次，用稀释饼肥水或卉友20-20-20通用肥。花期随时摘除黄叶和残花。

园林用途 株矮花小的角堇适用成片布置于花坛、花境、花丛、景点和岩石园，也可装点庭院、花槽或台阶，同样显得自然活泼，给人以亲切感、新奇感和兴奋感。覆盖地面种植，能形成独特的景观。盆栽或吊盆点缀窗台、阳台和台阶，小巧玲珑，给人带来乐趣。

园林应用参考种植密度 8株×8株/m²。

常见栽培品种 珍品（Gem）系列，株高15～20cm，株幅15～20cm。花色有橘黄、白、粉红、浅蓝、黄、红等。耐热，较耐寒，花期长，适合盆栽和花坛布置。花力（Floral Power）系列，株高15～20cm，株幅15～20cm。花色有杏黄、白、粉红、淡蓝、黄、红、紫等。较耐寒，早花种，花瓣厚，株型紧凑，适合盆栽和花坛布置。

1	2	1.角堇'自然'
3	4	2.角堇'三色紫罗兰'
5		3.角堇'日光色'
6		4.角堇'索贝特'
7		5.金角堇与黄色郁金香配置，更显富丽堂皇

6.角堇与郁金香配植，画境清新幽雅
7.由角堇构建的四色花坛，给环境增添魅力的元素

金鱼草
Antirrhinum majus
玄参科金鱼草属

形态特征　一年生草本。株高0.25～2m，株幅15～60cm。叶片披针形，有光泽，深绿色。总状花序，花筒状唇形，花色有红、白、黄、紫、粉红和双色。花期夏至秋季。

分布习性　原产欧洲西南部及地中海地区。喜温暖、湿润和阳光充足环境。生长适温7～16℃，苗株必须通过5℃以下的低温才能开花。怕高温，易导致植株徒长。低于0℃，会出现"盲花"或"畸形花"。土壤宜肥沃、疏松和排水良好的微酸性沙质壤土。适合全国各地栽培。

繁殖栽培　长江以南地区在9～10月秋播，发芽适温21℃，播后1周发芽。从播种至开花需21～22周。夏季用嫩枝扦插。苗株生长6周，栽10cm盆。生长期盆土保持湿润，不能过湿，待盆土表面充分干燥后再浇水。每半月施肥1次，用腐熟饼肥水或卉友15-15-30盆花专用肥。中、高秆品种在摘心后，喷洒0.05%～0.1%B9液，促使植株矮化。苗期喷洒0.25%～0.4%B9液，可提早开花，花朵排列紧密。花后，在开花处底部剪除，会长出新的枝叶，继续开花。

园林用途　中秆和高秆种布置花境或建筑物旁，可烘托欢乐的气氛。还广泛用于花篮和瓶插。矮生种用于盆栽，点缀窗台、阳台和门庭，显得春意盎然。

园林应用参考种植密度　5株×5株/m²。

常见栽培品种　花雨（Flora Showers）系列，株高15～20cm，分枝性好，其中双色种更为诱人。塔希提（Tahiti）系列，株高20～25cm，花色多样，双色种多，开花早。易姆（Kim）系列，株高20～30cm，花径3cm，花色有白、红、浅黄、深橙、粉红和双色等，基部分枝习性好。

1	2	3	4
5		6	
7			
8			

1.金鱼草塔希提系列
2、3、4.金鱼草花雨系列
5.金鱼草易姆系列
6.金鱼草花雨系列
7.金鱼草用于花境布置
8.金鱼草与叠石构成的景观，优美迷人

金盏菊
Calendula officinalis
菊科金盏菊属

形态特征 二年生草本。株高30～70cm，株幅30～45cm。叶片披针形至匙形，亮绿色。头状花序，单生，花色有黄、橙、橙红、白等，也有重瓣、卷瓣、绿心、深紫花心。花期夏至秋季。

分布习性 原产欧洲南部及地中海沿岸。喜温暖、湿润和阳光充足环境。不耐严寒，怕热，忌水湿。生长适温为7～20℃，冬季苗株能耐-9℃低温，成年植株以0℃为宜，气温在10℃以上，茎叶易徒长。夏季温度高，茎叶生长旺盛，花朵变小。土壤宜肥沃、疏松和排水良好的沙质壤土。适合全国各地栽培。

繁殖栽培 秋季播种或早春室内盆播，种子大，播后覆浅土，发芽适温20～22℃。播后10天发芽，发芽率高，从播种至开花需13～15周。苗株具3片真叶时移苗1次，5～6片真叶时栽10～12cm盆，苗株盆栽宜浅不宜深。苗株高15cm时摘心1次，促使分枝或用0.4%B9溶液喷洒叶面1～2次来控制植株高度。生长期盆土保持湿润，但空气湿度不能高，否则容易遭受病害。每半月施肥1次，用腐熟饼肥水或卉友20-20-20通用肥。肥料充足，开花大而多，肥料不足，花朵明显变小退化。花后不留种，将凋谢花朵剪除，利于新花枝萌发，可多开花并延长观花期。

园林用途 盆栽摆放公园、风景区、广场、车站等公共场所，在阳光的映照下，呈现出一派富丽堂皇的景观。在幼儿园、小学的校园内栽植一片，使园内环境更加明亮、舒适。

园林应用参考种植密度 5株×5株/m^2。

常见栽培品种 棒棒（Bon Bon）系列，株高30cm，花径6～8cm，花色有黄、橙等，花重瓣，开花早，花期长。黑眼（Calypso）系列，株高20cm，花径8～10cm，花色有黄、橙等，花重瓣，花心黑色。悠远（Zen）系列，株高15～20cm，花径7～8cm，花色有金黄、橘黄等，花重瓣，矮生，花瓣紧凑。祥瑞（Xiangrui）系列，株高20～25cm，花径8～10cm，花色有浅黄、橙黄、橙红等。艺术（Art）系列，株高20cm，花径7～8cm，花色有黄、橙、双色等。

1	2
3	4
5	
6	

1.金盏菊棒棒系列
2.金盏菊'黑眼黄'
3.金盏菊'黑眼橙'
4.金盏菊棒棒系列
5、6.金盏菊的丛植景观

孔雀草
Tagetes patula
菊科万寿菊属

形态特征 一年生草本。株高 30cm，株幅30cm。叶片羽状全裂，裂片7～13，线状披针形，深绿色。头状花序单生，舌状花黄色，基部或边缘红褐色。花期春末至秋季。

分布习性 原产墨西哥。喜温暖和阳光充足环境。不耐严寒，耐早霜，喜湿又耐干旱。生长适温为15～20℃，冬季温度不低于5℃。高温多湿，茎叶徒长，开花减少。对光周期反应敏感，短日照能提早开花。土壤宜肥沃、疏松和排水良好的沙质壤土。适合于全国各地栽培。

繁殖栽培 4月采用室内盆播，发芽适温20～22℃，播后1周发芽，从播种至开花需2～3个月。5～6月剪取嫩枝扦插，插后2周生根，扦插苗盆栽至开花需9～10周。苗株4～6片叶时，栽10～12cm盆，每盆栽苗3株。株高15cm时摘心1次，促使分枝。生长期2～3天浇水1次，盆土保持湿润，水分不足，叶片会出现枯萎。每半月施肥1次，用腐熟饼肥水或卉友20-20-20通用肥。施肥过多，造成枝叶徒长，不开花。开花前增施1次磷钾肥。花后摘除残花，修枝、疏叶，可再次开花。

园林用途 适用于公园、风景区、广场等公共绿地的花坛、花境、花丛配植，也可布置庭院中的道旁、墙角、花槽，营造出热烈、温馨的气氛。盆栽绿饰窗台、阳台或台阶，为居室增添亮丽明快的气氛。

园林应用参考种植密度 6盆×6盆/m²。

常见栽培品种 富源（Bonanza）系列，株高20～25cm，花径5cm，花色有黄、橙等，花期早。畔亭（Bounty）系列，株高25cm，花径5cm，花色有橙、金黄和双色等。沙发瑞（Safari）系列，株高20～25cm，花径4～6cm，花色有橙、黄、红和双色等，花大，开花早。从播种至开花需10～12周。杰妮（Janie）系列，株高20～25cm，花径3～4cm，花色有金黄、橘红等，从播种至开花需8～11周。

1	2
3	4
5	
6	

1.孔雀草畔亭系列
2.孔雀草'曙光'
3、4.孔雀草杰妮系列
5.孔雀草与四季秋海棠、三色堇等组成的景点
6.孔雀草用于草坪边缘配置

蓝花鼠尾草
Salvia farinacea
唇形科鼠尾草属

形态特征 多年生草本，作一年生栽培。株高45～50cm，株幅20～25cm。叶片卵圆形至长圆形，中绿色。总状花序顶生，小花轮生，花萼钟形，粉蓝色。花期夏季。

分布习性 原产美国、墨西哥。喜温暖、湿润和阳光充足环境。不耐寒，怕霜冻和高温。生长适温为15～25℃，冬季温度低于0℃，叶片枯黄，脱落。夏季温度超过30℃，植株生长受阻，花、叶变小。土壤宜肥沃、疏松的壤土。适合全国各地栽培。

繁殖栽培 春季在室内盆播，种子喜光，播后不必覆土，发芽适温16～18℃，播后2～3周发芽，从播种至开花需3～4个月。春季或初夏剪取嫩枝扦插，夏末或秋季用半成熟枝扦插，长8～10cm，插后2周生根，3周可移栽上盆。待6片真叶时进行摘心，促使分枝，前后摘心2～3次，最后1次为开花前4周。生长期保持土壤湿润，防止时干时湿，引起落叶、落花。每月施肥1次，用腐熟饼肥水，见花蕾后增施2次磷钾肥，或用卉友20-20-20通用肥。

园林用途 用它布置庭院中的花坛、花境和花丛，尤其与彩叶草、小菊、山石、草坪等相伴，呈现出素雅的亲近感。也可组成美丽的色块和色带，新颖诱人。盆栽摆放窗台、阶前，使环境更加清新典雅。

园林应用参考种植密度 5株×5株/m²。

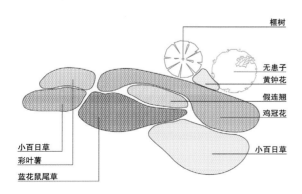

蓝花鼠尾草配置花境平面图

1.蓝花鼠尾草的丛植景观
2.蓝花鼠尾草与火炬鸡冠花配景
3.火炬鸡冠花与蓝花鼠尾草等配景

老枪谷
Amaranthus caudatus
苋科苋属

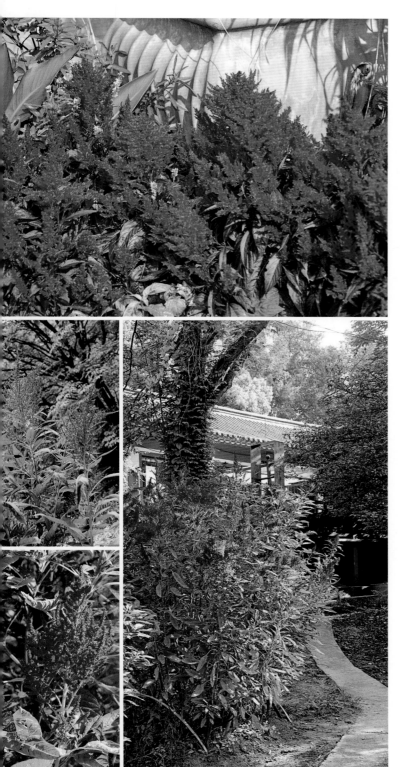

形态特征 又称尾穗苋。一年生草本。株高1.2～2m，株幅60～80cm。叶卵圆至卵状披针形，绿色。穗状花序细长，直立或下垂，花小，暗红色。花期夏季至初秋。

分布习性 原产美国南部、印度和中国。喜温暖、湿润和阳光充足环境。不耐寒，耐干旱，耐瘠薄，耐高温。生长适温15～21℃，冬季温度不低于10℃，35℃以上能正常生长。光照充足，花序色彩鲜艳，光照不足，花序褪色。土壤宜肥沃、疏松和排水良好的壤土。

繁殖栽培 春季采用室内盆播，种子细小，嫌光，播后覆浅土，发芽适温21～24℃，约1周发芽。老枪谷为直根性花卉，以直播为好，移苗时需带土。苗株具5～6片叶时，栽20cm盆。盆土用肥沃园土、泥炭土和沙的混合土。苗期土壤保持湿润，抽穗期稍干燥。老枪谷十分耐肥，生长期不要忘了施肥，对叶片的生长和转色十分有益。生长期每月施肥1次，用腐熟饼肥水或卉友20-20-20通用肥。抽穗期增施1次磷钾肥。老枪谷分枝性差，苗期不需摘心。老枪谷在干燥、炎热和通风不畅的情况下，很容易受粉虱危害，发现后应立即喷药防治。

园林用途 用老枪谷配置庭院中的花境或花槽，呈现出热烈奔放的喜悦气氛。

园林应用参考种植密度 4株×4株/m²。

常见栽培品种 红叶红穗，株高50～60cm，叶片红色，花穗红色。绿叶红穗，株高50～60cm，叶片绿色，花穗红色。绿叶绿穗（下垂），株高80～100cm，叶片绿色，花穗下垂，绿色。绿叶红穗（下垂），株高80～100cm，叶片绿色，花穗下垂，红色。

1	
2	4
3	

1.老枪谷
2.老枪谷
3.老枪谷美丽的花序
4.老枪谷用于庭院布置

琉 璃 苣
Borago officinalis
紫草科琉璃苣属

形态特征 一年生草本。株高50～60cm，株幅40～45cm。叶片的基生叶为披针形至卵圆形，茎生叶为无柄披针形，叶面深绿色，布满细毛，长15cm。分枝似的聚伞花序，花星状，蓝色或白色，花径2.5cm。花期夏季。

分布习性 原产欧洲。喜凉爽、干燥和阳光充足环境。耐寒，怕积水，稍耐阴。生长适温20～25℃，冬季温度不低于－5℃。宜富含有机质、疏松和排水良好的壤土。适合长江流域地区栽培。

繁殖栽培 播种，春、秋季进行，春季播种，夏季开花；秋季播种，则春天开花。发芽适温19～24℃，播后1～2周发芽。种子有自播繁衍能力。生长期土壤保持湿润，每周浇水1～2次，土壤不宜过湿。每月施肥1次，花期增施1次磷钾肥。植株茎枝较柔弱，容易倾倒，生长过高时可用细竹支撑。

园林用途 琉璃苣既是观赏植物，又是药用植物和蜜源植物。在公园、风景区用于花坛、花境或道旁布置。叶片和花瓣用作食品调料或药用，但花萼不宜食用。

园林应用参考种植密度 2株×2株/m²。

1	1.琉璃苣
2	2.琉璃苣景观

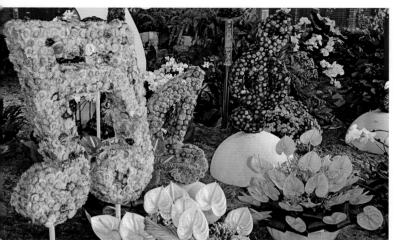

麦秆菊

Helichrysum bracteatum

菊科蜡菊属

形态特征 多年生草本，作一年生栽培。株高1～1.5m，株幅30cm。叶片阔披针形，灰绿色。头状花序，单生，总苞花瓣状，有白、黄、粉红、红、橙等色。花期春末至秋季。

分布习性 原产澳大利亚。喜温暖、干燥和阳光充足环境。不耐寒，不耐阴，怕酷热，对水敏感，不耐水湿。生长适温为18～25℃，冬季温度不低于10℃。高温和光照不足，影响生长和开花。土壤宜肥沃、疏松和排水良好的沙质壤土。适合于长江流域以北地区栽培。

繁殖栽培 春季，采用苗床播种或室内盆播，种子细小，喜光，播后不必覆土。发芽适温18℃，播后1周发芽，出苗后需及时间苗，苗株经1次移植后，苗高8～10cm时盆栽。从播种至开花需12～18周。苗株高8～10cm时定植或栽10～12cm盆。对水分敏感，生长期不耐水湿，若排水不畅，植株易萎蔫死亡，切忌向花或叶喷水。生长期每旬施肥1次，氮肥量过多，植株发生徒长、易倒伏，且叶薄，花小，花色不艳。花期增施2次磷钾肥，对总苞的色彩和硬性极为有利。生长期需摘心2～3次，促使多分枝，多开花。

园林用途 适用于花坛、花境和盆栽观赏。可加工成干花，制作花束、花环、花篮和工艺画，绚丽夺目，富有质感。

园林应用参考种植密度 5株×5株/m^2。

常见栽培品种 比基尼（Bikini）系列，株高25～30cm，花径4～5cm，花色有黄、白、粉红、红等。从播种至开花需11～12周。

1	
2	3
4	5
6	

1.麦秆菊花朵组成音符，新颖、有趣

2、3、4、5.麦秆菊'闪亮比基尼'

6.麦秆菊丛植的景观

毛地黄
Digitalis purpurea
玄参科毛地黄属

形态特征 二年生草本。株高1～2m，株幅60cm。叶片披针形，边缘具锯齿，多毛，深绿色。总状花序，顶生，通常偏生一侧而下垂，花钟状，外层有白、紫、粉红等色，内层白色，有的具深红色斑点。花期初夏。

分布习性 原产欧洲西北部和西部。喜温暖、湿润和阳光充足环境。耐寒，怕多雨、积水和高温，耐半阴和干旱。生长适温为15～25℃，10℃以上叶丛开始转绿生长。土壤宜肥沃、疏松和排水良好的沙质壤土。适合于黄河流域以南地区栽培。

繁殖栽培 9月秋播，种子细小，播后不覆土，发芽适温15～18℃，播后2周发芽，冬季注意苗株越冬保护。若春季采用室内盆播，室温在21～25℃，播后1周发芽。春、秋季用植株基部长出的幼株进行分株繁殖。苗株具5～6片叶时，选阴天移苗，少伤须根。生长期保持土壤湿润，防止过湿或时干时湿。每半月施肥1次，用腐熟饼肥水或卉友15-15-30盆花专用肥。肥液不要沾污叶片。花前增施1次磷钾肥。

花后剪除花茎，防止养分消耗。

园林用途 花姿秀丽的毛地黄，成片或成丛用于花境、岩石园和林缘点缀，确有几分自然雅趣。在家庭中宜在墙边、台阶旁成片或成丛布置，错落的花序更觉异常新奇。矮生种盆栽，点缀居室窗台或阳台，具有独特的韵味，令人感到诗意无穷。

园林应用参考种植密度 2～3株×2～3株/m²。

常见栽培品种 斑点狗（Dalmatian）系列，株高40～50cm，花径3～4cm，花色有浅黄、白、粉红、紫红等。从播种至开花需15～16周。胜境（Camelot）系列，株高50～60cm，花径4～5cm，花色有淡紫、白、粉红、玫红等。从播种至开花需15～16周。狐狸（Foxy）系列，株高75～90cm，花径4～5cm，花色有黄、白、玫红、浅紫等。从播种至开花需20～24周。

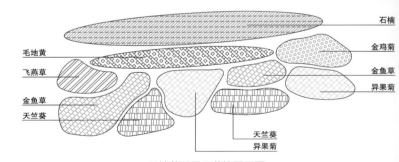

毛地黄配置于花境平面图

1	2	3	4
	5		

1、2、4.毛地黄斑点狗系列
3.毛地黄胜境系列
5.毛地黄和花草的巧妙结合，显得格外妩媚动人

美丽月见草
Oenothera speciosa
柳叶菜科月见草属

形态特征 多年生草本，作二年生栽培。株高50～60cm，株幅50～60cm。基生叶呈莲座状，羽裂；叶对生，长圆形至披针形，缘锯齿状，中绿色。花碟状或杯状，芳香，白色或粉红色。花期初夏至初秋。

分布习性 原产美国西南部、墨西哥。喜温暖、湿润和阳光充足。耐寒性强，不耐阴，耐干旱，怕积水。生长适温为10～20℃，冬季能耐-10℃低温。土壤宜肥沃、疏松和排水良好的沙质壤土。适合于长江流域以北地区栽培。

繁殖栽培 春季或秋季播种，发芽适温13～18℃，播后2～3周发芽。春播苗5月开始开花；秋播苗初秋开花。夏季花期土壤保持湿润，有利于茎叶生长繁茂，可延长花期，但浇水、喷水不要淋到花朵上。生长期每月施肥1次，用稀释的饼肥水或卉友15-15-30盆花专用肥。不要长时间摆放在半阴或光线不足位置，这样花茎易下垂，花期缩短，花瓣容易褐化。

园林用途 适合开阔草坪丛植、花境混栽、坡地群植、沿路点缀，傍晚开花时，散发出阵阵清香，十分宜人。盆栽点缀阳台网格和庭院，营造出非常柔和悦目的景观。也是极佳的地被植物。

园林应用参考种植密度 2～3株×2～3株/m²。

1	2	3
4		
5		
6		

1、2、3.美丽月见草
4.步道两侧丛植美丽月见草，凸显出优美轻盈
5.美丽月见草与观赏草、金鸡菊、叠石等巧妙地结合在一起
6.美丽月见草与色叶灌木、叠石组成一景

魔幻钟花
Calibrachoa hybrida
茄科万铃花属

形态特征 多年生草本作一年生栽培。株高20～30cm，株幅30cm。叶片对生，宽披针形，被细毛，绿色。花单生，漏斗状，花朵密集，花色丰富，有黄、红、白、玫红、橙、蓝、紫、双色和红眼等，外形很像矮牵牛。花期春季至秋季。

分布习性 属间杂种，原种产巴西。喜温暖和阳光充足环境。不耐寒，忌干旱，怕雨涝。生长适温为17～22℃，冬季温度不低于5℃。高温会导致茎叶徒长。对光照比较敏感，阴雨天和夜晚时花朵闭合。土壤宜肥沃、疏松和排水良好的酸性沙质壤土。适合于长江流域以南地区栽培。

繁殖栽培 魔幻钟花不结实，花后剪取萌芽的顶端嫩枝，长6～8cm扦插，插后1周生根，2～3周后盆栽。盆栽用15～25cm吊盆或吊篮。苗株栽植太浅，容易萎蔫，影响开花。苗高10cm时摘心，促使分枝。摘心后2周，用0.25％B9液喷洒叶片3～4次，株高控制在15～25cm。生长期浇水以干透浇透为准，不要向茎叶喷淋，易诱发灰霉病。盆土过湿易发生根腐病，宁可稍干，切勿过湿。每周施肥1次，用卉友20-8-20四季用高硝酸钾肥或17-5-19一品红专用肥。每月施硫酸亚铁1次。花后随时摘除残花，修剪过长悬垂枝条。

园林用途 魔幻钟花是一个新颖的花坛、盆栽和吊篮花卉。植株紧凑、花色丰富、花朵密集、花期长、栽培容易，以色块或色带布置休闲广场、步行街、公园道旁，令人赏心悦目，神清气爽。若装饰灯柱、走廊、台阶、花箱，烘托出艺术效果和氛围。用于点缀居室、阳台或窗台，呈现出全新的感觉。

园林应用参考种植密度 4株×4株/m^2。

1	2	6	7
3	4		
5		8	

1、2、3、4.魔幻钟花
5.魔幻钟花用于大型艺术盆栽，点缀入口台阶
6.魔幻钟花
7.魔幻钟花用于花箱栽培
8.魔幻钟花用吊盆布置桥廊，形成一道别致风景

茑萝

Ipomoea quamoclit
旋花科番薯属

形态特征 一年生蔓性草本。株高2～6m。叶片互生，羽状细裂，中绿至深绿色，长3～9cm。聚伞花序，腋生，有花2～5，花高脚碟形，花径2cm，鲜红色或白色。花期夏季。

分布习性 原产南美热带地区。喜温暖、湿润和阳光充足环境。不耐寒，怕霜冻，耐干旱、瘠薄。生长适温为23～30℃，冬季温度不低于7℃。土壤宜肥沃、疏松和排水良好的沙质壤土。适合全国各地栽培。

繁殖栽培 春季采用室内盆播，每盆穴播2～3粒种子，覆土1cm，发芽适温18℃，播后1周发芽。当3～4片真叶时定苗1株，苗株高20cm时用竹竿或绳索牵引扶持。生长开花期要充分浇水，盆土保持湿润，防止脱水。每月施肥1次，用稀释饼肥水或卉友20-20-20通用肥。生长期摘心1～2次，促使分枝，多开花。

园林用途 柔美的茎叶，鲜红色喇叭状小花，十分赏心悦目。盆栽摆放阳台或缠绕栅栏、花墙、棚架装点，花时点点星花，鲜艳夺目。只要你设计一个造型，用粗铁丝或细竹片编扎成型，然后用花盆摆放在中间，播上10多粒种子，出苗后通过多次摘心，牵引扶持，也会形成一件"奇妙的绿雕"。

园林应用参考种植密度 每穴播种3～4颗种子。

常见同属种类 圆叶茑萝*Ipomoea coccinea*，株高70～90cm。叶心形，绿色。花小，星形，花径1.5～2cm，橙红色。花期夏季。

1	2
	3
4	5

1.白花茑萝
2.茑萝的同属种圆叶茑萝
3.红花茑萝
4.茑萝用于庭院观赏
5.白花茑萝用于搭架观赏

鸟尾花

Crossandra infundibuliformis

爵床科十字爵床属

形态特征 亚灌木，常作一年生栽培。株高40～80cm，株幅30～60cm。茎直立，分枝。叶对生，卵圆形至披针形，叶缘波状，中绿色，长5～12cm。穗状花序顶生，花密集，有白、粉红、红等色，径3cm。花期夏季至秋季。

分布习性 原产印度、斯里兰卡。喜温暖、湿润和阳光充足环境。不耐寒，耐半阴，生长适温为20～25℃，冬季温度不低于10℃。土壤宜肥沃、疏松和排水良好的中性沙质壤土。

繁殖栽培 播种，早春采用室内盆播，发芽适温16～20℃，播后2周发芽。扦插，春季剪取半成熟枝，长10～15cm，将花序剪除，叶子剪对半，插后2～3周生根。苗株高15cm时摘心，促使分枝。生长期需充分浇水，尤其在夏季不能断水，土壤稍干即要浇透。每月施肥1次，用稀释饼肥水。花序枯萎时要剪除，下部叶片枯黄脱落时，将枝条剪去一半，促使分枝，以求再次开花。

园林用途 适用于公园、风景区、街道等花坛、花境和景点布置。盆栽用于窗台、阳台和花槽的装饰。

园林应用参考种植密度 5株×5株/m^2。

常见栽培品种 热带（Tropic）系列，株高15～25cm，花径3～4cm，品种有‘热带火焰’‘Flame’，花橙红色；‘热带黄斑’‘Yellow Splash’，花黄色。

1	2	3
4		
5		

1.鸟尾花‘热带火焰’
2.鸟尾花
3.鸟尾花‘热带黄斑’
4.鸟尾花、五星花、姬金鱼草等组成的景点
5.鸟尾花用于景点布置

蒲 包 花
Calceolaria herbeohybrida
玄参科蒲包花属

形态特征 二年生草本。株高20～45cm，株幅15～30cm。叶片对生，卵形，有皱纹，中绿色。聚伞花序，花具二唇，下唇发达形似荷包，花色有红、黄、橙和双色，常具紫、红等斑点。花期春季或夏季。

分布习性 原产墨西哥、秘鲁、智利。喜凉爽、湿润和通风环境。怕高温，苗期生长适温7～10℃，不低于3℃，春季花期适温为10～13℃，超过20℃对生长和开花都不利。蒲包花为长日照花卉，日照时间长能促进花芽形成，提早开花。土壤以肥沃、疏松和排水良好的沙质壤土为好。适合于长江流域以北地区栽培。

繁殖栽培 种子细小，秋季采用室内盆播，播后不必覆土，发芽适温18～21℃。播后1周发芽。苗株高2～3cm时带土移苗，移苗后4周、苗高5cm时，栽10～12cm盆。对水分敏感，盆土缺水，叶片很快萎蔫，盆内过湿，根系易腐烂。生长和开花期盆土保持湿润，浇水切忌洒在叶片上，易造成烂叶。每半月施肥1次，若氮肥过量，茎叶徒长，叶片出现严重皱缩。当抽出花枝时，增施1～2次磷钾肥。随时摘除叶腋间萌生的侧芽，若侧生花枝过多，影响主花枝的发育，造成株形不正。当基生叶转向高生长时，用0.2%～0.3%矮壮素喷洒叶面1～2次，控制株形。

园林用途 奇异的花形惹人喜爱，为重要的年宵花。盆栽摆放窗台、阳台或客厅，红花翠叶，绚丽夺目，顿时满室生辉，给主人带来好心情。

园林应用参考种植密度 6盆×6盆/m²。

常见栽培品种 全天候（Anytime）系列，株高12～20cm，花径3～4cm，花色有浅黄、白、黄、粉红、紫红、深红和双色等，耐热性好，开花早，花期整齐。从播种至开花需18～20周。

1	1.蒲包花与花毛茛、三色堇等用于水边布景
2	3	2、3、4.蒲包花'大团圆'
4	

牵牛

Ipomoea nil

旋花科番薯属

形态特征 一年生草质藤本。藤蔓可长达5m，株幅不确定。叶片阔卵状心形，3裂，中绿色。花朵单生，漏斗状，有白、深蓝、紫、红等色。花期夏季至秋季。

分布习性 原产世界热带地区。喜温暖、湿润和阳光充足环境。不耐寒，怕霜冻，生长适温为20～25℃，冬季温度不低于7℃。土壤宜深厚、肥沃和排水良好的沙质壤土，也耐干旱和瘠薄土壤。

繁殖栽培 春季在露地直播或点播，也可在室内盆内点播，播后覆土2cm，发芽适温18～24℃。播后1～2周发芽，播前种子用清水浸泡24小时或在种子脐尖处削去一点，有助于种子发芽。盆播育苗，每盆需新鲜种子2～3粒，出苗后留2株苗即行，庭院中穴播用种子3～4粒即行。牵牛属直根性植物，不耐移植，需要移栽时必须要早，苗具2片子叶时，即可移植，应多带土，勿伤根。生长开花期要充分浇水，盆土保持湿润，防止脱水。每半月施肥1次，用腐熟饼肥水或卉友20-20-20通用肥。

具6～7片叶时对主蔓进行摘心，促使分枝，并设立支架，以供茎蔓攀缘生长。生长过程中再进行一次摘心，使茎蔓分布匀称，造型更美。

园林用途 牵牛确实是一个家喻户晓的花卉，无论在城市或乡村，都能见到它的芳踪。有庭院的家庭，可在围墙的角隅或全部种上牵牛，使牵牛攀爬上墙，花时，数百朵喇叭齐鸣，景色十分壮观。如果有露天阳台或屋顶花园的家庭，可以准备一只大的陶质花盆或砖砌一个花槽，播上十几颗种子，出苗后通过绳索牵引，让其自由向上攀援。到时，花开花落，令人目不暇接。

园林应用参考种植密度 1～2株/m²。

常见栽培品种 '蓝色徽章'，株长2m，花径6～8cm，花蓝色。'超人'，株长3m，花径8～10cm，花蓝紫色。'紫光'，株长2m，花径7～9cm，花紫红色。'奇境'白色，株长3m，花径5～6cm，花白色。'奇境'紫红花白边，株长3m，花径10～12cm，花紫红色具白边。

1	2	1、2、3、4、5、6.牵牛
3	4	7.藤架上的牵牛花
5	7	
6		

千日红
Gomphrena globosa
苋科千日红属

形态特征 一年生草本。株高30～60cm，株幅30cm。叶片卵圆形至长圆形，灰绿色。头状花序，卵球形或长圆形，苞片粉红、紫红或白色，干后不落。花期夏季至初秋。

分布习性 原产危地马拉、巴拿马。喜温暖、干燥和阳光充足环境。不耐寒，怕霜雪，不耐阴，耐干旱，忌积水。生长适温为25～30℃，冬季温度不低于10℃，30℃以上高温，生长和开花仍然很好。土壤宜肥沃、疏松和排水良好的沙质壤土。适合全国各地栽培。

繁殖栽培 3～4月春播或9～10月秋播，播种前将种子用粗沙揉搓后或冷水浸种1～2天后播种。发芽适温15～18℃。播后1周发芽，苗株有4～6片真叶时移栽。一般从播种至开花需12～16周。苗株需移栽1次，移苗后需遮阴2～3天，最后定植于10～15cm盆，每盆栽植3～5株苗。株高15cm时摘心，促使分枝。生长期保持盆土稍湿润，防止时干时湿，出现黄叶。每月施肥1次，用腐熟饼肥水或卉友20-20-20通用肥。花前增施磷肥1次。花后进行修剪和施肥，促使抽出新枝，再次开花。

园林用途 盆栽适用于公共场所成片、成带摆放，气氛热烈。在家庭房前屋后栽植，也非常热闹。制成干花，色泽经久不变，用于室内装饰，明快又活泼，为居室增添欢乐的气氛。

园林应用参考种植密度 4盆×4盆/m²。

常见栽培品种 侏儒（Gnome）系列，株高15～20cm，花径2cm，花色有白、粉红、紫红、玫红等，耐热性好。

1	2
3	
4	
5	6

1.紫红色千日红
2.千日红
3.千日红侏儒系列
4.千日红用于景观布置
5.千日红用于景点布置
6.千日红用于花坛布置

三色雁来红
Amaranthus tricolor 'Splendens Perfecta'
苋科苋属

形态特征 一年生草本。株高80～130cm，株幅30～45cm。叶对生，有柄，叶片卵圆形或椭圆形，有时披针形，绿色，顶部叶片黄色有不规则红斑，长20cm左右。聚伞花序，顶生或腋生，花红色或绿色。花期夏季至初秋。

分布习性 原产亚洲热带地区。喜温暖、湿润和阳光充足环境。不耐寒，耐干旱，耐高温。生长适温15～21℃，冬季温度不低于10℃，35℃以上高温，能正常生长。光照充足，顶叶色彩鲜艳，光照不足，顶叶不易变色。土壤宜肥沃、疏松和排水良好的壤土。

繁殖栽培 春季采用室内盆播，种子细小，嫌光性，播后覆浅土，发芽适温21～24℃，约1周发芽。三色雁来红属直根性花卉，以直播为好，移苗时需带土。苗株具5～6片叶时，栽20cm盆。盆土用肥沃园土、泥炭土和沙的混合土。苗期土壤保持湿润，展叶期稍干燥。生长期每月施肥1次，用腐熟饼肥水或卉友20-20-20通用肥。三色雁来红十分耐肥，但施肥过量，易引起徒长，影响顶叶色彩。三色雁来红分枝性差，苗期不需摘心。

园林用途 艳丽多彩的三色雁来红布置庭园的花境或花槽，呈现出热烈奔放的喜悦气氛，令人精神振奋。

园林应用参考种植密度 3～4株×3～4株/m²。

常见栽培品种 明代高濂的《草花谱》将雁来红归类为：初秋时顶叶娇红者为"雁来红"；深秋脚叶深紫而顶叶红者为"老来少"；顶叶黄、红相间，脚叶绿色者为"少年老"；脚叶绿色而顶叶纯黄色者为"雁来黄"；顶叶红、黄、紫、绿各色交杂者为"十样锦"。

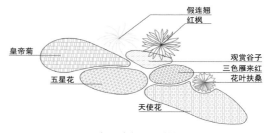

三色雁来红配置花境平面图

2 | 1.三色雁来红丛植的景观
3 | 2.三色雁来红用于花坛布置
4 | 3.三色雁来红与五星花等配景
4.三色雁来红与花草乔灌木构成层次丰富的景观

三色堇

Viola × williamsii

堇菜科堇菜属

形态特征 一、二年生草本。株高8～12cm，株幅10～15cm。叶片卵圆形至心形，具锯齿，中绿色。花朵单生于叶腋，有紫、蓝、红、粉、白、黄和双色。花期春季至秋季。

分布习性 目前栽培的均为园艺杂交种。喜凉爽和阳光充足环境。生长适温为7～15℃，气温持续25℃以上多日，花芽消失，形成不了花瓣。若温度低于-5℃，叶片受冻，边缘变黄。高温多湿，光照不足，对三色堇的生长和开花不利。土壤宜肥沃、疏松和排水良好的壤土。

繁殖栽培 秋季播种，发芽适温13～16℃，播后2周发芽，从播种至开花需14～16周。春末剪取植株基部萌发的枝条扦插，插后2～3周生根。花后进行分株繁殖，将带不定根的侧枝或根颈处萌发的带根新枝剪下，可直接盆栽。苗株7～8片真叶时，栽10cm盆，吊篮栽培用12～15cm盆。盆土用培养土、腐叶土和粗沙的混合土。生长和花期盆土保持湿润，盆土过湿或积水，易遭病害或枯萎死亡。浇水时不要将水洒落在花瓣上。每半月施肥1次，用稀释饼肥水或卉友20-20-20通用肥。花后要及时摘除残花，以促进新花枝的产生。

园林用途 盆栽摆放花坛、花境，配置景点，覆盖地面，能形成独特的景观。盆栽点缀窗台、阳台和台阶，轻快柔和，带有浓厚的春天气息。

园林应用参考种植密度 10株×10株/m²

常见栽培品种 自然（Nature）系列，株高20～25cm，早花种，花径3～4cm，花色有橘黄、蓝紫、柠檬黄和各种双色等。从播种至开花需14～15周。皇冠（Crown）系列，株高15～20cm，早花种，花径7～8cm，花色有蓝、白、黄、橙、紫、玫红、金黄、天蓝等。从播种至开花需13～15周。和谐（Harmony）系列，株高20～25cm，早花种，花径8～9cm，花色有蓝、白、淡黄、橙红、紫红、玫红和带花斑、双色等。从播种至开花需14～15周。

1	2	5	6	7
3			8	
4				

1.三色堇'涡轮'（白色带斑）
2.三色堇'和弦'（黄色带花斑）
3.用不同花色的三色堇构成和谐的整体
4.三色堇用于街头绿地布置
5.三色堇组合吊盆
6.三色堇用于庭院装饰
7.三色堇用于布置花坛
8.三色堇与观赏草组成花境

山梗菜
Lobelia erinus
桔梗科半边莲属

形态特征　多年生草本，作一年生栽培。株高10～25cm，株幅10～15cm。叶片小，卵圆形至窄线形，锯齿状，中绿至深绿色或青铜色。总状花序，花管状2唇，有蓝、淡蓝、白、粉红和紫等色。花期夏季至秋季。

分布习性　原产南非。喜温暖、湿润和阳光充足环境。不耐寒，怕酷热。怕强光，耐半阴，怕干旱和积水。生长适温为15～28℃，冬季温度不低于0℃。土壤宜肥沃、疏松和排水良好的酸性沙质壤土。

繁殖栽培　耐寒品种于9～10月秋播，半耐寒品种3月春播，种子细小，播后不必覆土，发芽适温18～21℃，温度高发芽率反而降低。播后2～3周发芽，从播种至开花需14～16周。耐寒品种在春季换盆时进行分株繁殖，重瓣品种在春季用嫩枝扦插繁殖。苗株具2～3片真叶时移植1次，播后7周可定植或盆栽。盆栽用8～10cm盆，吊篮栽培用10～15cm盆，每盆栽3株苗。盆土用肥沃园土和泥炭土的混合土。生长期盆土保持湿润，防止过湿或脱水。每半月施肥1次，用卉友15-15-30盆花专用肥。花前增施1～2次磷钾肥。花后剪除花茎，老化的植株加以重剪，促使萌发新茎叶，有助继续开花。

园林用途　适用于花坛、花境和林缘空旷地丛栽布置，矮生和重瓣种，盆栽摆放窗台、阳台或台阶，雅致耐观。高秆种作切花。

园林应用参考种植密度　4株×4株/m²。

常见栽培品种　溪流（Riviera）系列，株高7～10cm，花径1.2～1.5cm，花色有蓝、淡紫、紫、玫红、天蓝和双色等。从播种至开花需14～16周。淡雅（Aqua）系列，株高10～15cm，花径1.2～1.3cm，花色有白、蓝、淡紫、紫、玫红、天蓝和双色等，株型球状，耐热性好，花期长。从播种至开花需14～16周。

1	
2	
3	4
5	

1、2、3、4.山梗菜溪流系列
5.山梗菜用吊盆组景

矢车菊
Centaurea cyanus
菊科矢车菊属

形态特征 一年生草本。株高20～80cm，株幅15cm。叶片基生，长椭圆状披针形，灰绿色。头状花序顶生，小花星裂，深蓝色。花期春末至盛夏。

分布习性 原产半北球温带地区。喜温暖、湿润和阳光充足环境。怕炎热和忌水湿。生长适温为15～18℃，冬季温度不低于10℃，夏季温度超过30℃时，开花减少，花朵变小。对光照比较敏感，阳光充足，茎秆挺拔，花朵大，花色艳。土壤宜肥沃、疏松和排水良好的沙质壤土。

繁殖栽培 4月春播或9月秋播，发芽适温18～21℃。播后7～10天发芽，从播种至开花需16周。直根性花卉，不宜移栽，盆栽宜用穴盘苗，栽12～14cm盆。盆土用肥沃园土、泥炭土和沙的混合土。生长期土壤保持湿润，过湿花朵易萎蔫，根部易腐烂。每半月施肥1次，用卉友20-20-20通用肥。高秆品种苗期需摘心1次，促使分枝，多开花。

园林用途 矮生种盆栽或装点花槽，清新明快，具有独特的韵味；高秆品种群体配置花境，像碧蓝的海水在滚动，给人以柔顺跃动之美。

园林应用参考种植密度 6株×6株/m²。

常见栽培品种 齐晖（Qihui）系列，株高50～60cm，花径4～6cm，花色有白、玫红、紫红、蓝、红等。从播种至开花需15～16周。怒放（Nufang）系列，株高80～90cm，花径8～10cm，花色有白、蓝、粉红等，株型挺拔，花型独特。从播种至开花需15～16周。

| 1 | 1.矢车菊丛植 |
| 2 | 2.矢车菊花 |

石 竹
Dianthus chinensis
石竹科石竹属

形态特征 多年生草本，作一年生栽培。株高50～70cm，株幅15～25cm。叶片对生，线形，中绿色。聚伞花序，花色有粉红、白、红和双色等，常具紫色花眼。花期夏季。

分布习性 原产中国。喜凉爽、湿润和阳光充足环境。耐寒，怕酷热。生长适温为7～20℃，冬季能耐－10℃低温。土壤宜肥沃、疏松和排水良好的含石灰质沙质壤土，忌黏湿土壤。

繁殖栽培 春、秋季均可播种，发芽适温21℃。播后1～2周发芽，从播种至开花需16～17周。夏季剪取嫩枝扦插，长5～6cm，约2～3周生根后盆栽。秋季或早春用分株繁殖。秋播苗在11月移栽，可用10～12cm盆。盆土用腐叶土或泥炭土、园土的混合土。播种后10～11周，苗高10～15cm时摘心1次，促使基部多分枝，多开花，或用矮壮素、B9液喷洒处理。土壤保持湿润，忌积水。浇水时，切忌将水淋到花瓣上。生长期每月施肥1次，用稀释饼肥水或卉友20-20-20通用肥。

园林用途 开花整齐，密集，花色多样，适用于布置花坛、花境和岩石园。大面积成片栽植时，形成地毯式景观，异常壮丽。若用于盆栽或作切花，也十分高雅耐观。

园林应用参考种植密度 5株×5株/m^2。

常见栽培品种 理想（Ideal）系列，株高25～30cm，花径3～4cm，花色有淡紫、紫、玫红、白种双色等，耐热性好。从播种至开花需15～16周。冻糕（Parfait）系列，株高12～15cm，花径4～5cm，花色有红莓色和草莓色，开花多，花期长。从播种至开花需16～17周。地毯（Carpet）系列，株高15～20cm，花径3～4cm，花色有白、玫红、深红、红心白边等，株型紧凑，花期长。从播种至开花需15～16周。

1	2	1、2.石竹'理想花边'
3	4	3、4.石竹冻糕系列
5		5.石竹的丛植景观
6		6.石竹与山梗菜、杜鹃等构成的花境

梳黄菊
Euryops pectinatus
菊科梳黄菊属

形态特征　多年生草本，作一年生栽培。株高60～100cm，株幅60～100cm。叶片羽状全裂，像蕨叶，叶绿色，具灰色细毛。头状花序具长柄，单瓣，亮黄色。花期初夏至秋季。

分布习性　原产南非。喜温暖、湿润和阳光充足环境。不耐寒，耐干旱。生长适温为18～20℃，冬季温度不低于0℃。土壤宜肥沃、疏松和排水良好的沙质壤土。适合全国各地栽培。

繁殖栽培　春季采用室内盆播，种子喜光，播后不必覆土，发芽适温10～13℃，播后2周发芽，一般播种至开花需13～15周。春末用嫩枝扦插，夏季用半成熟枝扦插。生长期土壤保持湿润，待土壤表面干燥后充分浇水。每月施肥1次，用稀释饼肥水或卉友15-15-30盆花专用肥。氮肥使用过多，茎叶生长旺盛，影响开花。自然分株性好，摘心1～2次，促使更多分枝，多开花；花后除留种，及时剪除残花，以免消耗养分，影响新花枝的形成和开花。

园林用途　梳黄菊株形饱满，叶片蕨状，盛开黄色的头状花序，散发出一种田园的自然美，适用于公园、风景区的空旷地、坡地成片栽植，花时一片金黄，十分耀眼。也可用于花境、花坛和小庭园布置，开花时热闹非凡。盆花摆放或悬挂居室的门厅、走廊或客厅几架，给居室带来田野般的气息，让人感到亮丽明快，具有高贵典雅的情调。

园林应用参考种植密度　4株×4株/m²。

1	2
	3
	4

1. 梳黄菊丛植景观
2. 梳黄菊与蓝眼菊组成的美丽花境
3. 梳黄菊用于景点布置
4. 梳黄菊木箱栽培作道路配景

四季报春
Primula obconica
报春花科报春花属

形态特征 多年生草本，作一年生栽培。株高25～40cm，株幅25cm。叶片基生，椭圆形至心形，具锯齿，中绿色。伞形花序顶生1轮，花漏斗状，有玫红、深红、白、碧蓝、紫红、粉红等色，还有重瓣、大花皱瓣。花期冬季和春季。

分布习性 原产中国。喜凉爽、湿润和阳光充足环境。不耐严寒，耐半阴，怕强光。生长适温为13～18℃，30℃以上高温不利于植株生长，冬季温度不低于0℃。土壤宜酸性的腐叶土。

繁殖栽培 秋季采用室内盆播，种子细小，喜光，播后不必覆土，发芽适温15～20℃，播后2周左右发芽，播种至开花需20～28周。秋季分株，将母株掰开可直接盆栽。苗株具6～7片叶时，栽10～12cm盆，移栽时根颈部需露出土面。盆土用肥沃园土、泥炭土和沙的混合土，加少量骨粉。生长期保持盆土湿润，防止过干或过湿，以免干死或烂根。生长期和盛花期需多浇水，每周2～3次；盛夏高温，要控制浇水。生长期每2周施肥1次，可用21-7-7酸肥，开花前增施1～2次磷钾肥。四季报春花期长，花谢后将残花立即摘除，以免受湿腐烂影响美观。四季报春苗期必须通过7℃条件下4～6周或13℃下8周的低温，才能正常开花。如果苗期没有通过低温阶段，叶片生长很茂盛，就是难以抽出花茎开花。

园林用途 盆栽冬末成片摆放商场、车站、宾馆等公共场所，呈现出浓厚的春意，数盆点缀居室或窗台，更觉清新、温馨。

园林应用参考种植密度 4盆×4盆/m²。

常见栽培品种 春蕾（Touch Me）系列，株高20～25cm，花径3～4cm，花色有白、橙、粉红、红、蓝、淡紫和双色等，株型紧凑，花大。从播种至开花需16～20周。

1	2	3
4		5
6		

1、2、3.四季报春春蕾系列
4.四季报春用于道旁布置
5.四季报春与白鹤芋组成的花境
6.四季报春盆栽用于街头绿饰

草本花卉与景观

98

四季秋海棠
Begonia semperflorens
秋海棠科秋海棠属

形态特征 多年生草本作一年生栽培。株高20～30cm，株幅30cm。叶互生，卵形，有绿、紫红和深褐等色。花数朵成簇，淡红色，有单瓣和重瓣。有红、粉、白和双色等。花期夏季。

分布习性 栽培品种，原种产巴西。喜温暖、湿润和阳光充足环境。生长适温18～20℃，冬季温度不低于5℃，夏季超过32℃，茎叶生长较差。土壤宜肥沃和排水良好的微酸性土壤。

繁殖栽培 种子细小，春季采用室内盆播，播后不必覆土，1周后发芽。从播种至开花需18～20周。春、秋季用扦插繁殖，剪取长10cm的顶端嫩枝，插后2～3周生根，若用0.005%吲哚丁酸溶液处理2秒，插条生根更快。苗株高10cm时，摘心1次，压低株形，促使萌发新枝。摘心后2周，喷洒0.05%B9液2～3次，以控制植株高度。生长期盆土保持湿润。春秋季每天浇水1次，冬季每周浇水1次，室温超过20℃，每2～3天浇水1次。生长期不耐干旱，更怕积水。浇水过多、过勤容易引起植株徒长。每半月施肥1次，花芽形成期，增施1～2次磷钾肥，或用卉友20-20-20通用肥。四季秋海棠可通过摘除花蕾，促进植株生长和开花整齐。开花后期，通过修剪来更新植株，可以萌发新枝，继续开花。

园林用途 盆栽用于点缀居室、阳台或窗台，呈现出浓厚的欧式情调。以色块、色带布置城市的市民广场、景观大道、公园、风景区、小游园、展览会、宾馆大堂等，花繁似锦，惹人注目。若加工成花柱、花伞、花球、花塔、花钟或栽植于花槽、花箱、吊盆中，七彩斑斓，新奇美观。

园林应用参考种植密度 4株×4株/m²。

常见栽培品种 超级奥林匹亚（Super Olympia）系列，株高15～20cm，花径2cm，花色有白、红、粉、玫红、浅粉等，开花早，花期长。从播种至开花需19～20周。天使（Ambassador）系列，株高15～20cm，花径3～4cm，花色有白、玫红、深红、浅粉和红白双色等，株型丰满，花大。从播种至开花需19～20周。舞会（Party）系列，株高25～30cm，花径4～5cm，花色有红叶红花、绿叶粉花和绿叶白花等，株型丰满，花期长。从播种至开花需19～20周。

1	2
3	
4	

1.四季秋海棠天使系列
2.四季秋海棠舞会系列
3.四季秋海棠花带，给人带来热情洋溢的感受
4.由四季秋海棠组成的街旁景点

天 人 菊
Gaillardia pulchella
菊科天人菊属

形态特征 一年生草本。株高40～45cm，株幅25～30cm。叶片匙形至披针形，灰绿色，长8cm。头状花序，舌状花顶端红色，基部黄色，或相反，花径5～8cm，管状花有黄、红和双色。花期夏季至秋季。

分布习性 原产美国中、南部、墨西哥。喜温暖、湿润和阳光充足。耐寒，抗风，耐高温，耐干旱，怕积水。生长适温为15～20℃，冬季能耐－10℃低温。土壤宜肥沃、疏松和排水良好的碱性沙质壤土。

繁殖栽培 早春室内盆播，种子喜光，播后不必覆土，发芽适温13～18℃，约1～2周发芽。其种子自播性能强。秋季剪取嫩枝扦插，插后2周生根。苗株具4片真叶时移栽1次，苗高6cm时，栽15cm盆，盆土用泥炭土、培养土和河沙的混合土。耐旱性强，盆土保持稍干燥，过湿根部易腐烂。生长期每月施肥1次。肥水过多，植株易徒长，花期推迟。花谢后立即摘除残花，促使新芽萌发，可再度开花。

园林用途 盆栽摆放阳台或栏杆花箱，鲜艳美丽，气氛热烈。

园林应用参考种植密度 4株×4株/m^2。

常见栽培品种 棒糖（Lollipop）系列，像菊花，株高30～40cm，花径8～10cm，花色有黄、红、红黄双色等，耐寒，分枝性强，开花早，花期长。从播种至开花需14～16周。

1	2	3
4	5	6
7		
8		

1.矢车天人菊
2.矢车天人菊
3.天人菊'阳光'
4.天人菊'黄棒糖'
5.天人菊'梅萨'
6.天人菊'亚利桑那'
7天人菊的丛植景观
8.天人菊用于布置庭院

五色菊
Brachyscome iberidifolia
菊科五色菊属

形态特征 多年生草本，作一年生栽培。株高30～75cm，株幅30～90cm。花期夏季。

分布习性 原产美国西北部、加拿大。喜温暖、湿润和阳光充足。耐寒性强，耐霜寒，不耐阴，怕积水和干旱。生长适温为7～20℃，冬季能耐-10℃低温。土壤宜肥沃、疏松和排水良好的沙质壤土。

繁殖栽培 春末室内盆播，发芽适温13～15℃，播后2～3周发芽。早春剪取嫩枝扦插，插后3周生根。春季分株。夏季花期盆土保持湿润，有利于茎叶生长繁茂，可延长花期。生长期每旬施肥1次，用稀释的饼肥水或卉友15-15-30盆花专用肥。苗高10cm时摘心1次，促使分枝。盆花忌长时间摆放于半阴或光线不足之处，这样花茎易下垂，花期缩短，花瓣容易褐化。初夏阳光过强时需适度遮阴。花期可适度疏花，有利于通风透光。浇水、喷水忌淋到花朵。

园林用途 多数在夏季开花，花色丰富，有白、粉、蓝、紫、黄、橙等，花径4～6cm，有单瓣和半重瓣。适合盆栽、花坛、岩石园和切花等应用。盆栽或吊篮栽培点缀阳台和网格，营造出非常柔和悦目的景观。

园林应用参考种植密度 4株×4株/m²。

1. 五色菊
2. 五色菊用于组合盆栽
3. 五色菊用于盆栽观赏

万寿菊
Tagetes erecta
菊科万寿菊属

形态特征 多年生草本,作一年生栽培。株高30cm,株幅30～40cm。叶片对生,羽状全裂,窄披针形,灰绿色。头状花序顶生,花黄或橙色,舌状花,有长爪,边缘皱曲。花期春末至秋季。

分布习性 原产墨西哥。喜温暖和阳光充足环境。不耐严寒,耐早霜。喜湿又耐干旱,怕高温多湿。生长适温15～20℃,冬季温度不低于5℃。对光周期反应敏感,短日照能提早开花。土壤宜肥沃、疏松和排水良好的沙质壤土。

繁殖栽培 早春采用室内盆播,发芽适温19～21℃,播后1周发芽,从播种至开花需9～10周。初夏剪取嫩枝扦插,长10cm,约2周生根,扦插苗4～5周可开花。苗具5～7片叶时,栽10～12cm盆,每盆栽苗3株。盆土用肥沃园土、腐叶士和沙的混合土。生长期2～3天浇水1次,盆土保持湿润,水分不足,叶片会出现枯萎。每半月施肥1次,用腐熟饼肥水或卉友20-20-20通用肥。施肥过多,造成枝叶徒长,不开花。开花前增施1次磷钾肥。为了控制株高,在摘心后2周,用0.05%～0.1%B9液喷洒2～3次,每旬1次;夏秋植株过高时,可重剪,促使基部重新萌发侧枝再开花。花后及时摘除残花并疏剪修枝,使花开得更多。

园林用途 矮生种用于盆栽,点缀花槽、花坛、广场,布置花丛、花境,嫩绿有光,鲜黄夺目。高杆种栽培成带状花篱,郁郁葱葱,鲜明艳丽,异常新奇。

园林应用参考种植密度 4株×4株/m^2。

常见栽培品种 安提瓜(Antigua)系列,株高25～30cm,花径7～8cm,花色有黄、橙、金黄、淡黄等,株型整齐,花期一致。从播种至开花需11～12周。发现(Discovery)系列,株高20～25cm,花径6～8cm,花球状,花色有黄、橙等,耐热性好。从播种至开花需12～14周。丰富(Galore)系列,株高30～35cm,花径8～9cm,花球状,花色有金黄、黄、橙等,耐热性好。从播种至开花需12～14周。

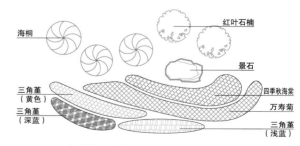

1	2	8	9
3	4		
5	6	10	
	7		

1.万寿菊安提瓜系列
2.万寿菊发现系列
3.万寿菊丰富系列
4.万寿菊'完美'
5.万寿菊与矮牵牛组成的花境
6.万寿菊丛植景观
7.万寿菊与蓝花鼠尾草配景
8.万寿菊用于绿岛的景观布置
9.万寿菊在庭院中的配植
10.万寿菊与三色堇、四季秋海棠等组成的花境

海桐　红叶石楠　景石　四季秋海棠　万寿菊　三角堇(黄色)　三角堇(深蓝)　三角堇(浅蓝)

万寿菊与三色堇、四季秋海棠配置平面图

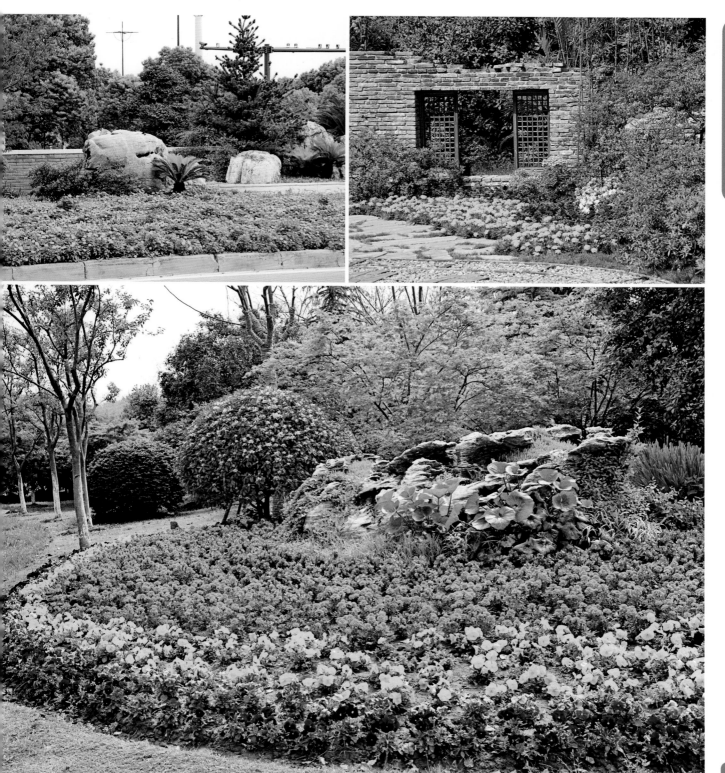

细叶美女樱
Verbena speciosa
马鞭草科马鞭草属

形态特征 多年生草本，作一年生栽培。株高20～30cm，株幅30～50cm。叶片对生，条状羽裂，中绿色。花序呈伞房状，花筒状，有白、粉、红、紫等色，花心具白眼。花期夏季至秋季。

分布习性 原产美洲热带地区。喜温暖、湿润和阳光充足环境。不耐严寒，怕干旱，忌积水。生长适温10～25℃，冬季能耐-5℃低温。宜肥沃、疏松和排水良好的土壤。

繁殖栽培 播种，早春采用室内盆播，发芽适温为18～21℃，播后不覆土，约2～3周发芽，4周后幼苗可移栽。扦插，夏末剪取半成熟的顶端枝作插条，长8～10cm，插入沙床，约2～3周生根，4周后可盆栽。盆栽用口径12～15cm盆，每盆栽3株苗，盆土用肥沃园土、腐叶土或泥炭土、河沙的混合土。生长期怕干旱又忌积水，幼苗期盆土保持湿润，有利于幼苗生长，成苗后耐旱性加强，如气温高时，应充分浇水，平时浇水要适度。生长期每半月施肥1次，用腐熟饼肥水，或用卉友20-20-20通用肥。苗高10～12cm时进行摘心，促使分枝。生长过程中，出现花枝过长应适当修剪，控制株形。

园林用途 用它布置公园入口处、广场花坛、街旁栽植槽、草坪边缘，清新悦目，充满自然和谐的气氛。盆栽装饰向阳的窗台、阳台和走廊，摇曳多姿的蔓枝，鲜艳雅致的花团，极富情趣。

园林应用参考种植密度 5株×5株/m²。

常见栽培品种 祥和（Serenity）系列，株高25～30cm，花径1～1.5cm，花色有白、粉红、淡紫、红等，叶片细裂，亮绿色。从播种至开花需12～14周。

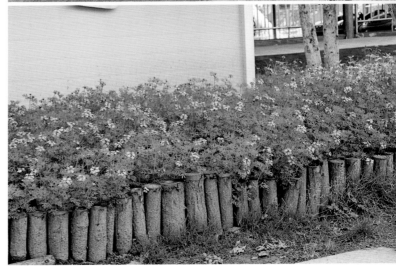

1	1.细叶美女樱用于道旁点缀
2	2.细叶美女樱用于路旁美化
3	3.细叶美女樱作墙际美化

香雪球
Lobularia maritima
十字花科香雪球属

形态特征 多年生草本，作一年生栽培。株高5～30cm，株幅20～30cm。叶片线状，灰绿色。似伞房花序的总状花序，十字花形，有白、淡紫、粉红等色。花期夏季。

分布习性 原产地中海地区和加那利群岛。喜冷凉、干燥和阳光充足环境。耐寒，忌炎热和水湿。生长适温10～13℃，冬季温度不低于5℃。土壤宜肥沃、疏松和排水良好的稍含石灰质壤土。适合于长江流域以北地区栽培。

繁殖栽培 秋播，种子喜光，播后不必覆土，发芽适温18～20℃，播后1周发芽，从播种至开花需13～17周，春播苗只需7～9周开花。初夏剪取嫩枝扦插，长5～6cm，约3～4周生根。香雪球为直根性植物，幼苗应带土移植，少伤须根，否则难以成活。土壤保持稍干燥，过湿或积水易导致根部腐烂。生长期每半月施肥1次，用腐熟饼肥水，或卉友20-20-20通用肥。花期前后增施2次磷肥。苗株定植恢复后，需摘心1次，促使分枝，多开花。如果遇高温多湿，生长受阻，开花减少，甚至枯萎死亡。同时，通风要好，少受强光直射。浇水时不要把水直接浇在花朵上，易造成烂瓣现象。

园林用途 植株矮，花小，聚集在一起呈球形，还带一点清香，覆盖地面成一片银白色。用它布置花坛、草坪边缘或镶嵌岩石园，十分自然得体。盆栽摆放窗台、小庭院，简洁素雅，还有几分温柔。

园林应用参考种植密度 5株×5株/m²。

常见栽培品种 复活节圆帽（Easter Bonnet）系列，株高10～25cm，株幅25～30cm。花色有深粉、淡紫、白等。开花早，生长整齐。

1	2
	3
	4

1. 香雪球'复活节帽'
2. 香雪球盆栽观赏
3. 香雪球群体景观，一片雪白
4. 木栅栏与香雪球

夏堇
Torenia fournieri
玄参科蝴蝶草属

形态特征　一年生草本。株高20～25cm，株幅10～20cm。叶片卵圆形至窄卵圆形，具锯齿，浅绿色。花顶生，萼筒椭圆形，花淡紫色，下唇深紫色，喉部具黄斑。花期夏季。

分布习性　原产亚洲热带地区。喜温暖、湿润和阳光充足环境。不耐霜冻，耐暑热。怕强光、干旱和空气干燥。生长适温为15～21℃，冬季温度不低于5℃，夏季温度不超过28℃。土壤宜肥沃、疏松和排水良好的沙质壤土。

繁殖栽培　种子细小，春季采用室内盆播，播后不必覆土，发芽适温18～22℃，约1～2周发芽，从播种至开花需14～16周。夏秋季剪取嫩枝扦插，长10～12cm，约2～3周生根，2周后可盆栽。苗株高7～8cm时，栽10～15cm盆。盆土用肥沃园土、腐叶土或泥炭土和沙的混合土。浇水要充足，每2～3天浇水1次，不要出现脱水和盆土过湿。生长期每半月施肥1次，用腐熟饼肥水或卉友20-20-20通用肥，夏秋季增施1～2次磷钾肥。氮肥不能过量，否则植株生长过旺、过高，开花反而减少。初夏株高15cm时摘心1次，促其分株。花时勤摘残花。盛花期后将整个花枝剪去1/3，促使萌发新花枝，继续开花。

园林用途　盆栽点缀居室阳台、窗台和案头，小巧玲珑，清新秀丽。如成片配置庭院，密集如云的花朵，给人一种柔美温馨的感觉。

园林应用参考种植密度　8株×8株/m²。

常见栽培品种　小丑（Clown）系列，株高15～30cm，花径2～2.5cm，花色有白、蓝、粉白、蓝白、深蓝等，分枝性和耐热性好，开花早。从播种至开花需8～10周。熊猫（Panda）系列，株高10～20cm，花径2～2.5cm，花色有粉、蓝等，耐热性好。从播种至开花需8～10周。

1	5	8
2		
3		
4		
6		9
7		

1.夏堇小丑系列
2.夏堇熊猫系列
3.夏堇
4.夏堇小丑系列
5.夏堇用于景点布置
6.夏堇用于路边配景
7.夏堇与向日葵配植，景色十分醒目
8.夏堇用于路边布置
9.由夏堇、长春花等组成的船景

小百日菊
Zinnia haageana
菊科百日草属

形态特征 一年生草本。株高30～50cm，株幅30cm。叶片对生，长圆形至线状披针形，全缘，深绿色。头状花序，舌状花椭圆形，橙黄色。花期夏季。

分布习性 原产美国东南部、墨西哥。喜温暖和阳光充足环境。不耐寒，耐干旱，耐热、耐瘠薄。生长适温18～25℃，冬季温度不低于0℃，30℃以上高温，照常开花不断。土壤宜疏松、肥沃和排水良好的沙质壤土，忌连作。

繁殖栽培 春季室内盆播，发芽适温13～18℃，播后1周发芽，发芽率为60%，从播种至开花需6～10周。初夏剪取侧枝扦插，长10cm，插后2～3周生根，4周可盆栽。苗株具3～5片叶时，栽10～12cm盆。盆土用肥沃园土和泥炭土的混合土。移栽时少伤侧根。生长期保持盆土稍湿润，花朵怕雨淋或浇水时淋湿，受湿后容易掉落。每2周施肥1次，花前增施2次磷钾肥。花后不留种需勤摘、勤剪，促使萌发新枝，可继续开花。

园林用途 盆栽或丛栽花篮，配置阳台、网格或窗前栽植槽，小巧玲珑，显得特别精灵可爱。

园林应用参考种植密度 5株×5株/m²

常见栽培品种 丰盛（Profusion）系列，株高30～35cm，花径4～5cm，花色有黄、橙、火红、金黄、桃红、紫红和双色等，分枝性和耐热性好，抗干旱，抗病。从播种至开花需10～12周。

1	2
3	4
5	6
7	
8	

1、2、3.小百日菊'繁花'
4、5、6.小百日菊丰盛系列
7.小百日菊与鸡冠花等用于景点配置
8.小百日菊用于花坛布置

雁来红
Amaranthus tricolor
苋科苋属

形态特征　一年生草本。株高80～150cm，株幅30～50cm。叶对生，有柄，叶片椭圆形或狭披针形，深绿色，顶部叶片红色，长20cm左右。聚伞花序，顶生或腋生，花红色或绿色。花期夏季至初秋。

分布习性　原产亚洲热带和亚热带地区。喜温暖、湿润和阳光充足环境。不耐寒，耐干旱，耐高温。生长适温15～21℃，冬季温度不低于10℃，35℃以上高温，能正常生长。光照充足，顶叶色彩鲜艳，光照不足，顶叶不易变色。土壤宜肥沃、疏松和排水良好的壤土。

繁殖栽培　春季采用室内盆播，种子细小，嫌光，播后覆浅土，发芽适温21～24℃，约1周发芽。雁来红属直根性花卉，以直播为好，移苗时需带土。苗株具5～6片叶时，栽20cm盆。盆土用肥沃园土、泥炭土和沙的混合土。苗期土壤保持湿润，展叶期稍干燥。生长期每月施肥1次，用腐熟饼肥水或卉友20-20-20通用肥。雁来红十分耐肥，但施肥过量，易引起徒长，影响顶叶色彩。雁来红分枝性差，苗期不需摘心。

园林用途　艳红夺目的雁来红布置庭园的花境或花槽，呈现出热烈奔放的喜悦气氛，令人精神振奋。

园林应用参考种植密度　3～4株×3～4株/m²。

1　1.雁来红与蓝花鼠尾草等组景
2　2.雁来红与夏堇、四季秋海棠等组景

洋桔梗
Eustoma russellianum
龙胆科草原龙胆属

形态特征 二年生草本，作一年生栽培。株高60～90cm，株幅30cm。叶片对生，卵形，灰绿色。花宽钟状，有紫、粉、白等色，还有重瓣和双色品种。花期夏季。

分布习性 原产美国西南部。喜凉爽、湿润和阳光充足环境。不耐寒，忌积水和强光。生长适温为15～28℃，冬季温度不低于5～7℃，怕高温，超过30℃，花期明显缩短。对光照反应敏感，光照充足、日照时间长，有助于茎叶生长和花芽形成。土壤宜肥沃、疏松和排水良好的沙质壤土。

繁殖栽培 9～10月或1～2月室内盆播。种子细小，喜光，播后不覆土，发芽适温22～24℃。播后2周发芽，从播种至开花需17～19周。苗株生长慢，间苗时少伤根系，移苗不宜过深，具4～5片真叶时，栽10～15cm盆。盆土用泥炭土、树皮营养土和腐叶土的混合土。对水分敏感，喜湿润，但过量的水分对根部生长不利，易烂根死亡。每半月施肥1次，用卉友15-15-30盆花专用肥或12-0-44硝酸钾肥。

用分枝性强的品种可摘心，促使分枝，多开花。花谢后摘除残花，花后将花株剪至1/3处，促使侧芽生长，秋季会再度开花。

园林用途 株态典雅，色调清新淡雅。盆栽用于点缀居室、阳台或窗台，呈现出浓郁的欧式情调。也是非常浪漫且受欢迎的捧花花材。

园林应用参考种植密度 4株×4株/m^2。

常见栽培品种 海迪（Heidi）系列，株高50～60cm，花径6～8cm，早花种，花色有白、蓝、粉、深蓝、黄、玫红和双色等。从播种至开花需13～16周。回音（Echo）系列，株高50～55cm，花径8～9cm，重瓣花，花色有蓝、粉白和双色等。从播种至开花需13～16周。德拉迷斯（Tiramisu）系列，株高15～25cm，花径5～7cm，花色有白、深紫、粉红、淡紫和双色等，分枝性强和矮生。从播种至开花需13～16周。

1	3
2	4
5	6
7	

1.洋桔梗德拉迷斯系列
2.洋桔梗海迪系列
3.洋桔梗回音系列
4.洋桔梗回音系列
5.洋桔梗德拉迷斯系列
6.洋桔梗用于室内布置
7.洋桔梗用于室内装饰

异果菊
Dimorphotheca sinuata
菊科异果菊属

形态特征　一年生草本。株高25～30cm，株幅25～30cm。自基部分枝。叶互生，长圆形至披针形，叶缘有深波状齿，中绿色，长10cm。头状花序顶生，舌状花有白、黄、橙和粉红等色，径4cm，花心蓝紫色。花期夏季。

分布习性　原产南非。喜温暖、湿润和阳光充足环境。不耐寒，怕热，稍耐半阴，生长适温为20～28℃，冬季温度不能低于0℃。土壤宜肥沃、疏松和排水良好的沙质壤土。

繁殖栽培　播种在春季进行，发芽适温18～21℃，播后7～10天出苗。生长期土壤保持湿润，但不能积水，每月施肥1次，氮肥不宜使用过多，否则植株容易徒长和影响开花。花期增施1～2次磷钾肥。苗期需10℃以下的低温，才能正常开花。

园林用途　异果菊花大，开花整齐，色彩亮丽，适合花坛、花径和景点布置，形成丰富的花卉景观，亦可盆栽观赏。

园林应用参考种植密度　4株×4株/m²。

常见栽培品种　春光（Spring Flash）系列，株高20～30cm，株幅25～30cm。花色有橘黄色和黄色。适用于花坛布置。

1	2	1.异果菊'黄沙丘'
	3	2.异果菊'橙沙丘'
	4	3.丛植的异果菊景观
	5	4.异果菊用于花境布置
		5.异果菊与蓝眼菊等用于花境布置

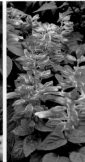

一串红
Salvia splendens
唇形科鼠尾草属

形态特征　多年生草本，作一年生栽培。株高20～40cm，株幅20～25cm。叶片卵形，具锯齿，深绿色。总状花序顶生，花2～6轮生，深红色，萼钟状，深红色。花期夏季至秋季。

分布习性　原产巴西。喜温暖和阳光充足环境。不耐寒，怕霜冻，怕高温和积水。生长适温为13～30℃，超过30℃，生长缓慢，花叶变小，5℃低温下，易受冻害。对光周期反应敏感。土壤宜肥沃、疏松和排水良好的酸性沙质壤土。

繁殖栽培　3～6月播种，种子喜光，播后不覆土，发芽适温21～23℃，播后2～3周发芽，从播种至开花需9～10周。5～8月剪取粗壮、充实枝条，长10cm，进行扦插，插后1周生根，3周后移栽上盆。盆栽用10～12cm盆，每盆栽苗3～5株。盆土用肥沃园土、腐叶土和沙的混合土。盆土表面干燥后浇透水，水分过多会导致茎叶徒长，叶片发黄和烂根。每半旬施肥1次，用腐熟饼肥水或卉友20-20-20通用肥。苗株定植后2～3周用0.1%B9液喷洒叶面，控制植株高度。生长过程中用摘心来控制花期，一般摘心后，施磷钾肥1～2次，4～6周后即可见花。

园林用途　适合布置大型花坛、花境，景观效果特别好，色彩纯正诱人。盆栽用于窗台美化或屋旁、阶前点缀，娇艳喜气，令人兴奋。

园林应用参考种植密度　5株×5株/m²。

常见栽培品种　雷迪（Reddy）系列，株高20～25cm，花径1～2cm，花色有淡紫、红、紫和红白双色等，分枝性和耐热性好，早花种。从播种至开花需10～12周。展望（Vista）系列，株高25～30cm，花径4～5cm，花色有白、红、玫红、紫、淡紫和红白双色等，株型丰满，分枝性和耐热性好。从播种至开花需10～12周。

1	2	3	4	8
5		6		
7				9

1.一串红雷迪系列
2.一串红展望系列
3.一串红雷迪系列
4.一串红展望系列
5.一串红用作图案布置
6.用一串红作花坛布置
7.一串红与观赏草、叠石配景
8.一串红用于广场景观配置
9.一串红配置大型花坛

虞美人
Papaver rhoeas
罂粟科罂粟属

形态特征 二年生草本。株高50～90cm，株幅20～30cm。叶片长圆形，细分裂，淡绿色。花单生，碗形，有单瓣、半重瓣和重瓣，花有红、粉、白、橙、橙红和紫等色。花期夏季。

分布习性 原产欧亚地区和非洲北部。喜凉爽、湿润和阳光充足环境。不耐寒，怕湿热。生长适温为15～22℃，冬季可耐－15℃，气温超过35℃，植株即停止生长，开花明显减少。土壤宜肥沃、疏松和排水良好的沙质壤土。适合于长江流域以北地区栽培。

繁殖栽培 9～10月播种，种子细小，喜光，播后不必覆土，发芽适温18～21℃，播后2周发芽，从播种至开花需12～16周。种子有自播繁衍能力。直根性花卉，不耐移植，待真叶3～4片时，即可间苗，5～6片叶时移入6cm盆，移植前先浇水，湿润土壤，幼苗必须带土，当叶片封盆后，栽15～20cm盆，每盆栽5～7株，盆土用肥沃园土或培养土。生长期保持土壤湿润，水分过多或积水，易造成根部腐烂，严重时整个植株萎蔫死亡。每月施肥1次，施肥量不宜多。花前增施1次磷钾肥。花后要及时剪去凋萎花朵，促使开花更盛。

园林用途 宜遍植向阳坡地或疏林边缘，花时又似群蝶追逐飞舞，有强烈的动感。也可插瓶观赏。

园林应用参考种植密度 5株×5株/m²。

常见栽培品种 珍珠母（Mother of Pearl）系列，株高30～35cm，花径8～10cm，花色有粉红、紫、桃红等。雪莉（Shirley）系列，株高50～60cm，花径10～12cm，花色有白、粉红、红、深红等。天使合唱（Angels Choir）系列，株高50～60cm，花径10～12cm，花单瓣至重瓣，花色有白、粉红、红、深红和双色等。

1	2	1、2、3、4.虞美人
3	4	5.虞美人用于花境配置
5		6.虞美人用于庭院角落点缀
6		

羽衣甘蓝
Brassica oleracea var. *acephala* 'Tricolor'
十字花科芸薹属

形态特征 二年生草本。株高30～45cm，株幅30～45cm。叶片宽大匙形，光滑，被有白粉。以叶态可分皱叶、不皱叶和深裂叶；从叶色来分，边缘叶有翠绿、深绿、灰绿和黄绿等色，中心叶有纯白、淡黄、黄、肉色、玫瑰红、紫红等色。总状花序，花十字形，乳黄色，长2～3cm。花期春季。

分布习性 原产地中海至北海沿岸。喜冷凉、湿润和阳光充足环境。耐寒，耐盐碱和耐肥。生长适温15～20℃，冬季苗期能耐-2℃低温，成年植株耐-10℃低温。土壤宜肥沃、疏松和排水良好的沙质壤土。适合于长江流域以南地区栽培。

繁殖栽培 秋播或早春室内盆播，播后覆浅土。发芽适温20～25℃，播后1周发芽。从播种至商品盆花需12周。苗株具7～8片叶时，栽15～20cm盆。盆土用肥沃园土、腐叶土和粗沙的混合土，加少量腐熟的厩肥。生长期盆土保持湿润，防止时干时湿，避免发生黄叶和烂叶。每月施肥1次，抽薹开始，加施2～3次磷钾肥，或用卉友20-8-20四季用高硝酸钾肥。如不留种，将花薹剪去，可延长观叶期。留种植株较高，应设支架、隔离，防止风吹折断和杂交。

园林用途 羽衣甘蓝耐寒性和适应性强，适用于城市中心广场的大型花坛布置，能为城市的冬季增色添彩。盆栽在商厦、车站、空港、宾馆的厅堂摆放，装饰效果极佳。若数盆装点居室、窗台和花架，更显生机勃勃，春意盎然。

园林应用参考种植密度 4株×4株/m^2。

常见栽培品种 鸽（Pigeon）系列，圆叶羽衣甘蓝，植株紧凑，矮生，叶缘稍带波浪状。品种有绿叶紫心的'紫鸽'，绿叶粉红心的'维多利亚鸽'和绿叶白心的'白鸽'。名古屋（Nagoya）系列，属皱叶羽衣甘蓝，植株整齐，叶片卷曲，耐寒。品种有外叶绿色，心叶有红色、白色和玫红色等。从播种至开花需12周。大阪（Osaka）系列，属波浪叶羽衣甘蓝，植株整齐，叶片呈波浪形，耐寒性强。品种有外叶绿色，心叶有红色、白色和浅粉色等。从播种至开花需12周。孔雀（Peacock）系列，属裂叶羽衣甘蓝，植株整齐，叶片全裂呈羽毛状，耐寒性极强。品种有外叶紫色，心叶红色的'红孔雀'；外叶绿色，心叶白色的'白孔雀'等。从播种至开花需12周。

1	2
3	4
5	

1.羽衣甘蓝鸽系列
2.羽衣甘蓝大阪系列
3.羽衣甘蓝名古屋系列
4.羽衣甘蓝名古屋系列
5.羽衣甘蓝用于大型花坛布置

诸 葛 菜
Orychophragmus violaceus
十字花科诸葛菜属

形态特征 二年生草本。株高30～60cm，株幅30cm。基生叶圆扇形，边缘具锯齿，附茎全缘叶，浅绿色。顶生总状花序，花十字形，淡紫、白、淡紫红等色。花期春季。

分布习性 原产中国。喜冷凉、湿润和阳光充足。较耐寒，耐干旱和半阴，耐瘠薄土壤。生长适温10～25℃，冬季能耐 -5℃低温。土壤宜肥沃、疏松和排水良好的沙质壤土。

繁殖栽培 春播或秋播，发芽适温15～21℃，播后1周发芽。种子有自播繁衍能力。盆栽用15～20cm盆，每盆栽苗3～5株。盆土用肥沃园土、腐叶土和粗沙的混合土，加少量腐熟的厩肥。生长期盆土保持湿润，开花期过湿花茎徒长，影响株态。越冬后抽薹前和开花前各施肥1次。当少数角果开裂时即采种。

园林用途 花朵密集，开花整齐，特别适用于林下坡地覆盖、池边山石空隙处点缀或房前屋后空隙地遮掩，均可起到理想的景观效果。嫩梢可作蔬菜。

园林应用参考种植密度 4株×4株/m²。

1	3
2	
4	
5	

1.淡紫色诸葛菜
2.双色诸葛菜
3.深紫色诸葛菜
4.诸葛菜与郁金香展示出美丽的春景
5.诸葛菜与郁金香、山茶花组成层次感十分丰富的景观

紫萼距花
Cuphea articulata
千屈菜科萼距花属

形态特征 多年生草本，常作一年生栽培。株高30～75cm，株幅30～90cm。叶片披针形至窄卵圆形，光滑，亮绿色，长3～8cm。花腋生，细长管状，深红色，长2～3cm，末端边缘展开，具白色或紫色，形似雪茄。花期春末至秋季。

分布习性 原产墨西哥至牙买加。喜温暖、湿润和阳光充足环境。不耐寒，耐半阴，怕积水。生长适温为18～25℃，冬季温度不低于7℃。土壤宜肥沃、疏松和排水良好的沙质壤土。适合长江流域以南地区栽培。

繁殖栽培 早春采用室内盆栽，发芽适温13～16℃，播后10～12天发芽。春、夏季剪取嫩枝扦插，长8～10cm，插后3～4周生根，成活率高。生长期土壤保持湿润，每3～4天浇水1次，每周喷水2～3次。每3～4周施肥1次或用卉友15-15-30盆花专用肥。苗株摘心1～2次，若枝条生长过长，可再次摘心，保持优美株形，可继续开花。

园林用途 绿叶红花的萼距花，非常醒目。适合花坛边缘、庭园角隅、小路拐弯处配植或修剪成矮篱，简洁自然，使环境更显活泼生动。毛茸茂密的枝叶中，躲藏着奇特、迷人的管状花，其中2片花瓣特大，形似米老鼠的两只耳朵，令人心醉神迷。若盆栽摆放居室门厅的入口处、走廊或客厅落地窗，热闹非凡，呈现出一派喜庆的气氛。如果用它装点共公场所的接待室、会议室、展览厅，艳红的花，碧绿的叶，更显示出热情与浪漫，具有独特的韵味。

园林应用参考种植密度 4株×4株/m²。

常见栽培品种 爆竹（Dynamite）系列，株高20～25cm，花长2～2.5cm，花色有红、粉红等，株型紧凑，耐热性好。

1	1.紫萼距花
2	2.紫萼距花与肾蕨等观叶植物组成的景观
3	3.紫萼距花用于盆栽
4	4.紫萼距花群植景观

紫 罗 兰
Matthiola incana
十字花科紫罗兰属

形态特征 多年生草本，作一、二年生栽培。株高30～80cm，株幅20～40cm。叶片披针形至线状披针形，灰绿色，具白毛。顶生总状花序，花有单瓣和重瓣，花有紫红、粉红、淡紫、深紫、白、淡黄、鲜黄等色。花期春末至夏季。

分布习性 原产欧洲南部和西部。夏季喜凉爽（冬季喜温暖）、湿润和阳光充足环境。稍耐干旱，怕高温多湿。生长适温白天为15～18℃，夜间为10℃，冬季能耐1～3℃低温。土壤宜肥沃、疏松和排水良好的微碱性沙质壤土。

繁殖栽培 紫罗兰种子较小，秋季采用室内盆播，播后覆浅土，发芽适温20～22℃，播后1周发芽，发芽率高。直根性花卉，不耐移植。盆栽要早，移苗要带土，常用12～15cm盆。盆土用泥炭土、肥沃园土和沙的混合土。生长期盆土保持湿润，切忌向植株顶部浇水。每周施肥1次，用卉友20-8-20四季用高硝酸钾肥，施肥量不宜多。

园林用途 适用于花坛、花境、花槽布置，群体效果更佳，盆栽和插花装饰居室，更显清秀优雅。

园林应用参考种植密度 5株×5株/m²。

常见栽培品种 侏儒（Midget）系列，株高20～25cm，花径2～3cm，花色有淡紫、红、紫、白、玫红、浅粉等，有单瓣花和重瓣花，重瓣花率高。属早花、矮生、多分枝品种。从播种至开花需10～12周。灰姑娘（Cinderella）系列，株高20～25cm，花径2～3cm，花色有淡紫蓝、红、蓝紫、白、玫红、粉红等，重瓣花。属早花、矮生品种。从播种至开花需12～14周。

1	2	3	4
5			
6			

1.紫罗兰
2.紫罗兰灰姑娘系列
3.紫罗兰侏儒系列
4.紫罗兰侏儒系列
5.紫罗兰的群体景观
6.紫罗兰用于景点布置

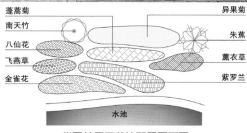

蓬蒿菊　异果菊
南天竹　朱蕉
八仙花　薰衣草
飞燕草
金雀花　紫罗兰
水池

紫罗兰用于花境配置平面图

紫茉莉
Mirabilis jalapa
紫茉莉科紫茉莉属

形态特征 多年生草本，作一年生栽培。株高50～60cm，株幅50～60cm。叶片对生，卵圆形，亮绿色。穗状花序，花喇叭形，有红、粉红、白、深红、黄和具斑纹、复色等。花期初夏至秋季。

分布习性 原产秘鲁及南美洲热带地区。喜高温、湿润和阳光充足的环境。不耐寒、怕霜雪和阴湿。生长适温22～30℃，冬季温度不低于5℃。光照不足，影响开花。土壤宜肥沃、疏松和排水良好的沙壤土。

繁殖栽培 春季播种，种子大，用点播，发芽适温13～18℃，播后1周发芽。春季分割地下块茎繁殖。生长期充分浇水，盆土保持湿润，由于茎叶茂盛，不能脱水。每2个月施肥1次，用稀释饼肥水。当枝叶占用空间太大时，可适当修剪整形。南方地区需强剪1次，促使萌发新枝，继续开花。

园林用途 适合庭院、房前屋后种植，在林缘、路旁成片、成丛栽植，景观效果十分突出。花时万紫千红，开花不绝，为炎热的夏季增绿添彩。

园林应用参考种植密度 2株×2株/m²。

常见栽培品种 四点钟（Four O'clock）系列，株高80～100cm，花径3～4cm，花色有红、白、黄、粉红、鲜红等。从播种至开花需10～12周。

1	2
3	
4	

1.紫茉莉红花带黑色种子
2.黄色紫茉莉
3.路边生长的黄花紫茉莉
4.路边生长的红花紫茉莉

醉蝶花
Cleome hassleriana
白花菜科醉蝶花属

形态特征 一年生草本。株高1～1.5m，株幅30～45cm。掌状复叶，小叶5～7枚，矩圆状披针形，深绿色，长12cm。总状花序顶生，花密集，有白、粉红、红等色，径3cm。花期夏季。

分布习性 原产巴西、巴拉圭、阿根廷、乌拉圭。喜温暖、干燥和阳光充足环境。不耐寒，耐半阴，生长适温为20～30℃，冬季温度不低于4℃。土壤宜肥沃、疏松和排水良好的沙质壤土。

繁殖栽培 直根性花卉，不耐移植。春季播种，发芽适温18～24℃，播后2周发芽，发芽整齐，种子有自播繁衍能力。从播种至开花需8～10周。生长期盆土保持湿润，每周浇水2次，盆土不宜过湿。每半月施肥1次，夏秋花期长，每月增施1次磷钾肥，或用卉友15-15-30盆花专用肥。植株分枝性差，不用摘心，株高超过1m，要用细竹支撑。

园林用途 地栽布置庭院花境、墙前、池边，清丽动人，让人舒心惬意。

园林应用参考种植密度 4株×4株/m²。

常见栽培品种 皇后(Queen)系列，株高90～120cm，花径2～3cm，花色有淡紫、红、白、玫红、粉红等。耐干旱，怕霜冻。从播种至开花需8～10周。

1	2	3
4		
5		
6		

1.醉蝶花'樱桃皇后'
2.醉蝶花'白皇后'
3.醉蝶花'淡紫皇后'
4.醉蝶花的丛植效果
5.醉蝶花用于室内景观布置
6.醉蝶花与夏堇、观赏谷子等组成花境

澳洲蓝豆
Baptisia australis
蝶形花科蓝豆属

形态特征 多年生草本。株高1.2～1.5m，株幅40～60cm。茎直立。叶掌状，中绿至深绿色，具3个卵圆形至披针形小叶，长4cm。总状花序，花深蓝色，长4cm，常有白色斑点。花期早春。

分布习性 原产美国东部。喜温暖、湿润和阳光充足环境。耐寒，稍耐干旱和半阴，忌水湿。生长适温10～20℃，冬季能耐－10℃低温。宜肥沃、疏松和排水良好的沙质壤土。

繁殖栽培 种子成熟后即播，可在室内盆播，发芽适温16～20℃，播后1周发芽。早春可用分株繁殖。生长期可充分浇水，土壤保持湿润，但不能过湿或积水，导致茎叶徒长和枯萎。冬季地上部分枯萎后，应减少浇水，土壤保持潮气即可。生长开花期每月施肥1次，用稀释饼肥水或用卉友15-15-30盆花专用肥。植株生长过高时，应摘心压低株形，促其多分枝。

园林用途 适宜布置多年生花境，用于公园、风景区造景。也可点缀小游园、庭院，绿叶蓝花显得格外清新可爱。

园林应用参考种植密度 3株×3株/m²。

1	2
3	
4	

1.澳洲蓝豆与蜂
2.澳洲蓝豆的果实
3.澳洲蓝豆的丛植景观
4.显示出蓝色的魅力

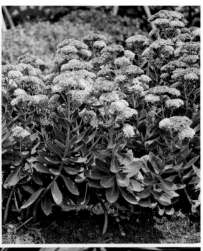

八宝景天
Sedum spectabile
景天科景天属

形态特征 多年生肉质草本。株高25～40cm，株幅25～40cm。茎粗，直立。叶片卵形，3叶轮生，先端稍尖，叶缘呈波浪状的浅锯齿，柄短。花桃红色，也有白花和红花。花期夏季。

分布习性 原产中国。喜温暖、湿润和阳光充足环境。不耐寒，耐干旱和半阴，忌水湿。生长适温13～19℃，冬季温度不低于7℃。宜肥沃、疏松和排水良好的沙质壤土。

繁殖栽培 主要用扦插繁殖，以春、秋季生根快，成活率高。选取姿态好，长8～10cm的顶端插条，插后2～3周生根，2周后可盆栽。生长期可充分浇水，盆土保持湿润，但不能积水。秋冬气温下降，应减少浇水。冬季开花，不要忘记浇水，要控制浇水。每月施肥1次，用稀释饼肥水或用卉友15-15-30盆花专用肥。植株生长过高时，应摘心压低株形，促其多分枝。

园林用途 种植于公园、景区、小游园和配植庭院，青翠典雅，花时群蝶飞舞，别具雅趣。自然更新力强，一次种植，多年可以赏景。盆栽点缀窗台、客室或书桌，清新幽雅，十分诱人。

园林应用参考种植密度 4株×4株／m²。

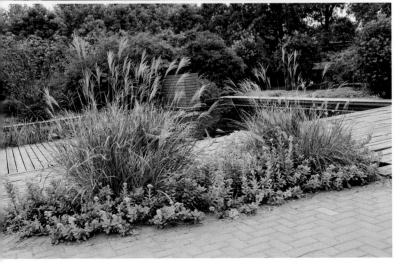

1	2
3	
4	

1.八宝景天花丛上的蛱蝶
2.庭院中的丛植效果
3.与石相伴，亲切自然
4.八宝景天与观赏草组景

芭蕉
Musa basjoo
芭蕉科芭蕉属

形态特征 多年生草本。茎直立，不分枝，株高4~5m，株幅3~4m。叶片大，长椭圆形，质厚，基部圆形，叶面浅绿色，长2~3m。穗状花序顶生，苞片红褐色，花浅黄色或乳白色，长2~3cm。花期夏季。

分布习性 原产亚洲东南部。喜温暖、湿润和阳光充足环境。不耐严寒和强光，忌干旱和水涝。生长适温20~25℃，冬季温度不低于-5℃，-5℃以下芭蕉茎叶易受冻害。宜土层深厚、肥沃、疏松的土壤。

繁殖栽培 播种，种子成熟后即播，发芽适温21~24℃。早春用分株繁殖。栽植前，挖深穴（50cm以上），施足基肥，栽植后将松土踩紧，浇透水，如果叶片过多，需适当剪除部分。生长期土壤保持湿润，但不能积水，雨后注意排水。生长期施肥2~3次，用腐熟的饼肥水。随时剪除变黄、撕裂的叶片和开败的花序。冬季注意培土防寒。

园林用途 芭蕉叶片翠绿悦目，姿态优美。配植于庭院、窗前、墙隅和岩石假山旁，极富诗情画意。无论在园内漫步观景，还是透过玻璃窗，青翠古朴的芭蕉叶令人心旷神怡，精神为之一振。

园林应用参考种植密度 1株/m²。

1	2
3	4
5	

1.庭院中临水配植的芭蕉
2.芭蕉用于庭院布置
3.芭蕉布置于墙际角隅
4.房前栽种的芭蕉
5.芭蕉与双亭组景

白花鹤望兰
Strelitzia nicolai
旅人蕉科鹤望兰属

形态特征 多年生草本。株高8～10m，株幅4～5m。叶片长圆形，基部圆形或心形，叶柄长。佛焰苞浅褐红色，花白色，花冠淡蓝紫色。花期春夏季。

分布习性 原产南非。喜温暖、湿润和阳光充足环境。不耐寒，怕积水，稍耐阴。生长适温20～30℃，冬季温度不低于5℃，5℃以下茎叶易遭受冻害。宜土层深厚、富含有机质、疏松和排水良好的壤土。适合于华南和西南地区栽培。

繁殖栽培 采种后即播，发芽率高。播种前种子用温水浸种3～4天，发芽适温18～21℃，播后2～3周发芽，实生苗需培育4～5年，具7～9枚成熟叶时才能开花。春季分株，将旁侧的小株用利刀从根茎空隙处劈开，每盆或每穴栽植的叶片数不少于3～4片。盆栽用口径30～50cm的木桶或釉缸。盆土用培养土、腐叶土和粗沙的混合土，盆底多垫粗瓦片以利排水。栽植不宜过深，以不见肉质根为准。生长期需充分浇水，土壤保持湿润；花后适当减少浇水，以免肉质根长期过湿引起腐烂。生长期每半月施肥1次，用腐熟的饼肥水，当形成花茎至盛花期，施磷钾肥2～3次。花谢后，立即剪除花茎。平时随时剪除黄叶、枯叶和老化叶片。

园林用途 在南方，可丛植庭院角隅、建筑物旁或草坪边缘，株高花美，自然构成浓郁的热带景观。盆栽可作室内的绿色主体。

园林应用参考种植密度 1株/3～4m²。

1	
2	
3	4

1.白花鹤望兰
2.开双花的白花鹤望兰
3.盛花期的白花鹤望兰
4.1～2棵高大的白花鹤望兰构成的背景

薄叶兰
Lycaste spp.
兰科薄叶兰属

形态特征 多年生附生性兰花。株高25～30cm，株幅25～30cm。假鳞茎卵圆形，叶片披针形，稍软，绿色，长30～40cm。有花1朵，萼片呈三角形分布，有紫粉、金黄、橙红、白、浅绿等，花瓣短，有紫粉、黄、白等色，唇瓣端圆，有深红、白、黄等色。花期春季。

分布习性 原种产中、南美洲热带地区，多见栽培品种。喜冬暖夏凉、空气湿度高和阳光充足环境。不耐寒，怕干旱和强光，耐半阴。宜疏松和排水良好的树皮块、蕨根。适合于海南和西双版纳地区栽培。

繁殖栽培 主要用分株繁殖，常在假鳞茎进入休眠至翌年春季新芽伸出前，结合换盆进行，通常2～3年换盆1次，脱盆后常以1个假鳞茎和1片叶为一株，或2个假鳞茎和1片叶为一株，分别栽植。栽培基质用水苔或碎石。生长过程中必须充分浇水，定期将盆钵在水盆中浸泡10分钟，使盆内基质充分收水。同时，向兰株的叶面多喷雾。生长期每月施肥1次，氮、磷、钾比例为20：40：20。兰株摆放在遮阴30%的环境下最好。

园林用途 薄叶兰由于萼片色彩丰富，无论盆栽装点窗台、阳台、客室或制作景点都十分醒目。

园林应用参考种植密度 4株×4株/m²。

常见栽培种及品种 黄花薄叶兰*Lycaste cruenta*，原产墨西哥、危地马拉、洪都拉斯。高10cm左右，顶生2～3片叶。有花1朵，萼片呈三角形分布，金黄色，花瓣短，金黄色，合抱，唇瓣黄色，喉部有红色条斑。花期春季。'白花'薄叶兰*Lycaste* 'Able'，高8cm左右，顶生2～3片叶。有花1朵，萼片宽，呈三角形分布，白色，花瓣短而宽，稍合抱，白色，唇瓣白色，喉部有黄晕。花期春季。'绿花'薄叶兰*Lycaste* 'Green'，高6～8cm，顶生2片叶。有花1朵，萼片稍宽，呈三角形分布，淡绿色，花瓣短，合抱，白色，唇瓣白色，喉部有黄色。花期春季。'黄唇'薄叶兰*Lycaste* 'Yellowlip'，高10cm左右，顶生2～4片叶。有花1朵，萼片稍宽，呈三角形分布，橙红色，花瓣短，白色，有红晕，唇瓣黄色，喉部两侧有红条斑。花期春季。'杰克波特'薄叶兰*Lycaste* 'Jackpot'，高8～10cm，顶生1～3叶。有花1朵，萼片呈三角形分布，淡紫色，花瓣短，合抱，外白内淡紫，唇瓣端圆，白色，喉部有红色斑块。花期春季。'红唇'薄叶兰*Lycaste* 'Redlip'，高10cm左右，顶生2～4片叶。有花1朵，萼片卵圆形，呈三角形分布，白色有红晕，花瓣短，合抱，紫粉色，唇瓣深红色，蕊柱黄色。花期春季。

1	3
2	
4	5
6	

1.'杰克波特'薄叶兰
2.黄花薄叶兰
3.'绿花'薄叶兰
4.'红唇'薄叶兰
5.'黄唇'薄叶兰
6.丛植的薄叶兰

草原松果菊
Ratibida colummnifera
菊科松果菊属

形态特征 多年生草本。株高60～80cm，株幅25～30cm。叶羽状，有毛，灰绿色，长3～15cm，小叶通常线形。头状花序单生，花径8cm，舌状花瓣宽下垂，黄色或橙色，管状花呈柱状，棕褐色，中央绿色。花期初夏至初秋。

分布习性 原产美国、加拿大。喜凉爽、湿润和阳光充足环境。耐寒，生长适温20～30℃，冬季能耐－15℃低温，夏季怕高温多湿，要求保持通风凉爽，怕积水和干旱。土壤以肥沃和富含腐殖质的微酸性沙质壤土为宜。

繁殖栽培 春季播种，发芽适温18～24℃，播后10～14天发芽，春播苗秋季开花，从播种至开花需16～18周。春季分株，将母株挖出扒开直接分丛栽植。幼苗具3～4片叶时可移栽或盆栽，盆栽用15～20cm盆。盆栽用肥沃园土、腐叶土和沙的混合土。生长期保持土壤湿润，每半月施肥1次，可用腐熟饼肥水或卉友15-15-30盆花专用肥，花前增施1～2次磷钾肥。盆栽通过1～2次摘心，达到株型矮、花冠大、开花多、不倒伏的效果。花后剪除花茎，植株老化可在秋末进行重剪，促使萌发新枝。

园林用途 草原松果菊花茎挺拔，花形奇特有趣，适用于自然式丛栽，布置花境、庭院、隙地更显活泼自然，也可作墙前的背景材料。若在浅色墙面的衬托下，更加优雅动人。草原松果菊盆栽或作切花，绿饰居室环境，可构成一幅奇特有趣的画面。

园林应用参考种植密度 4株×4株/m²。

1

2

1.草原松果菊
2.草原松果菊群落景观

长寿花
Kalanchoe blossfeldiana
景天科伽蓝菜属

形态特征 多年生肉质草本。株高40cm,株幅40cm。叶卵形、长圆形至卵圆形,叶缘软锯齿状,深绿色。伞房状圆锥花序,花筒状,有白、橙红、粉红、绯红、黄、橙黄等色。有单瓣和重瓣。花期早春。

分布习性 原产马达加斯加。喜暖、稍湿润和阳光充足环境。不耐寒,耐半阴和干旱,怕水湿和高温。生长适温为15～25℃,冬季温度不低于12℃,若低于5℃,叶片发红,花期推迟,温度再低则发生冻害。夏季温度超过30℃,生长受阻。宜肥沃、疏松和排水良好的沙质壤土。

繁殖栽培 主要用扦插繁殖。在春季至夏季,剪取成熟的肉质茎,长5～6cm,插入沙床,插后15～18天生根。30天可盆栽。春季盆栽或换盆,常用15～20cm盆,每盆栽苗3～5株,盆栽用培养土、泥炭土和粗沙的混合土。生长期以稍干燥为好,每2～3天浇1次水。盛夏要严格控制浇水,注意通风,若高温多湿,叶片易腐烂、脱落。生长期每半月施肥1次或用卉友20-20-20通用肥。为了控制植株高度,进行1～2次摘心,促使多分枝,多开花。或者长寿花定植后2周用0.2%B-9液喷洒1次,株高12cm时再喷1次,这样达到株美、叶绿、花多的效果。在秋季形成花芽过程中,可增施1～2次磷钾肥。常有白粉病和叶枯病危害,发病初期用50%多菌灵可湿性粉剂1000倍液喷洒。虫害有介壳虫和蚜虫,发生时可用90%敌百虫晶体1500倍液喷杀。

园林用途 长寿花植株小巧玲珑,株型紧凑,叶片翠绿,花朵密集,是冬春季理想的室内盆栽花卉,用它点缀窗台、书桌、案几、吧台、镜前或桶栽摆放门庭、入口处、客厅都十分相宜。用于公共场所的花槽、橱窗和厅堂绿饰,能衬托出节日欢愉的气氛。

园林应用参考种植密度 3株×3株/m²。

常见栽培品种 卡兰迪瓦(Calandiva)系列,株高15～20cm,花径1～1.2cm,重瓣花,品种有橙色的'巴杜特''Bardot'、淡粉紫的'韦弗''Weaver'、白色的'科科''Coco'、黄色的'加博''Gabor'和橙黄色的'贾马卡''Jamaica'等。从播种至开花需10～12周。'布罗莫''Bromo',株高15～20cm,花径1～1.2cm,单瓣花,淡紫色。'盖尔拉''Galera',株高15~20cm,花径1～1.2cm,单瓣花,橙红色。

1	2
3	4
5	6
7	

1.长寿花'加博' 5.长寿花'韦弗'
2.长寿花 6.长寿花'科科'
3.长寿花'盖尔拉' 7.长寿花与翠云草组景
4.长寿花'贾马卡'

垂笑君子兰
Clivia nobilis
石蒜科君子兰属

形态特征　多年生草本。株高40cm，株幅50cm。叶片窄条形，深绿色。花窄漏斗形，开放时下垂，橙黄色。花期夏季。

分布习性　原产南非。冬季喜温暖，夏季喜凉爽环境。耐旱，耐湿，但怕积水和强光。生长适温20～25℃，冬季温度不低于5℃，温度超过35℃，叶片易徒长，花葶伸长过高。宜肥沃、疏松和排水良好的壤土。适合于长江流域以北地区栽培。

繁殖栽培　常用播种和分株繁殖。采种后即播，在室内盆播，发芽适温16～21℃，播后2周长出胚根，4～5周长出胚芽，7周后长出第一片叶，实生苗培育3～4年才能开花。冬末或早春结合换盆进行分株繁殖。分株时注意剪除烂根、瘪根，保护好白色新根。栽到口径20～30cm盆。盆土用腐叶土、炉灰渣和河沙的混合土。每2年换盆1次，春季或花后进行。生长期每周浇水2次，保持盆土湿润；梅雨季防止雨淋和盆内积水；夏秋干旱时向叶面和地面适当喷水。冬季若室温低，土壤水分不足，易产生花茎难抽出的"夹箭"现象。生长期每月施肥1次，用腐熟的饼肥水。抽出花茎前加施磷钾肥1～2次。花后不留种应剪除花茎。随时剪除黄叶和病叶。

园林用途　重要的盆栽观赏植物，点缀庭院或摆放居室欣赏，古朴典雅，十分相宜。

园林应用参考种植密度　2株×2株/m²。

1
2
1.垂笑君子兰
2.垂笑君子兰与置石组景

丛生福禄考
Phlox subulata
花荵科福禄考属

形态特征 多年生常绿草本。株高5～15cm，株幅40～50cm。叶片线形或椭圆形，亮绿色，长0.6～2cm。伞形花序，高脚碟形或星形，花色有紫或红，也有白、粉红、淡紫和双色等。花期春末和初夏。

分布习性 原产美国。喜温暖、湿润和阳光充足环境。不耐严寒，耐半阴，怕高温，忌干旱和水涝。生长适温10～25℃，冬季温度不低于－5℃，宜肥沃、疏松和排水良好的沙质壤土。适合于全国各地栽培。

繁殖栽培 采种后即播或春季播种，发芽适温13～18℃，播后2周发芽。春、秋季采用分株繁殖。春季剪取嫩枝扦插，长5～7cm，插后2周生根。

苗株具3～4片真叶时，栽口径10cm盆。盆土用泥炭土、培养土和粗沙的混合土。生长期盆土保持湿润，待盆土表面稍干时及时浇水。每月施肥1次，用稀释饼肥水或卉友15-15-30盆花专用肥。施用时防止肥液沾污叶面。花后进行摘心，促使萌发新芽，可继续开花。

园林用途 适用于城市广场、花坛、花境作大面积地被景观布置，营造出绿意浓郁的美丽空间。也可盆栽，用于装饰家庭居室，更添亮丽和新意。

园林应用参考种植密度 2株×2株/m²。

常见栽培品种 '马乔里''Marjorie'，株高5～15cm，株幅40～50cm。花大，瓣窄，深粉色，花径3cm，花心色更深，黄眼。'威尔逊''G.F. Wilson'，株高5～15cm，株幅40～50cm。花深蓝紫色。

1	1.丛生福禄考'马乔里'
2	2.丛生福禄考'威尔逊'
3	3.丛生福禄考布置广场的景观
4	4.丛生福禄考用于景观布置

大花君子兰
Clivia miniata
石蒜科君子兰属

形态特征 多年生草本。株高45cm，株幅30cm。叶扁平，光亮，带状，深绿色。伞形花序顶生，有花10～30朵，花漏斗形，有黄、橙、红等色。其中以叶片短、立、宽、厚、亮、色浅、纹明显、花莛粗壮、花大色艳者为精品。如今，具白色斑纹和黄色斑纹的斑叶君子兰、花开黄色、桃红色、橙红色等的君子兰为时尚品种。开花期春夏季。

分布习性 原产非洲南部高海拔地区。冬季喜温暖、夏季喜凉爽环境。生长适温为20～25℃，冬季温度不低于5℃，温度超过35℃时，叶片易徒长，花莛伸长过高，以温差10℃对君子兰生长最好。君子兰适应性较强，耐旱、耐湿，但盆内不能积水，盆土不能干裂，空气湿度保持70%～80%为宜。君子兰怕强光，尤其夏季切忌阳光暴晒，以散射光为好，短日照条件下可提早开花。土壤以疏松、肥沃的腐叶土为宜。

繁殖栽培 采种后即播或春季播种，发芽适温为16～21℃，播后10～15天长出胚根，30～40天长出胚芽，50天长出第一片叶，实生苗需培育3～4年才能开花。春季或花后换盆进行分株繁殖，将具6～7片叶的子株从母株旁掰下可直接盆栽。大花君子兰开花后换盆，用土要讲究，以阔叶腐叶土、针叶腐叶土、培养土和细沙的混合土为好，具有疏松、肥沃特性，有利于肉质根的发育。常用20～25cm盆，盆底多放瓦片，以利排水和通气。浇水要谨慎，土壤过湿或空气湿度过大，君子兰容易发生病害。施肥要科学，君子兰是喜肥植物，生长期每半月施肥1次，或用君子兰专用肥。但施肥时注意不要沾污叶片，每周用湿布擦拭叶片1次，抽花茎前加施磷钾肥1次。冬季在温度低、土壤湿度小时，花茎不易抽出，造成"夹箭"现象。当花葶抽出时，应提高室温和加大浇水量来防止"夹箭"。夏季常发生白绢病危害，发病初期用70%代森锰锌可湿性粉剂700倍液喷洒。虫害有介壳虫危害，发生时用40%氧化乐果乳油1000倍液喷杀。

园林用途 大花君子兰是一种花、叶、果并美的观赏花卉，具有"四季看叶，三季看果，一季看花"的观赏特点。盆栽摆放居室的地柜、茶几，呈现出热烈、奔放的氛围。若作插花欣赏，宜放窗台或书房，红灿灿的花朵竞相开放，有豁然开朗之视觉享受。

园林应用参考种植密度 4株×4株/m²。

1	2
3	5
4	

大花君子兰（黄色橙边）
大花君子兰（深橙红色）
长花丝的大花君子兰
大花君子兰叶片特多形似孔雀开屏
观花又观叶的大花君子兰

大花天竺葵
Pelargonium grandiflora
牻牛儿苗科天竺葵属

形态特征　多年生草本。株高20～45cm，株幅20～30cm。叶片扇形，叶缘锯齿状，长宽有8cm。花径4～6.5cm，花瓣皱褶，花色丰富，有红、紫、白、粉红、橙等，还具有斑纹或线条，花心常有"眼"斑。花期春季和秋季。

分布习性　原产非洲南部。喜温暖、湿润和阳光充足环境。不耐寒，忌水湿和高温，怕强光和光照不足。生长适温为10～25℃，冬季温度不低于5℃，16℃有利于花芽分化。宜肥沃、疏松和排水良好的沙质壤土。

繁殖栽培　播种苗高12～15cm时进行摘心，促使产生侧枝，达到株型矮、多开花。盆栽用口径15～18cm盆。盆土用腐叶土、泥炭土和沙的混合土。生长期保持盆土湿润。高温季节，植株进入半休眠状态，浇水量减少，掌握"干则浇"的原则。宜在清晨浇水，盆内切忌过湿或积水。生长期每半月施肥1次，花芽形成期每半月加施1次磷肥，或用卉友15-15-30盆花专用肥。萌发新枝叶的植株，注意肥液不能沾污叶片。花谢后应立即摘去残败花枝，利于新花枝的发育和开花。当生长势减弱时，进行重剪。剪去整个植株的1/2或1/3，并放阴凉处恢复。

园林用途　盆栽点缀家庭窗台、案头，全年开花，呈现出欣欣向荣的景象。散植花境，群植花坛，装饰岩石园，更能表现出天竺葵的姿、色、美。

园林应用参考种植密度　5株×5株/m²。

常见栽培品种　大花天竺葵的栽培品种较多，常见有红色的'安·霍伊斯特''Ann Hoysted'、橙粉的'秋节''Autumn Festival'、浅粉的'卡里斯布鲁克''Carisbrooke'、深红色的'塞夫顿''Sefton'和红色带黑斑的'复活节问候''Easter Greeting'等，它们的株高在25～45cm，株幅20～25cm。花径在9～14cm。

1	2
3	4
5	

1.大花天竺葵（红花白边）
2.大花天竺葵（紫花红斑）
3.大花天竺葵'大满贯'
4.大花天竺葵（白花粉斑）
5.大花天竺葵（紫花黑斑）

大花夏枯草
Prunella grandiflora
唇形科夏枯草属

形态特征 多年生草本。株高15～20cm，株幅80～100cm。叶片卵圆形至卵状披针形，叶缘具稀疏锯齿，深绿色，长10cm。轮伞花序密集排列成顶生的假穗状花序，花紫红色，也有粉红色和白色，长3cm。花期夏季。

分布习性 原产欧洲。喜温暖、湿润和阳光充足环境。耐寒，较耐旱，略耐阴，对土壤要求不严，以疏松、肥沃和排水良好的沙质壤土为宜。适合长江流域以北地区栽培。

繁殖栽培 常用播种和分株繁殖。播种在4月春播或9月秋播，盆播或条播，播后覆浅土，发芽适温6～12℃，约7～10天发芽。分株，秋季或春季，将老根挖出分开，每根带2～3个幼芽，穴栽或盆栽，不宜过深，栽后压实，浇水保持土壤湿润。播种后根据出苗情况进行间苗、补苗。生长期注意中耕除草，浇水，每年冬、春两季各施肥1次。春季可加施一次磷、钾肥，促使花穗多而长，露地栽培要施足基肥。冬季培土壅根，提高防寒能力。

园林用途 夏枯草植株不高，花穗密集，盛开紫红色花，适用于花坛、花境或草坪边缘布置，也可于林缘、坡地或小庭园作地被植物和盆栽观赏。

园林应用参考种植密度 4株×4株/m²。

常见栽培品种 '粉美人' 'Pink Loveliness'，花粉红色。'白美人' 'White Loveliness'，花纯白色。

1	2
3	

1.大花夏枯草花朵上的粉蝶
2.大花夏枯草
3.大花夏枯草丛植效果

大吴风草
Farfugium japonicum
菊科橐吾属

形态特征 多年生常绿草本。株高50～60cm，株幅50～60cm。叶近肾形，基部簇生，边缘呈棱齿状，深绿色，径15～25cm。头状花序数朵，淡黄色，径4～6cm。花期秋季至冬季。

分布习性 原产中国。喜凉爽、湿润和半阴。较耐寒，怕强光，畏干旱。生长适温8～18℃，冬季能耐–5℃低温。以肥沃、疏松和排水良好的沙质壤土为宜。适合长江流域以南地区栽培。

繁殖栽培 春季室内盆播，发芽适温15～20℃，播后2～3周发芽。春季换盆时分株。春季萌芽时换盆，剪短过长根系，剪除枯叶、老叶和破损叶。常用15～20cm盆，盆土用肥沃园土、腐叶土和河沙的混合土。生长期保持盆土湿润，不能积水。每2周施肥1次，开花前增施磷钾肥1次。盛夏适当遮阴，但时间不宜过长，否则叶面缺乏光泽。盆栽每2～3年更新1次。防止白粉病和黑斑病危害。

园林用途 适合配置花坛、花境和园林景点，特别耐看。成片种植坡地、林下或湖畔，高雅悦目。盆栽摆放阳台、居室或小庭院，显得清翠欲滴。

园林应用参考种植密度 2株×2株／m²。

常见栽培品种 '白斑'吴风草 'Argentea'，叶片卵圆形，叶面淡灰绿色，叶缘镶嵌乳白色斑块。'黄斑'吴风草 'Aureo-marginata'，叶片淡绿色，叶缘镶嵌黄色斑块。

1	
2	
3	

1.大吴风草绿饰室内景观
2.大吴风草路边丛植景观
3.大吴风草群落景观

地涌金莲
Musella lasiocarpa
芭蕉科地涌金莲属

形态特征 多年生常绿草本。株高60～70cm，株幅40～50cm。地上假茎直立，粗壮，紫红色。叶大，长椭圆形，状如芭蕉，粉绿色。花序直立，莲座状，苞片金黄色，花有二列，每列4～5朵，花序下部为雌花，上部多雄花，淡紫色。花期夏秋季。

分布习性 原产中国云南省中西部。喜温暖、湿润和阳光充足环境。不耐严寒，较耐热，生长适温20～30℃，冬季能耐－5℃低温，不过，当气温0℃时其叶片枯死，花序受冻害。但翌年春季照常萌芽展叶开花。地涌金莲喜光，在全光或散射光下均能正常生长开花，在充足光照下萌发根蘖苗更多。也能适应半阴环境。稍耐干燥，夏季要求湿润，冬季稍干燥气候为宜，但怕积水。土壤以肥沃、疏松和排水良好的壤土为好。

繁殖栽培 地涌金莲为丛生性植物，春、秋季将植株基部萌生的根蘖苗，连同地下匍匐茎一起从母株上切离，可直接栽植，极易成活。果实成熟后取出种子，洗净晾干后即播，或春季室内盆播，发芽适温21～24℃，播后7～10天发芽，幼苗生长缓慢。庭园地栽应选择土层深厚、肥沃和排水良好的壤土，忌种低洼积水处。盆栽用腐叶土、肥沃园土和沙的等量混合土。常用30cm盆。盆底多垫瓦片或石砾。栽植前施以少量腐熟厩肥和骨粉。生长期注意浇水，保持土壤湿润，每月施肥1次，或用卉友20-20-20通用肥。露地栽培，在多雨季节注意根部排水。成年植株春季在假茎基部培土，以促进茎、叶生长和开花。花后假茎逐渐枯萎，应及时砍掉，以利翌年新株的萌发。有时发生根腐病和线虫病危害，主要是土壤过湿所引起，除改善土壤条件之外，生长期可用75％百菌清可湿性粉剂700倍液喷洒防治。虫害有介壳虫危害，可用40％氧化乐果乳油1500倍液喷杀。

园林用途 地涌金莲盆栽或切花绿饰书房，黄色苞片展现时，非常豪华气派。庭园中配植窗前、墙隅或山石旁，新奇别致，景观十分诱人。成片栽植于坡地、林下或池畔，使景色更显魅力。

园林应用参考种植密度 2株×2株/m²。

1	2
3	
4	

1. 地涌金莲含苞开放
2. 地涌金莲
3. 地涌金莲用于展览温室的景观布置
4. 地涌金莲与花草、象形绿雕组成"版纳之乡"

兜 兰
Paphiopedilum spp.
兰科兜兰属

形态特征 多年生草本。株高20～40cm，株幅10～20cm。叶线形，深绿色，有的叶面有斑点纹。花茎长，直立或横卧。花单生，黄绿色，也有黄色、绿色、黑色等，多数具深色斑纹。花期春季。

分布习性 原产亚洲热带和亚热带地区。有的生长在地上，有的附生在树杈或岩石表面。自然生长于湿润、具有散射光的半阴环境。直射光的环境对兜兰生长极为不利。兜兰喜温暖，生长适温12～18℃，冬季温度，绿叶种不低于5℃，斑叶种不低于10℃。如冬季温度在1～2℃时，叶片就会枯萎脱落。若温度在20℃，很难形成花芽，还易出现腐烂病。栽培基质以肥沃、排水透气的腐叶土最为理想，泥炭、苔藓或蕨根也可使用。

繁殖栽培 主要用分株繁殖。有5～6个以上叶丛的兜兰都可以分株，盆栽每2～3年可分株1次。分株在花后暂短的休眠期进行。长江流域地区以4～5月最好，可结合换盆进行。将母株从盆内倒出，注意不要损伤嫩根和新芽，把兰苗轻轻分开，选用2～3株苗上盆，盆土用肥沃的腐叶土，pH值6～6.5，盆栽后放阴湿处，以利根部恢复。兜兰属阴性植物，栽培时对光线的控制比较严格，早春以半阴最好，盛夏早晚见光，中午前后遮阳，冬季须充足阳光，而雨雪天还需增加人工光照。生长期除浇水保持盆土湿润以外，盛夏季节需勤喷水，以免空气干燥，造成叶片变黄皱缩，枯萎脱落，直接影响开花。生长期每月施肥1次，施肥后，叶片呈现嫩绿色，可继续施肥；如叶片变黄，应停止施肥。否则会引起烂根现象。

园林用途 兜兰由于株形优美，叶片斑斓，花容奇特，花色淡雅，已成为国际兰花市场最为瞩目的兰花之一。兜兰用于盆栽观赏，点缀阳台、窗台和居室，小巧玲珑，十分典雅诱人。有时花枝也用作插花欣赏，装饰室内，还可用兰株布置花展，塑造小景点，十分幽雅别致。

园林应用参考种植密度 6株×6株/m²。

常见栽培种及品种 斑叶种：绿花兜兰 'Alma Gevaert'，杂交种。株高30～35cm，花茎长，花大，花瓣绿白色，背萼白色，均有绿色条纹，兜唇绿色。杏黄兜兰*Paphiopedilum armeniacum*，又名金兜。株高24～26cm，花杏黄色，兜唇大，呈椭圆卵形，蕊柱有红斑。同色兜兰*Paphiopedilum concolor*，又名黄花兜

兰。株高15cm，花浅黄色，外侧面密布紫红色小斑点。紫点兜兰*Paphiopedilum godefroyae*，花淡黄色，外侧布满大小紫红色斑点。硬叶兜兰*Paphiopedilum micranthum*，又名银兜。株高26～30cm，花粉红色或白色，花瓣与背萼均有紫红色脉纹，兜唇大，椭圆卵形。彩云兜兰*Paphiopedilum wardii*，株高20～25cm，花瓣白色，布满紫褐色斑点和条纹，背萼白色，有绿色条纹，兜唇布满褐色斑点。绿叶种：享利兜兰*Paphiopedilum henryanum*，株高15～20cm，花瓣紫红色，背萼绿白色，散布紫红色大斑点，兜唇紫红色。飘带兜兰*Paphiopedilum parishii*，株高45～50cm，背萼白色，花瓣下垂而卷曲呈线形，黄绿色，有紫褐色斑纹，兜唇淡红褐色。莫氏兜兰*Paphiopedilum moquetteanum*，株高20～25cm，花紫红色，翼瓣扭曲，密布紫红色斑点。白旗兜兰*Paphiopedilum spicerianum*，株高15～20cm，花黄绿色，背萼白色，散有一条紫色纵带。

1	2	3	8	12
			9	
4	5	6	10	
			11	
7			13	

1.杏黄兜兰

2.兜兰'红福星'

3.费氏兜兰

4.绿花兜兰

5.胖胝兜兰

6.硬叶兜兰

7.兜兰于室内环境布置

8.雅致兜兰

9.宁茨堡兜兰

10.威廉·普罗文兜兰

11.卓别林兜兰

12.兜兰栽作大型瓶景观赏

13.兜兰在室内丛植布置

矾 根
Heuchera sanguinea
虎耳草科矾根属

形态特征 多年生草本。株高25～30cm，株幅25～30cm。叶圆形至肾形，边缘有圆齿，深绿色，叶色变化大，叶脉明显，长2～8cm。圆锥花序，长15cm，花小，管状，有红、粉红、白等色。花期夏季。

分布习性 原产美国。喜凉爽、湿润和半阴环境。极耐寒，不耐干旱。生长适温15～25℃，冬季能耐－15℃低温。土壤宜肥沃、疏松的沙壤土。适合长江流域以北地区栽培。

繁殖栽培 春季播种，发芽适温18～22℃，播后10～20天发芽。秋季可分株繁殖。

园林用途 株型紧凑，叶形多变，叶色美观，是新颖的观花、观叶植物。适用于盆栽和吊盆栽培，装饰窗台、阳台、台阶，清新优雅。成片布置花坛、花境和制作景点，十分吸引眼球。

园林应用参考种植密度 4株×4株/m²。

常见栽培品种 '紫色宫殿''Palace Purple'，株高45～60cm，株幅45～60cm。叶紫铜色，花小，白色。植株紧凑，耐寒。'孔雀石''Malachite'，株高20～45cm，株幅30～35cm。叶深绿色，卷曲，抗性强。'铜铃红宝石''Ruby Bells'，株高30～40cm，株幅30～40cm。叶深绿色，花小，深红色。花期长，株型紧凑，耐寒，耐半阴。其他还有'琥珀波浪'、'栖富浪芭'、'太阳斑'、'锡月'等品种。

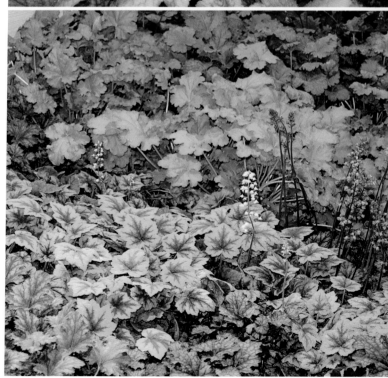

1	2	5	6	7
3			8	
4				

1.矾根'铜铃红宝石'

2.矾根'锡月'

3.矾根'栖富浪芭'

4.矾根品种群

5.矾根用于室内景点布置

6.矾根'孔雀石'

7.矾根'紫色宫殿'壁挂

8.矾根用于立体景观布置

非洲凤仙
Impatiens walleriana
凤仙花科凤仙花属

形态特征　多年生草本，常作一年生栽培。株高40～60cm，株幅40～60cm。茎肉质多汁、光滑、多分枝。叶互生，椭圆形至披针形，叶缘啮齿状，淡绿色。花腋生，1～3朵，花形扁平，有白、绿、橙、粉、深红、淡紫、紫、蓝紫和双色。还有重瓣和垂枝品种。花期夏季。

分布习性　原产非洲东部热带地区。喜温暖、湿润和阳光充足环境。不耐高温，生长适温为17～20℃，冬季温度不低于12℃，5℃以下易受冻害。花期室温超过30℃会引起落花现象。苗期保持盆土湿润，切忌脱水或干旱，夏秋空气干燥时，应喷水保持一定的空气湿度，对茎叶生长和分枝有利。盆内积水，易受涝死亡。夏季高温和花期，要严防强光直射，应设遮阳网防止强光暴晒。冬季室内栽培时，需充足阳光，有益于叶片生长和延长开花期。土壤以肥沃、疏松和排水良好的沙质壤土为宜。

繁殖栽培　早春采用室内盆播，种子细小，发芽适温为16～18℃，播后10～20天发芽。从播种至开花需8～10周。扦插，春季至初夏进行，剪取顶端枝长10～12cm，插入沙床，在室温20～25℃条件下，约20天生根，30天后盆栽。苗高7～8cm时定植于10cm盆或12～15cm吊盆，每盆栽培3株，盆栽用肥沃园土、泥炭土和沙的混合土。生长期注意通风，湿度不宜过高，每半月施肥1次或用卉友15-15-30盆花专用肥。苗高10cm时摘心1次，促使萌发分枝，形成丰满株形，多开花。花期增施2～3次磷钾肥。花后及时摘除残花，以免残花发生霉烂，阻碍叶片生长。常有叶斑病和茎腐病危害，发病初期用50%多菌灵可湿性粉剂1000倍液喷洒。虫害有蚜虫、红蜘蛛和白粉虱，发生时可用90%敌百虫晶体1500倍液喷杀。

园林用途　非洲凤仙花在国际上十分流行，是著名的装饰盆花。盆栽适用于阳台、窗台和庭园点缀。如群体摆放花坛、花带、花槽和配置景点，铺红展翠，十分耐看。用它装饰吊盆、花球、装饰灯柱、走廊和厅堂，异常别致，妖媚动人。制作花墙、花柱和花伞，典雅豪华，绚丽夺目。

园林应用参考种植密度　2株×2株/m^2。

常见栽培品种　蝴蝶（Butterfly）系列，株高20～25cm，株幅20～25cm。花色有深粉、紫、红、双色等。不用摘心。剪影（Silhouette）系列，株高25～35cm，株幅25～35cm。重瓣花，花色有玫红星、橙星、红星、紫星、粉冰、浅粉、橙、红、紫等。摘心1次。萤火虫（Firefly）系列，株高20～30cm，株幅20～30cm。花色有红、粉红、淡紫、橙红、白等。摘心1次。

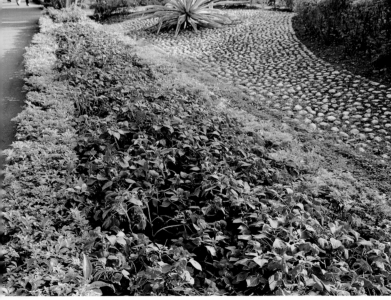

1		
2	5	7
3		
4		
6		8

1.非洲凤仙剪影系列（红星）

2.非洲凤仙萤火虫系列（红色）

3.非洲凤仙蝴蝶系列（橙红眼）

4.非洲凤仙剪影系列（粉星）

5.非洲凤仙用于廊柱布置

6.非洲凤仙用于壁饰和景点布置

7.非洲凤仙用于花境布置

8.非洲凤仙用于花坛布置

非 洲 堇
Saintpaulia ionantha
苦苣苔科非洲堇属

形态特征 多年生草本。株高10cm，株幅15cm。叶片卵圆形至长圆状卵圆形，中绿色。聚伞花序，花有单瓣、半重瓣、重瓣，花色有淡蓝至深蓝，还有紫红、白、粉红、双色等。花期全年。

分布习性 原产坦桑尼亚。喜温暖、湿润和半阴的环境。夏季怕强光和高温，冬季怕严寒和阴湿。生长适温为16～24℃，冬季为12～16℃。夏季温度超过30℃，冬季低于10℃，均对植株生长不利。空气湿度以70%～80%为合适。土壤用肥沃、疏松和排水良好的腐叶土。

繁殖栽培 采用室内盆播，种子细小，播种土用高温消毒的泥炭和珍珠岩的混合土，播后压平，不必覆土，发芽适温18～24℃，播后2～3周发芽，从播种至开花需24～32周。夏季选取健壮充实的叶片，叶柄留2cm剪下，稍晾干，插入沙床，室温在18～24℃条件下，插后3周生根，8～12周将形成幼苗。盆栽用口径12～15cm盆。盆土用泥炭土、肥沃园土或水藓、珍珠岩的混合土。生长期每周浇水1～2次，保持盆土湿润，夏季高温，喷水增加空气湿度。盆土过湿易烂根，浇水时切忌沾污叶片，会引起叶片腐烂，宜用无钙水。生长期每半月施肥1次，每2周施磷钾肥1次。如果肥料不足，开花少，花朵小。若室温低，则停止施肥。花后不留种，摘去残花。

园林用途 属小型盆栽观赏植物，开花时间长，搬动方便，繁殖容易，特别适合中老年人栽培。盆花点缀案头、书桌、窗台，十分典雅秀丽，赠送亲朋好友，也够品位。

园林应用参考种植密度 6株×6株/m²。

常见栽培品种 '罗科科·安娜''Rococo Anna'，株高12～15cm，株幅12～15cm。叶片中绿色。花重瓣，深粉红色。不耐寒。

1	1.非洲堇'小水晶'
2	2.非洲堇'亮眼'
3　4	3.非洲堇'南希·里根'
5	4.非洲堇的盆栽观赏
	5.非洲堇'罗科科·安娜'

海石竹
Armeria maritima
蓝雪花科海石竹属

形态特征 多年生宿根草本。株高20～25cm，株幅20～30cm。叶片线形，全缘，深绿色。头状花序顶生，半球形，紫红色。花期春末至夏季。

分布习性 原产美洲、欧洲。喜温暖、稍干燥和阳光充足环境。较耐寒，畏高温和高湿。生长适温15～25℃，冬季能耐－10℃低温。宜富含有机质、疏松和排水良好的沙质壤土。

繁殖栽培 春、秋季播种，采用室内盆播，发芽适温13～16℃，播后2周发芽。秋冬或早春时，盆栽植株过度拥挤时可进行分株，将植株分丛掰开可直接盆栽。夏季取基部半成熟枝扦插。盆栽用口径12～15cm盆。盆土用肥沃园土、泥炭土和粗沙的混合土。生长期盆土保持湿润，花期每周浇水2～3次，盆土不宜过湿，但水分不足则开花减少，容易凋萎。浇水时不能向球花上淋水，否则会导致花球腐烂。生长期每半月施肥1次，用腐熟饼肥水，花前增施1～2次磷钾肥，或用卉友20-20-20通用肥。

花谢后将花茎剪除，促使新花茎生长。

园林用途 布置庭院中花坛、花境或点缀水池、草坪边缘、灌木丛旁和建筑物前，花时极富天然野趣。也可盆栽或作地被植物。

园林应用参考种植密度 8株×8株/m²。

常见栽培品种 启明星（Morning Star）系列，株高15～20cm，植株紧凑，叶片深绿，花有深玫红和白色。开花多，花期长，耐寒。适合盆栽和配置花境。

1	2
3	
4	

1.海石竹白色花序
2.海石竹红色花序
3.海石竹启明星系列
4.海石竹的丛植效果

非洲菊
Gerbera jamesonii
菊科大丁草属

形态特征 多年生草本。株高30～45cm，株幅60cm。全株被细毛。叶披针形，羽状浅裂或深裂，深绿色。头状花序，单生，舌状花1～2轮，从而形成单瓣或重瓣花型，有黄、橙、红、粉、乳白、紫等色。管状花小，着生于花序的内轮，因形态和色彩的变化，构成俗称的花心，有黄、橙、红、粉、白、黑等色。花期春末至夏末。

分布习性 原产南非、斯威士兰。喜温暖、湿润和阳光充足环境。不耐寒，耐热，生长适温20～25℃，夜间14～16℃，开花适温不低于15℃，冬季休眠期以12～15℃为宜，低于7℃则停止生长。对光周期反应不敏感，自然日照的长短对开花影响不大。土壤以肥沃、疏松和排水良好的微酸性腐叶土为宜。

繁殖栽培 常用播种、分株和扦插繁殖。播种常用于盆栽非洲菊，春、秋播均可，发芽适温18～20℃，播后7～10天发芽，种子发芽率在50%～70%。分株在3～5月进行，托出母株，把地下茎分切成若干子株，每个子株需带新根和新芽，栽植不宜过深，根芽必须露在土面。扦插，剪取根部粗壮部分，去除叶片，切去生长点，保留根颈部，插入沙床，约3～4周可生根。扦插苗当年能开花。非洲菊属喜光性植物，栽培需选择光照充足的场所。盆栽用肥沃、疏松的泥炭土。生长期应多浇水，但不能积水，否则易发生烂根。生长期若光照不足，叶片瘦弱发黄，花梗柔细，下垂，花小色淡。每半月施肥1次，花芽形成至开花前，增施1～2次磷钾肥，或用卉友20-8-20四季用高硝酸钾肥。盆栽非洲菊，幼苗定植后2周，叶柄开始伸长生长时，可用0.25%B9溶液喷洒叶面，控制植株高度。

园林用途 散植室外，丛植庭园、花境或草坪边缘，倍觉幽雅悦目，盆栽摆放窗台、茶室，具有轻快柔和的亲切感。插花点缀案头、橱窗、客厅，呈现出温馨美好的祝愿。

园林应用参考种植密度 3株×3株/m²。

常见栽培品种 '南英''Nain'，株高15～20cm，株幅20～25cm。花色有黄、深红、粉红、玫红等，花径10～12cm。从播种至开花需15～17周。'喜庆''Festival'，株高15～20cm，花重瓣，舌状花有橙红、红、黄、粉、白等16个花色。花葶短，开花早，栽

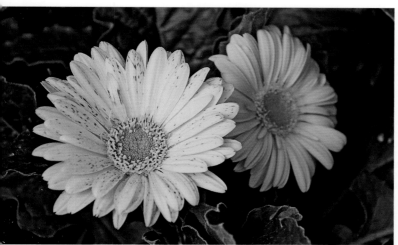

培容易。

　　大花型：'克劳迪娅''Claudia'，舌状花深红色，花心白色。'达利查''Darlicia'，舌状花橙红色，瓣底黄色，花心黑色。'杜拉''Duella'，舌状花黄色，花心绿色。'太阳黑子''Indian Summer'，舌状花黄色，花心黑色。'伊西马''Isimar'，舌状花玫瑰红色，花心淡黄色。'帕奎特''Paquit'，舌状花橙色，花心黄色。'维维安''Viviane'，舌状花白色。

　　小花型：'金西''Kimsey'，舌状花粉红色，花心绿色。'托利萨''Talisa'，舌状花黄色，花心黑色。

　　盆栽型：'化装舞会''Masquerade'，花色有白、黄、红等6种，花心具黑眼。'桑巴''Samba'，花半重瓣，金黄色等4个颜色。'新贵''G-Noble'，株高25～30cm，花色有金黄、粉红、玫红、黄、红、橙等，花心黑色。早花种，花大，花径7～10cm。

1	2	4
3		5
		6

1.非洲菊'喜庆'（红色）
2.非洲菊'喜庆'（橙红色）
3.非洲菊用于室内装饰
4.非洲菊'南英'（黄色）
5.非洲菊用于室内墙体绿饰
6.非洲菊组成的大型图案

荷兰菊
Aster novi-belgii
菊科紫菀属

形态特征　多年生草本。株高90～120cm，株幅70～90cm。叶互生，椭圆形，叶基略抱茎，深绿色。头状花序单生，成伞房状排列，花有蓝紫、淡蓝、粉红、白、玫红、紫红等色，还有单瓣、半重瓣和重瓣。花期夏末至仲秋。

分布习性　原产北美东部。喜温暖、湿润和阳光充足环境。耐寒性强，生长适温为15～25℃，冬季植株可耐-20℃低温。如果白天温度超过25℃，夜间温度低于5℃，或日夜温差过大则不易开花。也耐干旱和炎热。土壤以肥沃、疏松和排水良好的沙质壤土为宜。

繁殖栽培　播种在春季或秋季均可进行，采用室内盆播，发芽适温为18～22℃，播后7～12天发芽，但优良品种易退化。从播种至开花需3个月左右。扦插在春、夏季进行，剪取嫩枝作插条，插入沙床，插壤温度为22～24℃，插后18～20天生根。分株在秋季花后或春季萌芽前进行，一般每隔3年分株1次。苗高15cm时可定植或盆栽于12～15cm盆，每盆栽苗1～3株。盆栽用肥沃园土、腐叶土和沙的混合土。栽植苗株恢复后即可摘心，促使多分枝。生长期每半月施肥1次，用腐熟饼肥水或卉友20-20-20通用肥，夏秋花期增施2～3次磷钾肥。秋季天气干燥时注意浇水，保持土壤湿润。冬季地上部分枯萎后进入休眠期，适当培土保苗。常见白粉病和褐斑病危害，发病初期分别用70%甲基硫菌灵可湿性粉剂1000倍液喷洒。虫害有蚜虫，发生时用10%吡虫啉可湿性粉剂1500倍液喷杀。

园林用途　花朵虽小，但密集，群体效果极佳，植株高度容易控制。因此，适宜布置在花境、花坛、草坪边缘、庭园坡地和树丛周围，显得自然和谐，还有几分浪漫色彩。用它制作花篮、花环、花束或瓶插，可点缀书桌、窗台或镜台。矮生品种常用于盆栽或组合盆栽观赏。

园林应用参考种植密度　2株×2株/m^2。

常见栽培品种　'埃尔塔''Elta'，株高30～45cm，玫红色，花径7cm。'苏珊''Suzanne'，株高40～60cm，淡紫色，花径7cm。

1	2
	3
	4

1.荷兰菊'埃尔塔'
2.荷兰菊'苏珊'
3.丛植的荷兰菊景观
4.荷兰菊丛植效果

鹤望兰
Strelitzia reginae
旅人蕉科鹤望兰属

形态特征 多年生草本。株高1.5~2m，株幅80~100cm。叶片长圆披针形，基部圆形或锥形，深绿色。顶生佛焰苞紫色和橙绿色，花萼橙色或黄色，花冠蓝色。花期冬季至翌年春季。

分布习性 原产南非。喜温暖、湿润和阳光充足环境。不耐寒，怕积水，稍耐阴。生长适温为17~27℃，冬季温度不低于5℃，5℃以下茎叶易遭受冻害。宜土层深厚、富含有机质、疏松和排水良好的壤土。

繁殖栽培 春、秋采种后即播，发芽适温18~21℃。春季分株。盆栽用口径30~40cm的木桶或釉缸。盆土用培养土、腐叶土和粗沙的混合土，盆底多垫粗瓦片以利排水。栽植不宜过深，以不见肉质根为准。

生长期需充分浇水，土壤保持湿润；花后适当减少浇水，以免肉质根长期过湿引起腐烂。室内空气干燥时，向叶面适度喷雾。生长期每月施肥1次，用腐熟的饼肥水，当形成花茎至盛花期，每月施磷钾肥1次。或用卉友20-8-20高硝酸复合肥。不留种，花后立即剪除花茎，减少养分消耗。平时随时剪除黄叶、枯叶、病叶、断叶和老化叶片。室内通风不畅，易发生介壳虫危害，可用40%氧化乐果乳油1000倍液喷杀。夏季高温易引起叶斑病危害，发病初期用50%多菌灵可湿性粉剂800倍液喷洒防治。

园林用途 大型盆栽花卉，宜宾馆、空港、商厦等公共场所摆放，具清新、高雅之品位。在南方，丛植庭院、公园、别墅，点缀花境、花坛，呈现出幽雅、温馨之感。鹤望兰花枝广泛应用于插花、花篮、花束和婚车装饰。

园林应用参考种植密度 1丛/m²。

1	2
3	4
5	

1.鹤望兰
2.鹤望兰双花
3.鹤望兰用于室内景点布置
4.鹤望兰用于景点布置
5.鹤望兰在展览温室中

红苞蝎尾蕉
Heliconia bihai
芭蕉科蝎尾蕉属

形态特征　多年生草本。株高0.6～5m，株幅不限定。叶片长圆形，深绿色，具浅色中脉。穗状花序，直立，有3～15个宽的红色苞片排成二列，花顶端绿色，具白色萼片。花期春季至夏季。

分布习性　原产中美、西印度群岛。喜温暖、湿润和阳光充足环境。不耐寒，怕强光和干旱，耐阴。生长适温为22～30℃，冬季温度不低于10℃，5℃以下茎叶易遭受冻害。宜肥沃、疏松和排水良好的微酸性土壤。适合于海南和西双版纳地区栽培。

繁殖栽培　种子成熟后即播或春季播种，发芽适温为19～24℃，约3～4周发芽，实生苗需培育3～4年才能开花。春季将假茎基部吸芽长大的子株，连同地下匍匐茎一起从母株上切离，分别盆栽或地栽即可，栽植后注意遮阴保护。栽植前，挖深穴（40cm以上），施足基肥，栽植后将松土踩紧，浇透水，如果叶片过多，需适当剪除部分。盆栽用口径30～40cm盆，底层多垫瓦片，以利排水。盆土用腐叶土、肥沃园土和粗沙的混合土。生长期土壤保持湿润，但不能积水，雨后注意排水。夏季干旱和花期应勤浇水，适当遮阴，并经常喷水。生长期每月施肥1次，用腐熟的饼肥水，花茎抽出时，加施磷钾肥2次。花谢后切除花茎，冬季剪除枯叶、断叶和撕裂的叶片。

园林用途　在南方，配植小庭院、别墅区的道旁、池边或丛植建筑物旁，颇为妖媚动人。大型盆栽或切花装饰居室的客厅，其奇特的花序，令人百看不厌。

园林应用参考种植密度　1丛/m²。

1
2

1.红苞蝎尾蕉
2.红苞蝎尾蕉的植株景观

红花蕉
Musa coccinea
芭蕉科芭蕉属

形态特征 多年生草本。株高1.5～2.5m，株幅1.5m。假茎丛生，直立，叶椭圆形或长椭圆形，黄绿色。花序直立，苞片鲜红色，内面粉红色，每个花苞有花3～4朵，黄色，呈穗状排列。花期夏季至秋季。

分布习性 原产中国、越南、老挝和柬埔寨。喜温暖、湿润和阳光充足环境。不耐寒，生长适温为24～30℃，夜间温度不低于15℃，夏季温度不超过35℃，冬季温度不低于5℃。春秋季充足的阳光对叶片萌发和花序抽出极为有利。但夏季怕强光长时间暴晒，易灼伤叶片。苞露色期如果遮蔽度过大，着色差。叶片大，生长快，必须有充足水分保证。不耐干燥，土壤要求保持湿润，但切忌积水。红花蕉根系发达，要求土层深厚、疏松、富含有机质和排水良好的微酸性壤土。

繁殖栽培 红花蕉种子细小，播种前种子外围肉质要清洗干净，覆浅土。发芽适温25～28℃，播后20～30天发芽。温度时高时低或低于10℃时，种子发芽不整齐，易出现种子腐烂现象。幼苗生长较慢，以24～27℃最为适宜。在春季植株生长期，从健壮母株旁挖取根颈分蘖的幼株作为种株，常以2～3芽为一丛，分栽时可剪除部分叶片，减少水分蒸发并多喷水。每隔2～3年分株1次。地栽选择避风、向阳处，以防风大吹倒。并施足基肥，栽植后充分浇水，夏季干旱和花期应勤浇水，并经常喷水，保持较高的空气湿度，有利叶片的展开。盆栽用腐叶土、培养土和沙的等量混合土，采用30～40cm木桶或釉缸，底层多垫瓦片，有利排水。生长期施肥3～4次，或用卉友18-6-12高氮复合肥。红花蕉新老叶片交替较快，应及时剪去老叶和花后残枝。每隔2年换盆1次。常见有炭疽病、叶斑病危害，发病初期分别用70%甲基硫菌灵可湿性粉剂1000倍液喷洒。虫害有粉虱危害，发生时可用90%晶体敌百虫1000倍液喷杀。

园林用途 红花蕉适用于庭园、墙角、窗前或池边栽植，花时，漫步观景，令人心旷神怡，也极富诗情画意。栽植用于室内装饰，红花绿叶，十分醒目，充满浓情脉脉的南国风光。红色花序也是极佳的插花材料。

园林应用参考种植密度 1丛/m²。

1	1.红花蕉
2	2.红花蕉适合角隅布置

红毛苋
Acalypha reptans
大戟科铁苋菜属

形态特征　多年生蔓生草本。株高20～25cm，株幅20～30cm。叶片互生，卵圆形，先端渐尖，基部楔形，边缘有锯齿。柔荑花序，具毛，红色。花期春季至秋季。

分布习性　原产西印度群岛。喜温暖、湿润和阳光充足环境。不耐寒，忌干旱和积水，不耐阴。生长适温为20～30℃，冬季温度不低于10℃。宜肥沃、疏松和排水良好的沙质壤土。

繁殖栽培　常用扦插繁殖，春季剪取健壮插条，长6～8cm（即2茎节），由于红毛苋叶片薄，可将叶片剪去一半，再插于沙床，约2周可生根。蔓生枝条较长的可用压条繁殖，将茎节压在沙土中，1周就能生根，成活率高。吊盆栽培用口径15～25cm盆，15cm盆每盆栽苗3株，25cm盆每盆栽苗5株。盆土用肥沃园土、腐叶土和蛭石的混合土。生长期保持盆土湿润，不能脱水。夏季每天早、晚浇水。生长期每月施肥1次，用腐熟饼肥水，肥水不能沾污叶片，每月加施1次磷肥，或用卉友15-15-30盆花专用肥。花谢后应立即摘去花序，以免消耗养分，有利于新花序的发育。对生长杂乱无章的枝条可适当疏剪整形。一般盆栽2年的老株需要重剪或重新扦插更新。

园林用途　吊盆悬挂窗台、阳台或走廊，毛茸茸的红色花序，十分诱人，给人以活泼可爱的感觉。也适合装点庭院的道旁、池边或栽植槽，展现喜庆的一面。

园林应用参考种植密度　4株×4株/m²。

1	2
	3
4	
5	

1.红毛苋用于室内布置
2.红毛苋适合室内外垂吊装饰
3.红毛苋
4.红毛苋的丛植景观
5.红毛苋用于垂吊欣赏

蝴蝶花
Iris japonica
鸢尾科鸢尾属

形态特征 多年生常绿草本。株高40～45cm，株幅20～30cm。叶基生，剑形，深绿色，有光泽，长45cm。花茎直立，顶生总状聚伞花序，着花2～4朵，蓝紫色，径4～5cm。花期春末至初夏。

分布习性 原产中国中部、日本。喜温暖、湿润和阳光充足环境。不耐严寒，怕干旱和积水，耐阴。生长适温为15～30℃，冬季能耐－5℃低温。宜富含腐殖质、排水良好的壤土。

繁殖栽培 春季或秋季用播种繁殖，采用室内盆播，发芽适温18～21℃，播后4～6周出苗，种子发芽不整齐，播种苗需18～20个月开花。花后休眠期至新根萌芽前进行分株繁殖，一般每隔3年分株1次。盆栽用口径20cm盆。每盆栽3～5株，盆土用肥沃园土、腐叶土和粗沙的混合土。地栽每穴栽2～3株，栽后压实，浇透水。生长期盆土保持湿润，切忌根部积水，导致腐烂。花期保持土壤湿润，不能缺水，否则影响开花。生长期每月施肥1次，用腐熟饼肥水。花期增施1～2次磷钾肥。不留种花谢后剪除花茎，平时剪除枯叶或过密叶片。冬季适当培土，根部留地越冬。

园林用途 适用于庭院中成片成丛栽植，配置草坪边缘、林下坡地、池畔溪边和山石道旁，颇具野趣。花时，浅色花丛给人以清新、舒适的感觉。

园林应用参考种植密度 4株×4株/m²。

1	1、2.蝴蝶花
2	3.蝴蝶花成丛栽植
3	4.蝴蝶花用于庭院路边或林缘丛植
4	

蝴 蝶 兰
Phalaenopsis amabilis
兰科蝴蝶兰属

形态特征 多年生常绿草本。株高30cm，株幅30cm。叶片广椭圆形，中绿色，长15～50cm，半下垂。总状花序，下垂，着花5～10朵，花白色，花径6～10cm，唇瓣边缘黄色，喉部具红色斑点。花期秋季至早春。

分布习性 原产菲律宾、印度尼西亚、澳大利亚。喜高温、多湿和半阴环境。不耐寒，怕干旱和强光，忌积水。宜疏松和排水良好的树皮块、苔藓。适合于海南和西双版纳地区栽培。

繁殖栽培 取花梗上由腋芽发育成带根的子株进行分株。蝴蝶兰因生长快，生育期长，比其他洋兰需肥量稍多些，但仍应采取薄肥常施的原则。5月下旬刚换盆，正处于根系恢复期，不需施肥。6～9月为兰株新根、新叶的生长期，每周施肥1次，用"花宝"液体肥稀释2000倍液喷洒叶面或施入盆栽基质中。夏季高温期可适当停施2～3次，10月以后，兰株生长趋慢，减少施肥，以免兰株生长过盛，影响花芽形成，致使不能开花。进入冬季和开花期则停止施肥，若继续施肥，会引起根系腐烂。

园林用途 蝴蝶兰由于花大色艳，花形别致，花期又长，深受各国人民的喜爱。在欧美国家，蝴蝶兰已成为家庭和公共场所、室内装饰中最重要的切花和盆花，有时还常用于婚礼中新娘和傧相的捧花和襟花。

园林应用参考种植密度 4株×4株/m²。

	1		5	
	2			
	3		6	7
	4		8	

1.蝴蝶兰'月光'
2.蝴蝶兰'龙王'
3.蝴蝶兰'波尔卡多'
4.用蝴蝶兰布置热带雨林景观
5.蝴蝶兰'封面女郎'
6.蝴蝶兰'粉紫斑蝶'
7.蝴蝶兰'黄金豹'
8.蝴蝶兰用于室内景观布置

常见栽培品种

白色花系：'新糖''New Candy'，花瓣白色，有少许红脉纹，唇瓣深红色，喉部黄色，有红色条纹。'城市姑娘''City Girl'花萼、花瓣白色，唇瓣红色，喉部黄色，有红色条纹。'冬雪''Winter Snow'，花萼、花瓣白色，唇瓣白色，喉部黄色，有红色斑点。'阿利格里亚''Allegria'，花萼、花瓣白色，唇瓣白色，喉部有红色条纹。

红色花系：'多丽丝''Doris'，花萼、花瓣粉红色，基部白色，唇瓣有紫红色条纹。'珊瑚岛''Coral Isles'花萼、花瓣质厚，深红色，唇瓣三角状，深红色。'槟榔小姐''Pinlong Lady'，花萼和花瓣深紫红色，边缘色较浅，唇瓣紫红色，喉部黄色，有紫红色条纹。'欢乐者''Happy Valentine'，花萼、花瓣紫红色，基部和边缘白色，唇瓣深红色。'新玛莉''New Mary'，花萼、花瓣紫红色，边缘浅色，唇瓣深红色，喉部黄色有紫红色斑点。

黄色花系：'金安曼''Golden Amboin'，花萼、花瓣黄色，有红色斑点，基部白色，唇瓣橙色，边缘白色。'月光''Moon Light'，花萼、花瓣淡黄色，有紫红色斑点，基部白色，唇瓣深红色。'黄后''Yellow Queen'，花萼、花瓣黄色，有红色斑点，呈横条状，基部白色，唇瓣黄色，尖端白色。

斑点花系：'塞赞''Seiza'，花萼、花瓣粉红色，密布深红色斑点，唇瓣深红色。'康斯坦斯''Constance'，花萼、花瓣白色，密布紫红色斑点，唇瓣白色，有红色斑点。'台南金星''Tainan Ggolden Star'，花萼、花瓣黄色，布满红色斑点，基部密集，愈向外愈稀疏，唇瓣红色，蕊柱白色。'夏威夷酋长''Hawaiian Chiefess'，花瓣淡粉色，密布紫红色斑点，唇瓣淡黄色，有紫红色斑点。

条纹花系：'法利德''Freed'，花萼、花瓣淡紫红色，有深紫红色脉纹，唇瓣深红色，喉部有脉纹。'富女''Fortune Girl'，花萼、花瓣白色，有深紫红色脉纹，唇瓣深红色。'幸运七''Lucky Seven'，花萼、花瓣淡黄色，有深红色脉纹，唇瓣深红色，蕊柱白色。

虎尾花
Veronica spicata
玄参科婆婆纳属

形态特征 多年生草本。株高30～60cm，株幅40～45cm。叶片长卵圆披针形至线形，具锯齿和毛，长8cm。总状花序，长30cm，花星状，蓝色。花期夏季。

分布习性 原产欧洲至土耳其、亚洲东部和中部。喜凉爽、湿润和阳光充足的环境，耐寒，耐热，怕水湿，耐半阴。生长适温15～18℃。冬季可耐－10℃低温。以肥沃、疏松、排水良好和含石灰质的沙质壤土为宜。

繁殖栽培 主要用分株和播种繁殖。秋季地上部枯萎后至春季萌芽前进行分株，将丛生状的根颈部分切成几丛，可直接地栽或盆栽，栽后浇透水。秋季播种，种子喜光，播后不需覆土，发芽温度18～24℃，约2～3周发芽，翌年开花。春季可剪取嫩枝扦插，夏季剪取顶端枝扦插。盆栽用口径20cm盆。盆土用培养土、腐叶土和粗沙的混合土。地栽时施足基肥，每3年分栽1次。生长期土壤保持湿润，若浇水过多，基部叶片易发黄、脱落。地栽雨后注意开沟排水。生长期每月施肥1次，用腐熟饼肥水，若氮肥过量，植株徒长，影响开花。花前增施磷钾肥1～2次。花后不留种，要及时剪去残花，促使新梢生长，形成新的花序，延长观赏期。

园林用途 虎尾花株形紧凑，花序美，色彩清雅，用它配置庭院的角隅、池畔或道旁，十分赏心悦目，给人以清爽舒适的感受。

园林应用参考种植密度 4株×4株/m^2。

常见栽培品种 '白冰柱''White Icicle'，株高50～60cm。花白色。'红狐狸''Red Fox'，株高30～40cm，株幅30～40cm。花深粉红色。'萨拉斑德舞''Saraband'，株高35～40cm。花蓝紫色。'舟子曲''Barcarolle'，株高25～30cm。花粉红色。

1	2
3	4
5	
6	

1.虎尾花'白冰柱'
2.虎尾花'萨拉斑德舞'
3.虎尾花'舟子曲'
4.虎尾花'红狐狸'
5.虎尾花与西洋滨菊组成的花境
6.虎尾花的丛植景观

黄菖蒲
Iris pseudacorus
鸢尾科鸢尾属

形态特征 多年生草本。根状茎肥粗。株高90～150cm，株幅20～30cm。叶基生，茂密，灰绿色，长剑形，长90cm。花茎与叶等长或稍低于叶，每个分枝茎着花4～12朵，花径7～10cm，花瓣黄色，具有褐色或紫色斑点，每个垂瓣上具深黄色带。蒴果长形，种子褐色。花期春末初夏。

分布习性 原产欧洲至高加索、西伯利亚、土耳其、伊朗、非洲北部。喜温暖、湿润和阳光充足环境，较耐寒，稍耐干旱和半阴。生长适温15～30℃，温度10℃以下则停止生长，冬季能耐–15℃低温。宜肥沃、浅水的黏质壤土。

繁殖栽培 主要用播种和分株繁殖。采种后即播，成苗率高。干藏种子播前用温水浸种半天，发芽适温18～24℃，播后3～4周发芽。实生苗2～3年开花。春、秋季进行分株繁殖，将根茎挖出，剪除老化根茎和须根，用利刀按4～5cm一段切开，注意不损伤顶芽，每段具2个顶生芽为宜。也可将根茎段暂栽湿沙中，待萌芽生根后移栽。盆栽前必须施足基肥，盆栽用口径30～40cm盆，每盆栽3～5株苗。盆土用培养土或园土。每2年分栽1次，起到繁殖更新作用。生长期盆土要保持湿润或盛有2～3cm浅水。水边或池边栽植，栽后要覆土压紧，以免水浪冲击或鱼类咬食，使种苗离土浮出，影响扎根成活。夏季高温期，应向叶面喷水。生长期施肥2～3次，用腐熟饼肥，或用卉友20-20-20通用肥。不留种，花谢后及时剪除，冬季叶枯后及时清理。

园林用途 是目前湿地景观中使用最普遍的鸢尾种类，配置池畔、溪边，其展示的水景更添诗情画意。瓶插点缀客厅，折射出初夏的丰饶和暮春的温馨。

园林应用参考种植密度 4丛×4丛/m²。

常见栽培品种 '白花'黄菖蒲'Alba'，花淡米色。'金毛'黄菖蒲'Golden Fleece'，花深黄色。'斑叶'黄菖蒲'Variegata'，叶片上具白色或黄白色条纹。巴斯黄菖蒲var. *bastardii*，花硫黄色。

1	1.黄菖蒲景观
2	2.黄菖蒲配植溪畔
3	3.黄菖蒲池边景观
4	4.黄菖蒲与灌木、太湖石等配置的景点

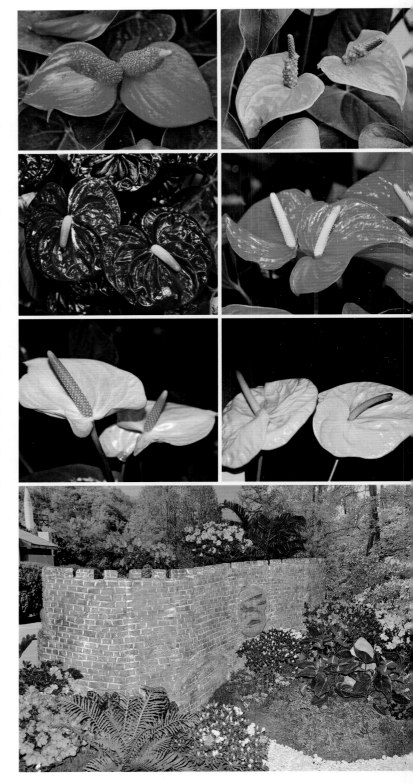

花 烛
Anthurium andraeanum
天南星科花烛属

形态特征 多年生草本。株高50～60cm，株幅20～30cm。叶卵圆形，边缘反卷，深绿色。佛焰苞卵圆形至心形，鲜红色，肉穗花序橙红色，圆柱形。其栽培品种的花朵更加丰富多彩，佛焰苞有粉红、白、绿、咖啡、褐红、双色等。肉穗花序有白、绿、粉红、褐红、淡紫和双色等。花期全年。

分布习性 原产哥伦比亚、厄瓜多尔。喜高温、多湿和半阴环境。不耐寒，生长适温为20～30℃，冬季温度不低于15℃，低于15℃则形成不了佛焰苞，13℃以下出现冻害。对水分比较敏感，尤其是空气湿度，以80%～90%最为适宜。花烛虽宜半阴环境，但长期生长在遮阴度大的情况下，植株偏高，叶柄伸长，花朵色彩差，缺乏光泽。土壤必须排水好、透气性强和肥沃疏松的腐叶土为好。

繁殖栽培 种子较大，采种后在室内盆播，发芽适温为24～27℃，播后20～25天发芽，种苗盆栽品种需培育16～18个月开花。切花品种需培育20～22个月才能开花。春季可选择3片叶以上的子株，从母株上连茎带根切割下来，用水苔包扎移栽于盆内，约20～30天萌发新根后，定植于15～20cm盆。春夏季剪取带1～2个茎节、有3～4片叶的作插穗，插入水苔中，待生根后盆栽。盆栽花烛选用15～25cm盆。盆土用泥炭土、腐叶土、水苔、树皮颗粒等混合基质。生长期应多浇水，并经常向叶面和地面喷水，保持较高空气湿度，对茎叶生长和开花均

1	2	8	9
3	4	10	
5	6	11	
7			

1.花烛'奥尔蒂莫'
2.花烛'波拉里斯'
3.花烛'奥塔佐'
4.花烛'费斯卡'
5.花烛'马歇尔'
6.花烛'阿克罗波利斯'
7.花烛用于室内景点布置
8.花烛用于室内壁饰
9.花烛用于组合盆栽观赏
10.花烛与热带兰组成的景点
11.花烛用于室内造景

十分有利。肥料可用卉友20-8-20四季用高硝酸钾肥，每半月施肥1次。遇强光时适当遮阳，大部分时间还需明亮光照，这样有利于生长和开花。一般定植后9～12个月开花，如在高温、高湿条件下，可开花不断。每2年换盆1次。常见炭疽病、叶斑病和花序腐烂病危害，发病初期用75%百菌清可湿性粉剂700倍液喷洒。虫害有介壳虫和红蜘蛛危害，发生时分别用40%速扑杀乳油1500倍液和5%噻螨酮乳油1500倍液喷杀。

园林用途　盆栽摆放客厅和窗台，显得异常瑰丽和华贵。用它点缀橱窗、茶室和大堂，格外娇媚动人。花烛也是优质的插花材料，红色的花烛，鲜红亮丽，充满生气，白色的花烛有梦幻般的美感，绿色的花烛，表现出对大自然的向往。

园林应用参考种植密度　4盆×4盆/m²。

常见栽培品种　'阿克罗波利斯''Acropolis'，花中等，花白色。'奥尔蒂莫''Altimo'，花中等，花红色。'奥塔佐''Otazu'，花中等，深棕色。'波拉里斯''Polaris'，花小，绿色。'费斯卡''Feska'，深粉色。'马歇尔''Marshall'，花中等，浅粉色。

黄帝菊
Melampodium paludosum
菊科美兰菊属

形态特征 一、二年生草本。株高20～50cm，株幅30～50cm。叶片对生，宽披针形或长卵形，边缘有锯齿，浅绿色。头状花序顶生，花小，舌状花金黄色，管状花黄褐色。花期春季至秋季。

分布习性 原产中美洲。喜温暖、湿润和阳光充足环境。不耐寒，耐热，耐干旱，适应性强和怕水淹，稍耐阴。生长适温为15～25℃，冬季温度低于5℃，茎叶受冻枯萎。宜肥沃、疏松和排水良好的沙质壤土。

繁殖栽培 播种繁殖，种子嫌光，发芽适温19～24℃，播后7～10天发芽，从播种至开花需9～10周。盆栽用12～15cm盆，自然分枝性好，一般不需要摘心。如果水肥充足，植株生长茂盛，开花不断。若植株生长过高或盛花期后，可将植株剪去1/3，同时，保证水肥的供给，有助于继续生长和开花。

园林用途 黄帝菊茎叶密集，花小雅致，花期特长，适合公园、风景区的花坛、花境配植，花时景观十分诱人。盆栽点缀阳台、窗台、台阶，也十分抢眼。

园林应用参考种植密度 3株×3株/m²。

常见栽培品种 '德贝赛马会''Derby'，株型整齐，花大，花径3.5cm，金黄色。'天星''Showstar'，花朵星型，黄色。'金百万''Million Gold'，矮生种，花型似雏菊，金黄色。

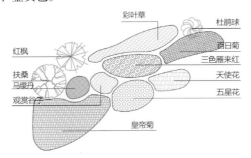

黄帝菊配置景观平面图

1	2
3	
4	

1.黄帝菊
2.黄帝菊用于栽植箱布置
3.黄帝菊与金薯藤组景
4.黄帝菊用于景观布置

火炬花

Kniphofia uvaria

百合科火炬花属

形态特征 多年生草本。株高1～1.2m，株幅50～60cm。叶丛生，宽线形，灰绿色。总状花序，顶生，有小花130～250朵，圆筒形，顶部深红色，下部花黄色。花期春末至初夏。

分布习性 原产南非。喜温暖、稍湿润和阳光充足环境。较耐寒，生长适温为15～25℃，冬季能耐−15℃低温，在长江流域地区，冬季叶片稍变红，保持常绿。对光照反应敏感，尤以花茎向光性强，容易发生弯曲现象。也耐半阴。土壤以肥沃、排水良好的沙质壤土为宜。

繁殖栽培 在春季新叶萌芽前或夏季花后进行分株繁殖。分株时要求每个子株应有3个芽，多留须根。一般3～4年分株1次。种子采收后应立即播种，发芽适温18～21℃，播后3～4周发芽。播种苗需培育2～3年才能开花。火炬花在庭园中栽培，应施足基肥。播种苗具2～3片叶时移栽，栽后及时浇水。春、夏季生长旺盛期每月施肥1次，可用卉友20-20-20通用肥。开花前和夏季高温干旱时，要浇透水，保持土壤湿润。花后减少浇水，不留种应剪除花茎，减少养分消耗，促进根茎养分积累。如要采收种子，应进行人工授粉。秋季切忌对植株进行修剪，否则剪口造成伤流，降低植株耐寒力。冬季严寒地区可用干草或培养土稍加覆盖或培土，以防冻害。有时锈病危害叶片和花茎，发病初期用25%三唑酮可湿性粉剂1500倍液喷洒。虫害有红蜘蛛危害叶片，发生时可用40%氧化乐果乳油1500倍液喷杀。

园林用途 植株挺拔、花序烛状、花色鲜艳的火炬花丛植或片植小庭园，形成高低错落，层次清晰的自然景观，具有强烈的新鲜感。也宜数丛植于道旁、池边或草坪，花时，漫步欣赏，乐在其中。火炬花由于花茎长，花色丰富，用于居室插花观赏，充满热情和温馨。

园林应用参考种植密度 2株×2株/m²。

常见栽培品种 佛拉门科舞（Flamenco）系列，株高70～80cm。花色有橙红、黄等。'交通灯''Traffic Lights'，株高40～45cm。花红、绿双色。还有花黄色的'报春美'，橙黄色的'春日'，珊瑚红色的'直主'，橙红色的'诺比利斯'、'菲特齐里'和花初时乳白色，后转绿色的'翡翠'等。

1	2	3
	4	
	5	

1.火炬花'交通灯'

2、3.火炬花佛拉门科舞系列

4.火炬花的丛植景观

5.火炬花在庭院中布置

剪夏罗
Lychnis coronata
石竹科剪秋罗属

形态特征 多年生草本。株高50～60cm，株幅30cm。叶片披针形至椭圆形，中绿色。聚伞花序，顶生，数朵成簇，花瓣深裂，浅橙红色。花期夏季和初秋。

分布习性 原产日本。喜凉爽、干燥和阳光充足环境。较耐寒，耐半阴。生长适温16～25℃，冬季能耐 –10℃低温。宜肥沃、疏松、排水良好的含石灰质的沙质壤土。

繁殖栽培 采种后即播或春、秋季播种，种子喜光，播后不需覆土，发芽适温21～24℃，播后10～20天发芽。秋播，翌年5月开花，春播者夏季开花，从播种至开花需8～10周。早春或秋季进行分株，以秋季花后进行最好，一般每隔2～3年分株1次。盆栽用口径15～20cm盆。盆土用腐叶土、培养土和粗沙的混合土。栽植后浇透水。生长期每周浇水1次，盆土保持稍干燥；夏季遇高温时，及时浇水，但不能过量。生长期每半月施肥1次，用腐熟饼肥水，花前增施磷钾肥1次，或用卉友20–20–20通用肥。播种苗待5～6片真叶时间苗1次，当7～8片真叶时进行摘心，促使花枝增多。花后剪除残花，能出现二次开花。

园林用途 春末夏初开于花卉淡季之中，十分醒目、诱人。用它配置多年生混合花境或点缀林下、岩石园中，特别温馨和谐。盆栽或切花摆放小庭园或居室，更觉清雅秀丽。

园林应用参考种植密度 4株×4株/m²。

常见栽培品种 大花剪秋罗*Lychnis fulgens*的品种‘红云’‘Red cloud’，株高40～45cm，株幅30～35cm。花星状，橙红色，花径3～4cm。

1	1.剪夏罗
2	2.剪夏罗丛植景观
3	3.大花剪秋罗‘红云’
4	4.大花剪秋罗丛植景观

接瓣兰
Zygopetalum spp.
兰科接瓣兰属

形态特征 多年生常绿草本。株高30～40cm，株幅30cm。叶片宽带形，革质，深绿色，长30～50cm。总状花序，着花5～10朵，花萼和花瓣褐色，有黄色条纹，唇瓣白色，布满紫红色条纹和斑点。花期秋季。

分布习性 栽培品种。喜高温、高湿和阳光充足环境。不耐寒，怕干旱和强光，耐半阴。宜肥沃、疏松和排水良好的腐叶土。适合于华南地区栽培。

繁殖栽培 花后分株。在长出新茎和萌发新芽时，要及时浇水，保持较高的空气湿度。当植株处在休眠期，适当减少浇水，保持一定湿度即可。遇强光时，注意遮阴，防止灼伤叶片。

园林用途 盆栽装饰门庭、客厅或阳台，叶色青翠，花色华丽，给人以热烈奔放和浪漫的情调。

园林应用参考种植密度 4株×4株/m²。

常见栽培品种 '基威·克拉西克''Kiwi Classic'，株高30～40cm，株幅25～30cm。花茎短，每个花序着花4～7朵，花大，花萼和花瓣黄绿色，有褐红色斑块，唇瓣白色，布满紫色条纹。'埃森登''Essendon'，株高35～40cm，株幅20～30cm。花茎短，每个花序着花4～6朵，花大，花萼和花瓣布满褐红色斑块，唇瓣白色，布满紫色条纹，喉部淡紫色。

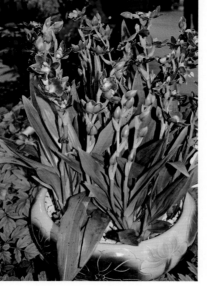

1	
2	
3	4

1.接瓣兰'基威·克拉西克'
2.杂种接瓣兰'埃森登'
3.接瓣兰
4.接瓣兰盆栽观赏

金光菊
Rudbeckia hirta
菊科金光菊属

形态特征 多年生草本。株高30～90cm，株幅30～45cm。基生叶卵圆形至菱形，具浅锯齿，茎生叶窄卵圆形至披针形，中绿色。头状花序，单生顶端，舌状花金黄色，管状花深褐紫色。花期夏季至初秋。

分布习性 原产美国中部。喜凉爽、湿润和阳光充足环境。耐寒，不耐阴，耐干旱。生长适温为15～25℃，冬季能耐-15℃低温。宜肥沃、疏松和排水良好的沙质壤土。适合于黄河流域以南地区栽培。

繁殖栽培 早春播种，采用室内盆播，发芽适温16～18℃，播后1～2周发芽。种子有自播繁衍能力。分株在秋季地上部枯萎后或春季萌芽前进行，将地下宿根挖出，可直接分栽。一般每隔2～3年分株1次。盆栽用口径25～30cm盆。盆土用腐叶土或泥炭土、培养土和粗沙的混合土。苗高5～6cm时间苗1次，苗高10～12cm时可定植或盆栽。生长期保持土壤湿润，梅雨季节雨后注意排水，严防积水。生长期每2周施肥1次，用腐熟饼肥水，夏秋花期增施1～2次磷钾肥。苗高10cm时进行摘心，促使分枝，或用B9液喷洒，压低株型。花谢后需从底下整枝剪除，促使新的花蕾产生，继续开花。

园林用途 宜片植风景区或疏林边，盛花时其景观异常壮丽。数枝瓶插摆放窗台、镜台或楼梯转角处，也十分潇洒、耐看。

园林应用参考种植密度 3株×3株/m²。

常见栽培品种 ‘草原阳光’‘Prairie Sun’，株高70～80cm，株幅40～50cm。单瓣，大花，花金黄色，花心绿色。抗性强，耐干旱。适用于花坛、花境。‘丹佛黛丝’‘Denver Daisy’，株高50～70cm，株幅30～45cm。花黄色，花基部和花心红褐色。耐热，生长快，夏季播后12～14周开花。‘金曲’‘Goldsturm’，株高60～70cm，株幅40～50cm。单瓣，大花，花金黄色，花心黑色。植株挺拔，耐干旱。适用于花境布置。‘秋色’‘Autumn Colors’，株高50～60cm，株幅40～45cm。花红色环状纹，花心红褐色和黄色花边，花径12cm。适用于花坛布置。‘都都乡村’‘Toto Rustic’，株高25～30cm，株幅25～30cm。花单瓣，褐红色，边缘金黄色，花心黑色。植株矮生，紧密，早花种。‘响音’‘Sonora’，株高45～50cm，株幅40～45cm。花黄色，花基部和花心红褐色，花径12～15cm。从播种至开花需12～15周。‘科洛娜’‘Corona’，株高45～50cm，株幅40～45cm。花黄色，花径10～12cm。从播种至开花需12～15周。

1	2	11	12
3	4		
5	6	13	
7	8		
9	10		

1.金光菊‘响音’
2.金光菊‘丹佛黛丝’
3.金光菊‘草原阳光’
4.金光菊‘落日’
5.金光菊‘科洛娜’
6.金光菊‘果酱’
7.金光菊‘金色风暴’
8.金光菊‘都都乡村’
9.金光菊‘秋色’
10.自然散植金光菊，形成丰富的视觉效果
11.散植于路旁，丰富了道路空间意境
12.金光菊用于布置阶梯花坛
13.步道一侧自然栽植金光菊

金鸟蝎尾蕉
Heliconia rostrata
芭蕉科蝎尾蕉属

形态特征　多年生草本。株高1～6m，株幅不限定。叶似香蕉，卵状长圆形，墨绿色。穗状花序，下垂，有红色苞片4～35枚，船形，分成两列，顶端黄绿色，边缘绿色，花有淡黄色萼片。花期春季至夏季。

分布习性　原产厄瓜多尔、秘鲁。喜温暖、湿润和阳光充足环境。不耐寒，生长适温为18～27℃，冬季适温不低于10℃，否则叶片变小，花茎短缩，甚至受冻。夏季温度不超过35℃。对光照十分敏感，夏季强光暴晒时应适当遮阴，若光照不足，影响其生长和开花数，每天以12小时光照为好。喜湿润，尤其夏季高温期必须充分补充水分，有利于叶片生长和花茎形成。冬季低温，水分过多会烂根。金鸟蝎尾蕉根系发达，土壤要求土层深厚、疏松肥沃、排水良好的微酸性壤土。

繁殖栽培　金鸟蝎尾蕉种子较大，播种前用温水（40℃）浸种3～4天，播种采用点播，覆土1～1.5cm，发芽适温19～24℃，播后25～30天发芽，实生苗需培育4～5年才能开花。母株每3～4年分株1次，以春、夏季为宜，挖出根茎，切开根茎时，切口要小而平整，每段茎带有3～4个生长点，栽植时叶丛必须露出地面。栽植前，挖深穴（40cm以上），施足基肥，栽植后将松土踩紧，浇透水，如果叶片过多，需适当剪除部分。盆栽用口径30～40cm盆，底层多垫瓦片，以利排水。盆土用腐叶土、肥沃园土和粗沙的混合土。生长期土壤保持湿润，但不能积水，雨后注意排水。夏季干旱和花期应勤浇水，适当遮阴，并经常喷水。生长期每月施肥1次，用腐熟的饼肥水，花茎抽出时，加施磷钾肥2次。花谢后切除花茎，冬季剪除枯叶、断叶和撕裂的叶片。

园林用途　丛植公园、风景区的道旁，草坪边缘或小庭园的墙前、池旁。花时，成串的花序新奇、有趣引人注目。盆栽或切花装饰，同样充满热情、温馨之感。

园林应用参考种植密度　1株/m²。

金鸟蝎尾蕉

金叶紫露草
Tradescantia Andersoniana Group 'Variegata'
鸭跖草科紫露草属

形态特征 多年生草本。丛生。株高30～40cm，株幅40～45cm。叶窄，披针形，黄绿色至金黄色，长15～20cm。顶生聚伞花序，花深蓝色，径2.5～4cm。花期初夏至初秋。

分布习性 栽培品种。喜凉爽、湿润和阳光充足环境。耐寒，耐半阴，耐干旱。生长适温为15～25℃，冬季能耐–15℃低温。宜肥沃、疏松和排水良好的沙质壤土。适合于黄河流域以南地区栽培。

繁殖栽培 扦插全年均可进行，以春、秋季为好。剪取有3个节的茎段或叶腋间长出的嫩芽，插后1～2周生根。秋季或春季进行分株繁殖。生长过程中土壤保持湿润，但不能积水或干裂。每月施肥1次，用稀释液肥，不能触及茎叶。多摘心，促使多分枝，以控制株形，多开花。

园林用途 金色的茎叶和蓝色的花朵十分醒目，适用布置花坛、花境、道旁、水岸、草坪，也可用于林下作地被植物。

园林应用参考种植密度 5丛×5丛/m^2。

1
2

1.金叶紫露草
2.金叶紫露草配置的道旁景观

菊 花
Dendranthema × morifolium
菊科菊属

形态特征 多年生草本。株高1.2~1.5 m，株幅65~100cm。叶卵形或广披针形，深绿色。头状花序，顶生或腋生，常分平瓣、匙瓣、管瓣、桂瓣和畸瓣，花有黄、白、绿、紫、红、粉、双色等。花期秋末。

分布习性 原产中国。喜湿润和阳光充足环境。耐寒，怕高温，生长适温18~22℃，地下根茎能耐-10℃低温。白天温度20℃，夜间15℃时有利于花芽分化，盛花期以13~15℃最好。菊花根系发达，茎叶茂盛，花朵硕大，水分蒸发量大，注意供水，但盆土过湿或积水，会引起根部腐烂和茎叶凋萎。菊花为短日照花卉，每天14小时光照有利于茎叶的营养生长，每天12小时以上黑暗和夜间温度在10℃时，有利于花芽发育和开花。土壤要求疏松、肥沃和排水良好的微酸性沙质壤土。

繁殖栽培 春季取越冬植株基部萌发的顶芽，长8~10cm，进行嫩枝扦插，插后15~20天生根，10天后可盆栽。艺菊或立菊栽培，春季取黄花蒿或青蒿作砧木，用嫁接繁殖，成活率高。5~6月菊苗定植盆内，常用12~16cm盆，盆栽用腐叶土或泥炭土、培养土和粗沙的混合土。生长期每半月施肥1次或用卉友12-0-44硝酸钾肥，苗高10cm摘心1次，促使分枝，待新芽长出后，施用0.5%B9液喷洒植株，每旬1次，前后喷2~3次，使菊花健壮矮化。花蕾形成后，每天用14小时黑暗处理，可提早开花。常见锈病、黑斑病、灰霉病危害茎叶，可用等量式波尔多液喷洒预防，发病初期用50%多菌灵可湿性粉剂1000倍液喷洒。虫害有蚜虫，发生时用10%吡虫啉可湿性粉剂1500倍液喷杀。

园林用途 用菊花点缀室内外、阶前、廊架，鲜艳雅致，显得春色常在。盆菊的花枝用于插瓶，制作花束或花篮，同样增添娇艳的光彩。摆放室内，有吸收苯的本领，可以减少苯的污染。

园林应用参考种植密度 2株×2株/m²。

1	2
3	4
5	
6	
7	

1.菊花'红球'
2.菊花'威娜'
3.菊花
4.菊花'紫托'
5.由菊花配置景点，引人注目
6.菊花用于配置景点
7.由大立菊和盆菊组成的广场景观

蓝眼菊
Osteospermum jucundum
菊科蓝眼菊属

形态特征 多年生草本。株高10～50cm，株幅50～90cm。叶宽，倒卵形至匙形，亮绿色。头状花序，舌状花深紫红，具白色条纹，花心蓝紫色。其栽培品种舌状花有白、乳白、黄、粉红、紫等色，有时两面出现不同的颜色。花期春末至秋季。

分布习性 原产南非。喜温暖、干燥和阳光充足环境。不耐严寒，怕高温。生长适温为12～25℃，冬季温度不低于5℃。幼苗怕霜冻。夏季需阴凉通风，如果高温多湿，植株难以越夏。蓝眼菊对水分敏感，耐干旱，但太干旱花朵易萎缩，水分过多，根部易受损，会产生落叶现象。土壤以肥沃、疏松和排水良好的沙质壤土为宜。

繁殖栽培 播种，秋季或早春采用室内盆播，播后覆浅土，发芽适温18～21℃，播后7～10天发芽。从播种至开花需4个月。播种实生苗容易分化，花形和花色变化大。扦插，夏末剪取半成熟枝条，长5～7cm，插入沙床，插后25～30天可生根，40天就可盆栽。盆栽用口径15～20cm盆，每盆栽3株苗。盆土用肥沃园土、泥炭土和粗沙的混合土。生长期做到"宁干勿湿"、"干后浇透"的原则，盆土保持稍湿润，高温季节，植株进入半休眠状态，浇水稍减少，适当向叶面喷水。生长期每月施肥1次，用腐熟饼肥水，花期增施1次磷、钾肥，或用卉友15-15-30盆花专用肥，花后宜剪除残花和花茎，促使萌发新花茎能再次开花。

园林用途 色彩斑斓的蓝眼菊常用于花坛、自然式花境和庭园布置，呈现出浓厚的田园风情。盆栽摆放窗台和阳台，显得清丽典雅，颇为悦目。

园林应用参考种植密度 2株×2株/m²。

常见栽培品种 激情（Passion）系列，株高25～30cm，株幅25～30cm。花单瓣，有玫红、深蓝、白、红等色，花径5cm。分枝多，花朵密，株型矮，花期长，耐干旱。信风（Tradewinds）系列，株高25～30cm，株幅25～30cm。花单瓣，有淡紫、深紫、白、红、粉、紫双色等。'风轮''Whirling'，株高50～60cm，株幅50～60cm。花单瓣，匙形，似风轮，白色，花心蓝色，花径5～8cm。

1	2
3	4
5	
6	

1.蓝眼菊信风系列
2.蓝眼菊约会系列
3.蓝眼菊激情系列
4.蓝眼菊激情系列
5.蓝眼菊丛植的景观效果
6.蓝眼菊用于景观布置

丽格秋海棠
Begonia elatior
秋海棠科秋海棠属

形态特征 多年生草本。株高20～25cm，株幅18～20cm。茎直立，多汁，嫩脆，易折断。叶披针形，深绿色。花团簇状，通常4～8朵，有单瓣、半重瓣和重瓣，花色有粉红、黄、深红、桃红、橙、白等。有些花瓣边缘有缺刻。花期秋末至早春。

分布习性 杂交培育的栽培品种。喜温暖、湿润和半阴环境。不耐寒，怕高温，生长适温为15～20℃，超过25℃或低于12℃对生长不利，如果温度在32℃以上，易引起茎叶枯萎和花芽脱落。长时间在5℃低温下则易受冻害。对水分十分敏感，空气干燥或水分不足，会导致叶尖枯黄或落花、落叶、落蕾。若水分过多或空气湿度过大，常出现叶片变淡、黄化，甚至落叶，容易发生病害。要求水分适中，空气湿度稍低和良好通风。喜半阴，在强光下，叶片易灼伤，而光照不足，会引起叶片黄化或落叶。宜肥沃、疏松和排水良好的微酸性沙质壤土。

繁殖栽培 丽格秋海棠种子细小，常采用室内盆播，播后不必覆土，发芽适温为21℃，播后10～15天发芽，具2～3片真叶时就可移栽。初夏取嫩枝扦插，长10cm，除去基叶，干燥后插入沙床，约3周后生根。吊盆栽培用口径15～18cm盆，盆土用肥沃园土、腐叶土和粗沙的混合土。生长期每周浇水2～3次，保持盆土湿润，但不能积水，否则叶色变淡，导致茎部腐烂或发生线虫，如果空气干燥或水分不足，叶尖易发生枯黄和引起落蕾。生长期每半月施肥1次，用腐熟饼肥水，花蕾出现时可增施1～2次磷钾肥，或用卉友15-15-30盆花专用肥。夏季高温季节暂停施肥。花后不留种，及时摘除残花，有助于新花朵开放。

园林用途 盛开的丽格秋海棠，花团锦簇，绚丽夺目，用它悬挂门厅中的廊柱，具有典雅、高贵的格调，给人以温馨、舒适的感受。

园林应用参考种植密度 5株×5株/m²。

常见栽培品种 尼克斯（Nicks）系列，株高20～25cm，株幅18～20cm。花色有白、黄、橙、深橙等，花径4cm。另外，还有粉红重瓣的'阿佑塔斯'、深红重瓣的'巴科斯'、黄色半重瓣的'富塔'、粉红半重瓣的'克莱奥'和黄色半重瓣的'黄色旋律'等品种。

1	2
3	4
5	
6	

1、2、3、4.丽格秋海棠尼克斯系列
5.丽格秋海棠与块石配景
6.丽格秋海棠用于室内景观布置

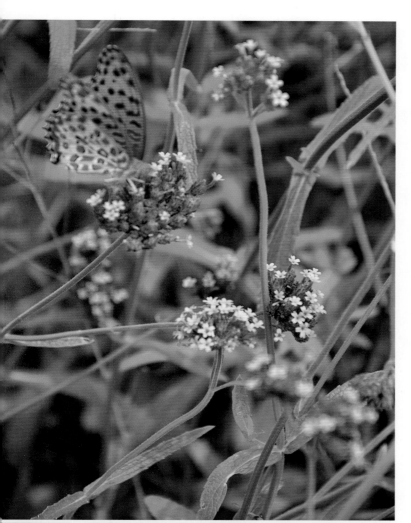

柳叶马鞭草
Verbena bonariensis
马鞭草科马鞭草属

形态特征　多年生草本。株高1.5～2m，株幅40～45cm。茎多分枝。叶长圆状披针形，具皱折而抱茎，长13cm。似圆锥花序的伞形花序，花序径有5cm，小花蓝紫色，径6mm。花期夏季至秋季。

分布习性　原产南美的巴西至阿根廷。喜温暖、湿润和阳光充足环境。不耐严寒，怕干旱，忌积水。生长适温10～25℃，冬季能耐－5℃低温。宜肥沃、疏松和排水良好的土壤。适合长江流域地区栽培。

繁殖栽培　播种在秋季或早春进行，发芽适温18～21℃，播后不覆土，7～10天发芽。从播种出苗至开花的生长周期需12～14周。春季可用分株繁殖。生长期土壤保持湿润，有利于苗株生长，成苗后耐旱性加强，如气温高时，应充分浇水，平时浇水要适度。生长期每月施肥1次，用腐熟饼肥水。生长过程中，出现花枝过长应适当修剪，控制株形。

园林用途　用它布置广场周围、草坪边缘、空旷坡地，清新悦目，花时，招蜂引蝶，充满自然和谐的气氛。

园林应用参考种植密度　3株×3株/m²。

1
2

1.柳叶马鞭草与斐豹蛱蝶
2.柳叶马鞭草用于庭院中散植

耧斗菜
Aquilegia vulgaris
毛茛科耧斗菜属

形态特征　多年生草本。株高60～90cm，株幅40～45cm。叶基生及茎生，叶端裂片阔楔形，中绿色。花下垂，萼片5枚，如花瓣状，花瓣5枚，卵形，花色有蓝、粉红、白、深紫等。花期春末夏初。

分布习性　原产欧洲。喜凉爽、湿润和半阴环境。耐寒，怕高温、干旱和强光暴晒。生长适温为15～20℃，冬季能耐－20～－15℃低温，若温度超过25℃，生长缓慢，30℃以上高温，茎叶出现枯萎。耧斗菜对水分比较敏感，茎叶生长期需土壤湿润，土壤干裂或积水时，植株很快出现萎蔫或死亡。宜较高的空气湿度。耧斗菜属半阴性花卉，夏季必须遮阳，避开强光直晒。土壤选择疏松、富含腐殖质和排水良好的沙质壤土。

繁殖栽培　春、秋季均可用播种繁殖，以秋播为好，发芽适温为16～21℃，播后20～60天发芽，发芽不整齐，温度过高则不发芽，播种苗第二年开花。一般从播种至开花需7～10个月。春、秋季可用分株繁殖，以秋季进行为好。选栽培2～3年的母株，掰开分栽即可。耧斗菜播种苗经1次移植后，苗高8～10cm定植于10～12cm盆。盆栽土用腐叶土、粗沙和培养土等量的混合土。生长期每半月施肥1次或用卉友15-15-30盆花专用肥，花前增施磷钾肥1次。夏季高温期注意遮阳。植株较高的品种，应设支撑物，防止花枝折断或倒伏。栽培3年以上的植株，生长势明显下降，秋季结合分株进行复壮。土壤湿度过大，易发生根腐病危害，栽植前土壤必须高温消毒，生长期用波尔多液喷洒预防。花蕾期易遭蚜虫危害，发生时用50%灭蚜松乳油1000倍液喷杀。

1	2	3	8
	4	5	9
6		7	10

1、3.耧斗菜巴洛系列
2、4、5.耧斗菜天鹅系列
6、7.耧斗菜高塔系列
8.耧斗菜与三色堇、蓝眼菊组成花境
9.耧斗菜用于室内配景
10.耧斗菜与毛地黄、羽扇豆等组成花境

园林用途 耧斗菜叶、花俱美，用它布置花坛、花境或点缀林缘隙地，景观十分活泼高雅，具有浓厚的欧式风格。耧斗菜也是极好的盆栽和切花材料，尤其是双色、重瓣品种，盆栽装饰居室十分典雅豪华。切花用于瓶插，制作花束或花篮，瑰丽多姿。

园林应用参考种植密度 3株×3株/m²。

常见栽培品种 天鹅（Swan）系列，株高45~60cm，株幅30~35cm。花大，花色有粉红、白双色，红白双色，蓝白双色，白、黄等。分枝多，开花多，整齐。巴洛（Barlow）系列，株高70~80cm，株幅40~50cm。花色有黑、浅蓝、深蓝、白、玫红、粉红等。耐寒，开花多而密。高塔（Tower）系列，株高70~80cm，株幅40~50cm。花大重瓣，花色有白、粉红、淡蓝、深蓝等。耐寒，花多。音乐（Music）系列，株高45~50cm，花大，萼距长10cm，花色丰富，有花萼/花瓣为：红/金黄、粉红/白、蓝/白、白/淡黄等。大麦卡纳（Mckana Giant）系列，株高75~90cm，花大，萼距长10cm，花色有花萼/花瓣为：深红/黄、粉红/黄、白和淡黄等。星（Star）系列，株高50~60cm，花大，萼距长10cm，分株性好，耐热，早花。花色有红星Red Star和蓝星Blue Star，还有蓝色的'梅尔顿·拉比兹''Melton Rapids'、双色的'诺拉·巴洛''Nora Barlow'和全白的'白色阳光''Sunlight White'等重瓣品种。

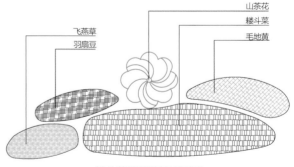

耧斗菜配置花境平面图

芦 莉 草
Ruellia brittoniana
爵床科芦莉草属

形态特征 多年生草本，株高25～40cm，株幅30～50cm。茎方形，有沟槽。叶对生，线状披针形，全缘或具疏锯齿，深绿色。花腋生，漏斗状，蓝紫色，也有白色和粉色。花期春至秋季。

分布习性 原产墨西哥，喜温暖、湿润和阳光充足环境。不耐寒，耐干旱和耐热，也耐半阴。生长适温为15～25℃，冬季温度不能低于10℃。以肥沃、疏松和排水良好的沙质壤土为宜。

繁殖栽培 播种以春播为好，发芽适温19～24℃，成熟种子落地能发芽生长。春季或初夏用嫩枝扦插，扦插适温为25℃，扦插繁殖有一定难度。常用15～20cm盆。每盆栽1～3株，盆栽用肥沃园土、腐叶土和沙的混合土。生长期土壤保持稍湿润，不能让盆土完全干燥，生长期每2～3天浇水1次，其他时间稍干燥一些。生长期每月施肥1次，用腐熟饼肥水。花期增施1～2次磷钾肥。每年春季换盆。

园林用途 芦莉草适合庭院墙际、角隅、水边、山石等处配植，花时，蓝色花朵十分诱人，凸显出清新幽雅的氛围。也适用于多年生花境和大型盆栽观赏，同样高雅迷人。

园林应用参考种植密度 4株×4株/m²。

常见栽培品种 南国星（Southern Star）系列，花色有蓝、白和粉红等。

1	2
3	
4	
5	

1.芦莉草
2.芦莉草用于庭院布置
3.芦莉草丛植景观
4.芦莉草用于坡地观赏
5.芦莉草用于路边丛植

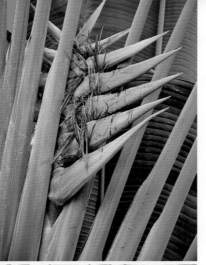

旅 人 蕉
Ravenala madagascariensis
芭蕉科旅人蕉属

形态特征 多年生常绿草本。株高10～16m，株幅3～6m。茎干直立，不分枝。叶片长椭圆形，长2～4m，具长柄长2～4m，呈两列整齐着生于茎顶，深绿色。总苞船形，白色。花期夏季。

分布习性 原产非洲马达加斯加。喜温暖、湿润和阳光充足环境。不耐寒，怕干燥和强光。生长适温22～32℃，冬季温度不能低于10℃。宜肥沃、疏松和排水良好的沙质壤土。

繁殖栽培 常用播种和分株繁殖，春季播种，发芽适温20～22℃，播后10～15天发芽。春季将带根的吸芽进行分株繁殖。栽植前要施足基肥，生长期土壤保持湿润，切忌种植风口，造成叶片撕裂，影响观赏价值。生长期每月施肥1次，植株出现歪倒时要及时扶正。

园林用途 旅人蕉株型高大、美观，是重要的景观植物，适合室内外配置景观，展示出浓厚的热带气氛。

园林应用参考种植密度 1株×1株/m²。

1	2
3	

1.旅人蕉景观
2.旅人蕉开花
3.旅人蕉丛植景观，单株亦可成景

马薄荷
Monarda didyma
唇形科美国薄荷属

形态特征　多年生草本。株高70～90cm，株幅30～45cm。叶对生，质薄，卵圆至卵圆披针形，中绿色，有浓郁的薄荷味。头状花序，簇生茎顶或腋生，苞片红色，花有鲜红、粉红、淡紫、白等色。花期夏季。

分布习性　原产北美东部。喜凉爽、湿润和阳光充足环境。耐寒性强，生长适温为15～25℃，冬季能耐−15℃低温，耐干旱、忌积水、不耐阴、耐瘠薄。土壤以土层深厚、肥沃、富含有机质和排水良好的沙质壤土为宜。

繁殖栽培　播种在春、秋季进行，种子无休眠现象，以新鲜种子为好。发芽适温21～24℃，播后10～21天发芽，发芽率高。播种至开花需4个月。扦插，春季取根扦插，夏季用嫩枝扦插，剪取长5～8cm，插入沙床，约2周生根。分株以春季萌芽前或秋季地上部枯萎后进行。将根部切开分栽，成活率高，一般每隔3～4年分株1次。盆栽常用15～20cm盆，盆栽用肥沃园土、腐叶土和沙的混合土。苗高10～12cm时摘心1次，压低株型，促使多分枝。生长期充分浇水，保持土壤湿润，每半月施肥1次，花前增施磷钾肥1次，或用卉友20-20-20通用肥。盛夏高温季节应适当遮阴，并注意通风。花后适当修剪整形。冬季至早春进行培土护根。栽培2～3年株丛生长过密，影响生长和开花，需分株更新。常有叶斑病和锈病危害，发病初期分别用75%百菌清可湿性粉剂800倍液和15%三唑酮可湿性粉剂500倍液喷洒。虫害有夜蛾，发生时可用90%晶体敌百虫1500倍液喷杀。

园林用途　马薄荷株丛繁茂，花色鲜艳雅致，花形奇特，用它丛植于路旁、花境或水池边，景致十分自然流畅，富有韵味。马薄荷的矮生品种盆栽点缀居室窗台或阳台；高茎品种是色、姿、香俱全的切花材料，可用瓶插装饰室内，清雅秀丽，使人精神焕发。还可用于制作节庆花环和优雅花篮。

园林应用参考种植密度　3株×3株/m²。

常见栽培品种　全景（Panorama）系列，株高70～80cm，株幅30～45cm。花色有淡紫、紫红、粉红、橙红、红等。耐寒，适合花境、坡地布置。

1	2
3	
4	

1.马薄荷全景系列
2.马薄荷全景系列
3.马薄荷丛植景观
4.马薄荷在庭院中种植

马利筋
Asclepias curassavica
萝藦科马利筋属

形态特征 多年生草本。株高80～100cm，株幅50～60cm。单叶对生或三叶轮生，披针形或椭圆状披针形，中绿色，长15cm。伞形花序腋生或接近顶生，径5～10cm，花红色或橙红色，有时黄色或白色，副花冠橙黄色。花期夏季至秋季。

分布习性 原产南美洲。喜温暖、湿润和阳光充足环境。不耐寒，耐干旱，不耐阴，忌积水，耐瘠薄土壤。生长适温22～28℃，冬季温度不低于7℃。宜肥沃、疏松和排水良好的沙质壤土。

繁殖栽培 春季在室内盆播，发芽适温16～18℃，播后1～2周发芽，从播种至开花需8～10周。春季剪取嫩枝扦插，插后10～14天生根。春季也可用分株繁殖。盆栽用口径15～20cm盆，每盆栽1～3株苗。盆土用肥沃园土、泥炭土和粗沙的混合土。生长期可充分浇水，盆土保持湿润，掌握"干则浇透"的原则。宜在清晨浇水，盆内切忌过湿或积水。花后减少浇水，冬季尽量保持干燥。生长期每5～6周施肥1次，用腐熟饼肥水，花前增施磷钾肥1次，或用15-15-30盆花专用肥。播种苗高12cm时摘心，促使分枝。花谢后应距地面12～15cm处剪短，促使萌发新花枝，继续开花。当栽培2～3年，植株生长势减弱时，进行重剪或分株更新。

园林用途 其花冠形如莲花，金色的副冠又像桂花，很有特色。用它布置道旁、角隅或池边，花时引来蝴蝶飞舞的佳景。盆栽点缀阳台或台阶，增添自然风趣和诗情画意。

园林应用参考种植密度 2株×2株/m²。

1	2
3	

1.马利筋
2.马利筋的果和种子
3.马利筋丛植景观

蔓性天竺葵
Pelargonium peltatum
牻牛儿苗科天竺葵属

形态特征 蔓生藤本状草本。株高25～50cm，株幅25～30cm。叶片厚革质，盾形，全缘，深绿色。伞形花序，花碟形，单瓣，有长花柄，花色深红、粉红、白等。花期全年。

分布习性 原产非洲南部。喜温暖、湿润和阳光充足环境。不耐寒，忌水湿和高温，怕强光和光照不足。生长适温为10～25℃，冬季温度不低于5℃，16℃有利于花芽分化。宜肥沃、疏松和排水良好的沙质壤土。适合于西南地区栽培。

繁殖栽培 早春播种，发芽适温13～18℃。春季、夏末和初秋取嫩枝扦插。吊盆栽培用口径20～30cm盆，20cm盆每盆栽苗1株，30cm盆每盆栽苗3株。盆土用肥沃园土、腐叶土或泥炭土和蛭石的混合土。生长期保持盆土湿润，盛夏高温时，严格控制浇水，否则盆土过湿，叶片常发黄脱落。植株进入半休眠状态时，浇水量减少，掌握"干则浇"的原则。生长期每半月施肥1次，但氮素肥不宜施用太多，茎叶过于繁茂，应停止施肥，并适当摘去部分叶片，有利于开花。花芽形成期，每半月加施1次磷肥，或用卉友15-15-30盆花专用肥。花谢后应立即摘去花枝，以免消耗养分，有利于新花枝的发育和开花。一般盆栽2～3年的老株需要重剪或重新扦插更新。

园林用途 在南方，沿墙或篱棚旁配植，可攀援而上，花时非常热闹醒目。摆放或悬挂窗台、阳台或走廊，全年开花不断，呈现出欣欣向荣的景象。用它装饰客厅、门厅或餐厅，呈现出花团锦簇、婀娜多姿的迷人风采。

园林应用参考种植密度 4株×4株/m²。

常见栽培品种 龙卷风（Tornado）系列，株高20～25cm，株幅20cm。分枝性好，花朵密集，花径10～12cm，花色有紫、白、洋红、粉红、玫红双色等。播种后20周植株可成型开花。夏日（Summer time）系列，株高30～40cm，花色有洋红、樱桃红、玫红、粉红和白等。早花种，节间短。霹雳舞（Breakaway）系列，株高10～20cm，分枝性好，花朵密集，花径13～15cm，花色有红色和橙红色。播种后20周植株可成型开花。激情（Sensation）系列，矮生种，株高10～12cm，分枝性好，开花多而密集，花梗长7～10cm，花色丰富，耐雨涝。夏雨（Summer Showers）系列，株高30～40cm，株幅30～40cm。开花多，花期早，花色有玫红—粉红、淡紫—蓝、白等，花球径10～12cm。播种至开花只需17周。

1		
2		
3	5	
4		
6		

1、2、3.蔓性天竺葵夏日系列
4.蔓性天竺葵龙卷风系列
5.蔓性天竺葵用于室内布置
6.蔓性天竺葵布置花境

棉毛水苏
Stachys byzantina
唇形科水苏属

形态特征 多年生常绿草本。株高40～45cm，株幅50～60cm。全株密被白毛。叶长圆状椭圆形至披针形，厚质，灰绿色，长10cm。穗状花序，花紫粉色，长1.5cm。花期初夏至初秋。

分布习性 原产高加索至伊朗。喜温暖、稍干燥和阳光充足环境。耐寒，耐干旱，不怕热，忌积水。生长适温15～25℃，冬季能耐－15℃低温。宜肥沃、疏松和排水良好的壤土。适合长江流域地区栽培。

繁殖栽培 播种，秋季或春季进行，发芽适温18～21℃，播后7～10天发芽。春季生长开始时可分株繁殖。初夏取嫩枝扦插繁殖。生长期土壤保持稍湿润，切忌过于潮湿或积水。每月施肥1次，肥水不能沾污茎叶，氮肥要控制。防止茎叶徒长。

园林用途 成片栽植布置花坛、花境或道旁、墙前，给人以浓厚的自然气息。也可点缀庭院的台阶、草坪、山石旁，同样清新优雅。

园林应用参考种植密度 3株×3株/m²。

1	2
3	

1.棉毛水苏
2.庭院中丛植的棉毛水苏
3.棉毛水苏丛植的景观效果

美女樱
Verbena hybrida
马鞭草科马鞭草属

形态特征 多年生草本。株高30～35cm，株幅30～50cm。叶片卵圆形至长圆形，具锯齿，中绿色至深绿色。穗状花序顶生，花筒状，有蓝、白、粉、红、黄、紫等色，花心具白眼。花期夏季至秋季。

分布习性 原种产南美的巴西、秘鲁、阿根廷、智利。喜温暖、湿润和阳光充足环境。不耐严寒，怕干旱，忌积水。生长适温5～25℃，冬季能耐－5℃低温。宜肥沃、疏松和排水良好的土壤。

繁殖栽培 播种，秋季或早春采用室内盆播，每克种子有400～450粒，发芽适温为18～21℃，播后不覆土，撒一薄层蛭石粉，既保温又透光，约2～3周发芽，4周后幼苗可移栽。扦插，夏末剪取半成熟的顶端枝作插条，长8～10cm，插入沙床，约2～3周生根，4周后可移栽上盆。盆栽用口径12～15cm盆，每盆栽3株苗，吊盆栽培用口径20～25cm盆，每盆栽苗5～7株，盆土用肥沃园土、腐叶土或泥炭土、河沙的混合土。生长期对水分比较敏感，怕干旱又忌积水，幼苗期盆土必须保持湿润，有利于幼苗生长，成苗后耐旱性加强，如气温高时，应充分浇水，平时浇水要适度。生长期每半月施肥1次，用腐熟饼肥水，或用卉友20-20-20通用肥。对分枝性强的品种不需摘心，对分枝性差的品种，在苗高10～12cm时，进行摘心，促使分枝。生长过程中，出现花枝过长应适当修剪，控制株型。

园林用途 美女樱的穗状花序，数十朵小花聚生在一起，犹如绣球，如用吊盆栽培，装饰向阳的窗台、阳台和走廊，摇曳多姿的蔓枝，鲜艳雅致的花团，极富情趣。若种植于窗前栽植槽、悬挂在明亮的厅堂柱饰，也十分清新悦目，充满自然和谐的气息。成群摆放公园入口处、广场花坛、街旁栽植槽、草坪边缘，清新悦目，充满自然和谐的气氛。

园林应用参考种植密度 2～3株×2～3株/m²。

常见栽培品种 拉纳（Lanai）系列，花色紫嵌、淡紫星、亮粉、紫眼、深粉、樱桃红、亮紫等。适合悬挂观赏。浪漫（Romance）系列，株高15～20cm，株幅20～30cm。花色有粉红、绯红、白、紫等。'乐华'‘Lehua’，株高15～20cm，株幅20～30cm。花色有紫白眼、红白眼、紫白眼、粉白眼、纯白、红、玫红等。植株矮生，花朵密集，花期长。

2	7
4	
5	8
6	

1.美女樱拉纳系列（淡紫星）　　5.美女樱'拉庞泽尔'（深蓝色）

2.美女樱浪漫系列（红色）　　　6.用美女樱布置的室内小景点

3.美女樱拉纳系列（紫嵌）　　　7.美女樱与月季、观赏草等配置的景观

4.美女樱'乐华'（紫白眼）　　　8.美女樱与矮牵牛、蓬蒿菊等组成的景点

蓬 蒿 菊
Chrysanthemum frutescens
菊科菊属

形态特征 多年生草本。株高30～80cm，株幅40～50cm。叶片互生，羽状细裂，灰绿色。头状花序顶生，花有单瓣和重瓣，花色有白、黄、粉红和桃红等。花期 冬季至春季。

分布习性 原产澳大利亚。喜温暖、湿润和阳光充足环境。耐寒，耐瘠薄，稍耐阴，怕高温。生长适温15～22℃，冬季温度不低于－10℃。以肥沃、疏松和排水良好的沙质壤土为宜。适合全国各地栽培。

繁殖栽培 秋季播种，采用室内盆播，播后不覆土，发芽适温16～18℃，约1～2周发芽。春季或秋季开花后，从新芽前端10cm处剪取插条，除去下部2片叶，放在清水中浸泡1小时，取出后插入沙床，插后2周生根。春、秋季可用分株繁殖。盆栽用口径10～15cm盆，每盆栽苗3株。盆土用腐叶土或泥炭土、肥沃园土和河沙的混合土。生长期需充分浇水，保持盆土湿润，浇水时忌直接冲淋花朵，这样花瓣上易出现斑点，严重时发霉腐烂。生长期每半月施肥1次，用腐熟饼肥水，花期增施2～3次磷钾肥。或用卉友20-20-20通用肥或15-15-30盆花专用肥。苗高10cm时摘心1～2次，促使分枝，形成丰满株态，多开花。花后及时摘除残花，有利于新花蕾形成，可再度开花。若生长势差，必须重剪。

园林用途 盆栽摆放窗台或阳台，使居室环境格外清新亮丽。花槽栽培或整片栽植于庭园、小游园或公园，其花海般的美景，令人难忘。

园林应用参考种植密度 2株×2株/m²。

1	2
3	4
5	
6	

1.粉花蓬蒿菊
2.重瓣蓬蒿菊
3、4.蓬蒿菊丛植景观
5.蓬蒿菊盆栽观赏
6.蓬蒿菊用于大型盆栽，作入口处绿饰

蒲苇
Cortaderia selloana
禾本科蒲苇属

形态特征 多年生常绿草本。植株高大，密集丛生。株高2.5～3m，株幅1.2～2m。叶片窄，具锋利边缘，向外弯曲，中绿色。圆锥花序，直立，羽状，银白色，长60cm，雌雄异株，雌花具长绢状毛。花期夏末。

分布习性 原产南美的温带地区。喜温暖、湿润和阳光充足环境。耐寒，生长适温15～25℃，冬季能耐-15℃低温，夏季耐热、干旱，持续时间过长，叶片易发生黄枯。土壤以肥沃、疏松和排水良好的沙质壤土为宜。

繁殖栽培 播种，早春采用室内盆播，播后覆浅土，发芽适温为13～18℃，播后25～28天发芽，苗期生长慢，当年8～9月定植室外或盆栽。分株春季进行，将密集的株丛挖出，掰开切断丛生根茎，每丛以10～15m²为宜，可直接地栽或盆栽。苗高20～25cm时可定植或盆栽，常用25～30cm盆，盆栽用肥沃园土、沙的混合土，加少量腐熟饼肥屑。生长期保持土壤湿润，每月施肥1次，可用腐熟饼肥水或卉友20-20-20通用肥。在阳光充足条件下，夏末从叶丛中抽出羽状花序，特别光彩照人，如果长期阴雨天气，要注意排水，同时花序暗淡无光。冬季对幼株的根颈培土保护，以免冻坏，冬末至翌年早春要剪除枯黄的茎叶。一般很少发生病虫害。

园林用途 蒲苇植株高大，密集丛生，夏末抽出银白色花序，十分耀眼。适用于花境、草坪边缘、向阳坡地、庭园墙角和房前屋后布置，其景观显得高雅、开朗、自然、充满生机。

园林应用参考种植密度 1株/m²。

常见种及栽培品种 '矮'蒲苇*Cortaderia selloana* 'Pumila'，株高1.2～1.5m，株幅80～100cm。叶中绿色，花序直立，银黄色羽毛状。'银色'蒲苇*Cortaderia selloana* 'Silver Comet'，株高1.5～2m，株幅1～1.5m。叶有白边，花序银白色羽毛状。生长慢。理查德蒲苇*Cortaderia richardii*，株高2～2.5m，株幅1.8～2m。叶浅绿色，长1.2m。花序银白色，长60cm。原产新西兰。

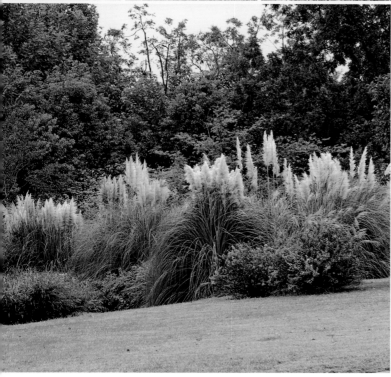

1	2	3
4	5	6
	7	

1.'银色'蒲苇
2.理查德蒲苇
3.蒲苇与雪松配植
4.'矮'蒲苇
5.蒲苇景观
6.蒲苇与观赏草组合
7.蒲苇用于草地边缘丛植

千代兰
Ascocenda spp.
兰科千代兰属

形态特征　多年生常绿草本。株高25～30cm，株幅20～25cm。叶片舌状，呈两列互生，中绿色。总状花序，着花20朵左右，花小，花萼和花瓣白、红、金黄、紫、蓝等色。花期夏季至秋季。

分布习性　属间杂种。喜高温、高湿和阳光充足环境。不耐寒，怕干旱和强光，耐半阴。宜疏松和排水良好的树皮块、蕨根。适合于海南和西双版纳地区栽培。

繁殖栽培　春季分株或扦插。

园林用途　盆栽或吊盆栽培，摆放客厅、窗台、门庭或壁挂，兰株显得风姿绰约，活泼生动，其密集花朵充满生机，给居室环境增添华贵、富丽的气氛。

园林应用参考种植密度　5株×5株/m²。

常见栽培品种　‘贵妃’‘Guifei’，属黄色花系。叶舌状，呈两列互生，中绿色。每个花序有花30朵以上，花萼和花瓣金黄色至橙红色，唇瓣小，深红色，喉部黄色。花期夏秋季。‘粗俗美人’‘Fiftieth Stale Beauty’，属红色花系。每个花序有花15朵以上，花萼和花瓣深红色，唇瓣小，深蓝色。花期秋季。‘米卡萨公主’‘Princess Mikasa’，属紫色花系。每个花序有花10朵以上，花萼和花瓣淡蓝紫色，有深蓝紫色网纹，唇瓣小，深红色，喉部黄色。花期秋季。‘曼谷金’‘Bangkhuntiana Gold’，花萼和花瓣金黄色，喉部有一红点。‘红绒’‘Hongrong’，属红色花系。叶舌状，呈两列互生，深绿色。每个花序有花5～8朵，花萼和花瓣墨红色，有深色网纹和斑点，唇瓣墨红色，蕊柱浅红色。花期秋季。‘蓝绒’‘Lanrong’，属紫色花系。叶舌状，呈两列互生，深绿色。每个花序有花10朵以上，花萼和花瓣蓝紫色，有深蓝紫色网纹和斑点，唇瓣淡紫色，瓣端深蓝色，蕊柱浅红色。花期秋季。

1	2	3
4	5	6
	7	

1.千代兰‘淡紫花’
2.千代兰‘贵妃’
3.千代兰
4.千代兰‘米卡萨公主’
5.千代兰‘粗俗美人’
6.千代兰的群植景观
7.千代兰丛植景观

三裂蟛蜞菊
Wedelia trilobata
菊科南美蟛蜞菊属

形态特征 多年生常绿草本。株高15～20cm，株幅2～3m。叶片对生，阔披针形或倒披针形，先端浅3裂，具疏生粗锯齿，中绿色至深绿色，长12cm。头状花序单生，很像百日草，舌状花黄色，花径2cm。花期春末至秋季。

分布习性 原产美国、西印度群岛、中美和南美热带地区。喜温暖、湿润和阳光充足环境。不耐寒，耐阴，耐热，耐湿。生长适温18～26℃，冬季温度不低于5℃。宜肥沃、疏松和排水良好的壤土。适合华南地区栽培。

繁殖栽培 播种，春季采用室内盆播，发芽适温为18℃，播后2周发芽，植株当年能开花。扦插，全年剪取顶端匍匐茎2～3节扦插，插后2周生根。春、秋季还可进行分株繁殖。盆栽用口径12～15cm盆，每盆栽3株苗；吊盆栽培用口径15～25cm盆，每盆栽苗5～7株，盆土用肥沃园土、腐叶土和河沙的混合土。生长期可充分浇水，盆土保持湿润，防止脱水或时干时湿，导致叶片发黄或腐烂。生长期每月施肥1次，用腐熟饼肥水，或用卉友20-20-20通用肥，植株生长迅速，随时对生长过高或直立的枝条进行摘心，促使分枝，压低株型。

园林用途 是极佳的耐阴、耐湿的地被植物，适合布置庭园中稍荫蔽的林下或山石、花墙背面，也可栽植堤岸高处，悬垂生长，形成帘状绿色的屏障，青翠宜人，起到立体绿化的效果。也适宜盆栽观赏。

园林应用参考种植密度 5株×5株/m²。

1	1.三裂蟛蜞菊
2	2.三裂蟛蜞菊的丛植效果
3	3.三裂蟛蜞菊用于花坛布置

山桃草
Gaura lindheimeri
柳叶菜科山桃草属

形态特征 多年生草本。株高1～1.5m，株幅70～90cm。叶对生，匙形至披针形，先端尖，叶缘具波状齿，中绿色，长2.5～8cm。圆锥花序，长20～60cm，花芽淡红色，花白色或粉红色，径2.5cm。花期春末至初秋。

分布习性 原产美国。喜凉爽、湿润和阳光充足的环境。耐寒，抗热和耐干旱，稍耐阴。生长适温15～30℃。冬季可耐–15℃低温。以肥沃、疏松和排水良好的沙质壤土为宜。适合于长江流域和黄河流域地区栽培。

繁殖栽培 播种，春季至初夏进行，发芽适温20～25℃，播后10～15天发芽。当年播种当年开花。春季也可分株繁殖或剪取基部的嫩枝扦插，夏季取半成熟枝扦插。生长期每半月施肥1次，土壤保持一定湿度，花前增施磷钾肥1～2次。花后剪去残花。冬季苗株遇雨雪天气注意开沟排水。

园林用途 山桃草株丛松散、下垂，随风飘逸，白色花朵十分醒目，给人以清新优雅的感觉。适合公园、风景区和庭院的路边丛植，也可用于花坛、花境配置。

园林应用参考种植密度 2株×2株/m²。

常见栽培品种 '雪花''White Snow'，株高50cm，花白色。'新娘''The Bride'，花纯白色，基部分枝好。

1	2
3	
4	

1.山桃草'新娘'（白色）
2.粉红色山桃草
3.山桃草丛植景观
4.山桃草作路边花带布置

芍 药
Paeonia lactiflora
毛茛科芍药属

形态特征 多年生草本。株高50～70cm，株幅50～70cm。叶片二回三出羽状复叶，小叶椭圆形至披针形，深绿色。花单生，单瓣，杯状或碗状，有白色至淡红色，具淡黄色雄蕊。花期初夏。

分布习性 原产中国西北部、蒙古、西伯利亚东部。喜凉爽、湿润和阳光充足环境。耐寒，怕积水，畏风，怕盐碱土。生长适温为10～25℃，冬季能耐−15℃低温。宜土层深厚、肥沃、疏松和排水良好的沙质壤土。

繁殖栽培 种子成熟后立即播种，发芽适温11～20℃。秋冬季分株，并用根扦插。盆栽用口径20～25cm盆，栽植时，根的芽头与土面要平齐。盆土用肥沃园土、腐叶土和粗沙的混合土。芍药忌春栽，花谚说："春分分芍药，到老不开花。"栽植不宜深，否则芽不易顶出土面，过浅又不易开花，切忌伤根。生长期土壤保持湿润，多雨、下雪天气，注意开沟排水，生长期施肥2～3次，用腐熟饼肥水。冬季在根旁开穴施肥。春季剥去侧花蕾，一般1茎只宜留1花，花谢后如果不留种，应立即剪除花茎，以免消耗养分。

园林用途 适用于江南古典园林和风景区、花境、花坛布置。花时，景色宜人，独具特色。也可盆栽和切花欣赏。

园林应用参考种植密度 2株×2株/m²。

常见栽培品种 '莲台'‘Liantai’，株高80～90cm，株幅60～70cm。花初开深莲青色，盛开后全花色变淡，外瓣2轮，雄蕊全部瓣化成窄长花瓣。'红莲托金'‘Hongliantuojin’，株高60～80cm，株幅50～70cm。花单瓣型，色大红，花瓣2～3轮，雄蕊多数，花丝红色，花药金黄色。'蓉花魁'‘Ronghuakui’，株高80～90cm，株幅60～70cm。外轮花瓣宽大平展，红色，近中心有部分雄蕊瓣化，白色。'凤雏紫羽'‘Fengchuziyu’，株高90～120cm，株幅90～100cm。花瓣紫色，2轮，雄蕊全部瓣化，雄瓣粉紫色。

1	2
3	4
5	
6	

1.芍药'凤雏紫羽'
2.芍药'红莲托金'
3.芍药'蓉花魁'
4.芍药'莲台'
5.坡地上配植芍药的景观效果
6.在庭院中的芍药景观

蓍草
Achillea millefolium
菊科蓍属

形态特征 多年生草本。株高60cm，株幅60cm。叶片一至三回羽状裂，线状披针形，中绿色，叶无柄。头状花序呈伞房状，径7～10cm，舌状花白色，管状花黄色。花期夏季。

分布习性 原产欧洲、西亚。喜温暖、湿润和阳光充足环境。耐寒，怕干旱，忌强光。生长适温15～25℃，冬季能耐–15℃低温。宜肥沃、疏松和排水良好的沙质壤土。适合于长江流域以北地区栽培。

繁殖栽培 盆栽用口径15～20cm盆。盆土用肥沃园土、泥炭土和粗沙的混合土。生长期盆土保持湿润，掌握"干则浇透"的原则。宜在清晨浇水，盆内切忌过湿或积水。生长期每月施肥1次，用腐熟饼肥水，花前增施磷钾肥1次，或用15-15-30盆花专用肥。播种苗高15cm时摘心1次，压低株型，促使分枝。花谢后应立即摘去开败花枝，利于新花枝的发育和开花。

园林用途 常用于庭院中的花坛、花境或窗前栽植槽，花小精致，显得非常精灵可爱，也可作切花和干花欣赏。

园林应用参考种植密度 4株×4株/m²。

常见栽培品种 '金唱片''Goldie'，株高15～20cm，株幅15～20cm。花序大，花金黄色。矮生种，适合盆栽和配置景观。'糖果''Candy'，株高60～80cm，株幅40～45cm。叶灰绿色，花浅粉色。'樱桃女皇'"Cerise Queen'，株高60cm，株幅60cm。叶深绿色。花粉红色。'贵族'"Noblessa'，株高30～40cm，株幅30～40cm。花序密集，花重瓣，白色。从播种至开花需11～13周。

1	2
3	
4	
5	

1.蓍草'金唱片'
2.蓍草'樱桃女皇'
3.蓍草
4.步道边的蓍草景观
5.蓍草丛植景观

石 斛 兰
Dendrobium nobile
兰科石斛属

形态特征 多年生草本。株高40～45cm，株幅10～15cm。茎丛生，直立，上部略呈回折状，黄绿色，具槽纹。叶近革质，短圆形。落叶期开花，总状花序，花大，白色，顶端淡紫色。花期冬季至翌年春季。

分布习性 原产我国华南、西南等地区。喜温暖、湿润和半阴环境。不耐寒，生长适温为18～30℃，落叶种类包括杂交种的春石斛，在冬季温度不低于5℃；常绿种类包括杂交种的秋石斛，冬季温度要求15℃以上。低于10℃，幼苗极易受冻。石斛忌干燥，怕积水，新芽萌发至新根形成需充足水分。低温、潮湿易引起茎叶腐烂。夏季干热时多喷水。石斛比较喜光，光照充足，开花多而好，但光照过强基部会膨大，叶片变黄绿色。土壤宜用排水好、透气的碎蕨根、水苔、木炭屑、碎瓦片等。

繁殖栽培 石斛常用分株和扦插繁殖。分株，春季结合换盆进行。将生长密集的母株，从盆内托出，少伤根叶，把兰苗轻轻掰开，选用3～4株栽15cm盆，有利于成型和开花。扦插，选择未开花而生长充实的假鳞茎，从根际剪下，再切成每2～3节一段，直接插入泥炭苔藓中或用水苔包裹插条基部，保持湿润，室温在18～22℃，插后30～40天可生根。石斛盆栽必须用排水好、透气的基质。同时，盆底多垫瓦片，有利根系发育。盆钵摆放光照充足处，对石斛生长、开花均有利。春夏季生长期应充分浇水，加快假鳞茎生长，秋季假鳞茎逐趋成熟，应减少浇水，促进开花。生长期每旬施肥1次，到假鳞茎成熟期和冬季休眠期，停止施肥。栽培2～3年的石斛，应在花后换盆，少伤根部，否则遇低温时，叶片会黄化脱落。

园林用途 石斛盆栽摆放阳台、窗台或吊盆悬挂客室、书房，凌空泼洒，别具一格。

园林应用参考种植密度 4株×4株/m²。

常见栽培品种 '东方笑' 'East Smile'，属春石斛系，每个花序有花6～8朵，花萼和花瓣橙黄色，瓣端有红晕，唇瓣黄色，瓣端红色。'幻想' 'Fantasia'，属春石斛系，花1～3朵着生于叶腋间，花紫红色，唇瓣多毛，中央有一大块深紫红斑，中部黄色，边缘有一紫红色宽环带。'女王' 'Queen'，属春石斛系，花萼和花瓣白色，唇瓣中央有深棕红色斑，边缘具细齿。'蓝花' 石斛 'Blue Flower'，属秋石斛系，每个花序有花8～10朵，花萼和花瓣深蓝色，唇瓣直伸，深蓝色。'黄花' 石斛 'Yellow Flower'，属春石斛系，花着生茎节的叶腋间，花萼和花瓣浅黄色，唇瓣黄白色，喉部橙黄色。

1	2	
3	4	5
	6	

1.石斛 '东方笑'
2.春石斛 '幻想'
3.春石斛 '女王'
4.秋石斛 '蓝花'
5.秋石斛 '黄花'
6.石斛兰用于室内景点布置

蜀葵
Althaea rosea
锦葵科蜀葵属

形态特征 多年生草本。株高1.5～2.5m，株幅60cm。叶圆形或心形，中绿色。总状花序，花单生叶腋，单瓣或重瓣，有红、紫、粉、白、黄和黑等色。花期夏季。

分布习性 原产亚洲西部。喜温暖、湿润和阳光充足环境。较耐寒，又耐热，生长适温为15～30℃，冬季可忍耐－15℃低温，夏季可耐35℃高温，需充足水分，又耐干旱，但土壤不宜过湿，若积水，根部容易腐烂。光照充足有利茎叶生长和开花。土壤以深厚、肥沃和排水良好的壤土为宜。

繁殖栽培 播种，夏秋季采种后即播，发芽适温为13～18℃，播后15～20天发芽，有充足的生长期则翌年开花丰盛。春播者需第二年才能开花。扦插多用于重瓣和优良品种，生长期剪取基部健壮充实的侧枝，长12～15cm，插入沙床，约20～25天生根。分株在花后至春季抽梢前都能进行，从根颈抽生的枝条带根分割下来，可直接盆栽。幼苗生长期土壤保持湿润，施肥2～3次，用腐熟饼肥水，并注意除草松土，促进幼苗生长健壮。春末开始开花，增施1～2次磷钾肥。花后及时剪除枯萎花茎，基部叶片保持绿色，并不断长出新叶和短的嫩茎，秋季叶片成丛，冬季仍保持绿色。若要盆栽，幼苗定植在20～25cm盆中，当花茎抽生后摘心，促使分枝，压低株型，但开花推迟。生长多年的老株要挖出重新分株更新。常有炭疽病、锈病和叶斑病危害，发病初期用70%代森锰锌可湿性粉剂700倍液喷洒。虫害有叶蝉、夜蛾，发生时用40%氧化乐果乳油1500倍液喷杀。

园林用途 成片栽植是极好的园林背景材料。若疏密有致地点缀于沿墙、路旁、水边、坡脚或花境中更显新奇俊美。若用深色花配置在白墙的小庭园内，形成强烈的反差，让人过目不忘。

园林应用参考种植密度 2株×2株/m²。

常见栽培品种 春庆（Spring Celebrities）系列，株高80～100cm，株幅30～40cm。花半重瓣至重瓣，花色有深红、粉红、白、淡紫、紫红、橙黄等。基部分枝好，矮生，花期长。'奶油黑''Crème de Cassis'，株高1.2～1.5m，株幅50～60cm。花半重瓣，黑栗色。

1	2
3	4
5	

1、2.蜀葵春庆系列
3.蜀葵'奶油黑'
4.蜀葵品种
5.蜀葵丛植景观效果

树 兰
Epidendrum ibaguense
兰科树兰属

形态特征 多年生常绿草本。株高2m，株幅1m。叶片互生，卵状长圆形至长圆形，革质，浅黄绿色，长15cm。总状花序顶生，长70cm，着花10余朵，花瓣和萼片橙红色，唇瓣浅橙红色。花期夏秋季。

分布习性 原产西印度群岛、墨西哥、哥伦比亚、委内瑞拉、圭亚那、秘鲁。夏季喜温暖、湿润，冬季喜凉爽、稍干燥和阳光充足的环境。不耐寒，怕干旱和强光，耐半阴，忌积水。生长适温13～30℃，冬季温度不低于10℃。宜富含腐殖质和排水良好的腐叶土。适合于华南地区栽培。

繁殖栽培 只要有健壮的气生根即可分株繁殖。盆栽用树皮块、木炭、泥炭和腐叶土等混合基质。春、秋季基质干燥应立即浇水，夏季可多喷水，保持较高的空气湿度。强光时需遮光30%～40%，以免灼伤叶片。4～8月每半月施肥1次，用稀释的腐熟饼肥水。

园林用途 吊盆栽培摆放居室客厅、门厅、走廊、壁挂或书架，充分展示绿色生命的丰富多彩。若布置宾馆吧台或车站贵宾室，使整个室内环境更显高贵、豪华。

园林应用参考种植密度 2～3株×2～3株/m²。

常见种及栽培品种 红花树兰*Epidendrum radicans*，又名血红树兰。原产中美洲。植株丛生，叶互生，质硬。花茎直立，每枝花序有花10余朵，萼片和花瓣形状相似，披针形，红色，唇瓣3裂，边缘齿状，橙红色。花期冬春季。'紫花'树兰*Epidendrum* 'Purpuratus'，植株丛生，叶互生，长椭圆形，革质。每个花序有花10朵以上，花萼和花瓣形状相近，紫红色。唇瓣半圆形，瓣端3裂，白色，有流苏边。花期冬春季。'沙漠天堂'*Epidendrum* 'Desert Sky'，植株丛生，茎干高1m。叶互生，长椭圆形，革质。花序有花10朵以上，花小，花萼和花瓣金黄色，唇瓣黄色有流苏边。花期冬春季。

1	2	3
	4	
	5	

1.树兰'沙漠天堂'
2.红花树兰作室内景点布置
3.树兰的组合盆栽作室内观赏
4.树兰'紫花'
5.树兰'超红'

松果菊
Echinacea purpurea
菊科松果菊属

形态特征　多年生草本。株高1～1.5m，株幅40～45cm。基生叶卵圆形，茎生叶卵圆披针形，绿色。头状花序单生，舌状花，瓣宽下垂，玫瑰红色，也有白色、深粉红色，管状花橙黄色，突出呈球形。花期盛夏至初秋。

分布习性　原产美国。喜凉爽、湿润和阳光充足环境。耐寒，生长适温15～25℃，冬季温度不低于−10℃，夏季怕高温多湿，要求保持通风凉爽，怕积水和干旱。土壤以肥沃和富含腐殖质的微酸性沙质壤土为宜。

繁殖栽培　春季播种，发芽适温21～24℃，播后2～3周发芽，春播苗秋季开花，从播种至开花需16～18周。早春或秋末进行分株。将母株挖出扒开直接分丛栽植，一般每隔3～4年分株1次。幼苗具3～4片叶时可移栽或盆栽，盆栽用15～20cm盆。盆栽用肥沃园土、腐叶土和沙的混合土。生长期保持土壤湿润，每半月施肥1次，可用腐熟饼肥水或卉友15-15-30盆花专用肥，夏季开花前增施1～2次磷钾肥。盆栽必须通过1～2次摘心，达到株型矮、花冠大、开花多、不倒伏。花后剪除花茎，植株老化可在秋末进行重剪，促使萌发新枝。常见叶斑病危害，发病初期用75%百菌清可湿性粉剂600倍液喷洒。虫害有蚜虫，发生时用10%吡虫啉可湿性粉剂1500倍液喷杀。

园林用途　松果菊花茎挺拔，花朵大，高低错落，花形奇特有趣，尤其舌状花色彩丰富，适用于自然式丛栽，布置花境、庭园、隙地更显活泼自然，也可作墙前的背景材料。若在浅色墙面的衬托下，更加优雅动人。松果菊盆栽或作切花，绿饰居室环境，可构成一幅生动悦目的画面。

园林应用参考种植密度　3株×3株/m^2。

常见栽培品种　'亮星''Bright Star'，株高70～80cm，株幅30～40cm。花紫红色，花心橘黄褐色。盛世（Primadonna）系列，株高60～75cm，株幅50～60cm。花大而平展，花色有白、深玫红等，花径12～15cm。耐热性强。'罗伯特''Robert Bloom'，株高60～70cm，株幅30～40cm。花深紫红色，花心深橙棕色。

1	2
3	4
5	
6	

1.松果菊'罗伯特'
2.松果菊'苍白'
3、4.松果菊盛世系列
5.松果菊用于林缘布置
6.松果菊用于道旁布置

宿根半边莲
Lobelia cardinalis
桔梗科半边莲属

形态特征 丛生状多年生草本。具有短的根状茎，茎浅紫红色，株高70～90cm，株幅25～30cm。叶片窄卵圆形至长圆披针形，有锯齿，亮绿色，长10cm。总状花序，长35cm，花管状，具2唇，鲜红色，长5cm，具淡紫红苞片。花期夏季和初秋。

分布习性 原产美国、加拿大东部。喜温暖、湿润和阳光充足环境。耐寒、怕炎热、强光和干旱，忌积水，耐半阴。生长适温15～25℃，冬季温度不低于－15℃。宜肥沃、疏松的酸性沙质壤土。适合于长江流域地区栽培。

繁殖栽培 种子成熟采后即播，发芽适温13～18℃，播后2～3周发芽，当年夏末秋初开花。春季挖取母株进行分株繁殖。盛夏剪取叶芽进行扦插繁殖。盆栽用口径15～20cm盆，每盆栽苗3株。盆土用肥沃园土、腐叶土和河沙的混合土。生长期需充分浇水，盆土保持湿润，有利于苗株生长。花期土略干就浇水，不能脱水。生长期每月施肥1次，用腐熟饼肥水，开花前施2次磷钾肥，或用卉友20-20-20通用肥。花谢后立即剪除残花，有利于新花枝的形成。植株老化时需重剪，促使萌发新枝。

园林用途 适用于水景边缘装饰、混合花境布置、花坛镶边和配植窗台花槽。矮生种盆栽用于家居装饰，高茎种作切花。

园林应用参考种植密度 4株×4株/m²。

常见栽培品种 '梵''Fan'，株高50～60cm，株幅40～50cm。花色有蓝、玫红、红、绯红等，花径2～3cm。分枝性好，开花整齐，花穗长而密。

1	2
3	4
5	

1、2、3、4.宿根半边莲'梵'
5.宿根半边莲与美人蕉在一起

宿根天人菊
Gaillardia aristata
菊科天人菊属

形态特征 多年生草本。株高30～50cm，株幅30～50cm。叶互生，披针形至匙形，全缘或基部叶羽裂，中绿色。头状花序顶生，舌状花黄色，基部橙红色，管状花先端呈芒状，紫红色。花期夏季至秋季。

分布习性 由具芒天人菊（*Gaillardia asristata*）与天人菊（*Gaillardia pulchella*）杂交的园艺种。喜温暖、湿润和阳光充足环境。耐寒、抗风、耐高温、耐干旱、耐盐碱、耐瘠薄是天人菊独具的特点。生长适温为15～20℃，冬季能耐–10℃低温。土壤宜肥沃、疏松和排水良好的碱性沙质壤土。

繁殖栽培 早春采用室内盆播，种子喜光，播后不必覆土，保持一定湿度，发芽适温13～18℃，播后1～2周发芽。秋季剪取嫩枝扦插，插后2周生根。宿根天人菊在春季可用分株繁殖。苗株具4片真叶时移栽1次，苗高6cm时，栽15cm盆，盆土用泥炭土、培养土和河沙的混合土。耐旱性强，盆土保持稍干燥，过湿根部易腐烂。生长期每月施肥1次。肥水过多，植株易徒长，花期推迟。花谢后立即摘除残花，促使新芽萌发，可再度开花。

园林用途 盆栽摆放阳台、窗台或栏杆花箱，鲜艳夺目，充满活力和生机。丛植或片植庭院，热闹非凡，使空间充满动态美。

园林应用参考种植密度 3株×3株/m²。

常见栽培品种 亚利桑那（Arizona）系列，株高25～30cm，花径10cm，花有红色黄边和红色渐变等，开花早，整齐，花期长。从播种至开花需10～12周。梅萨（Mesa）系列，株高40～45cm，花径8cm，花色有黄、红黄双色等，耐寒，分枝性强，开花早，花期长。从播种至开花需10～12周。'亚利桑那红色渐变'，株高25～35cm，花径8cm，花红色。从播种至开花需16～18周。

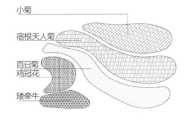

宿根天人菊配置平面图

（图中标注：小菊、宿根天人菊、百日菊、鸡冠花、矮牵牛）

1	2
3	
4	

1.天人菊亚利桑那系列
2.天人菊梅萨系列
3.天人菊亚利桑那系列
4.宿根天人菊用于庭院布置

宿根亚麻
Linum perenne
亚麻科亚麻属

形态特征 多年生草本。株高20～50cm，株幅25～30cm。叶片窄，线形至披针形，浅蓝绿色，长2.5cm。顶生圆锥花序，花宽漏斗状，纯蓝色，花径2～3cm。花期夏季。

分布习性 原产欧洲。喜温暖、湿润和阳光充足环境。较耐寒，不耐水湿和怕高温。生长适温15～25℃，冬季能耐－10℃低温。宜富含有机质、疏松和排水良好的沙质壤土。

繁殖栽培 常用播种和扦插繁殖。播种于春、秋季均可进行，采用室内盆播，发芽适温22～24℃，播后2～4周发芽。扦插在春季进行，剪取长10～12cm插条，插于沙床，插后3～4周生根。春、秋季也可用分株繁殖。苗高10cm定植口径12～15cm盆，每盆栽苗3株。盆土用肥沃园土、泥炭土和粗沙的混合土。生长期盆土保持湿润，花期每周浇水2～3次，盆土不宜过湿，但水分不足则开花减少，容易凋萎。浇水时不能向花朵上淋水。生长期每半月施肥1次，用腐熟饼肥水，花前增施1～2次磷钾肥，或用卉友15-15-30盆花专用肥。苗期摘心1～2次，促使多分枝；花谢后摘除残花。

园林用途 宿根亚麻植株纤细柔软，花朵娇小玲珑，花色素雅，盆栽点缀小庭院、花境和花坛，翠绿清秀，生机盎然。

园林应用参考种植密度 4丛×4丛/m²。

1	1.宿根亚麻与西洋滨菊在一起，花姿更曼妙
2	2.宿根亚麻
3	3.宿根亚麻的丛植景观

穗花翠雀
Delphinium elatum
毛莨科翠雀属

形态特征 多年生草本。株高1.5～2m，株幅60～90cm。茎秆挺拔，叶掌状分裂，5～7裂，绿色。总状花序，萼片花瓣状，花色有蓝、紫、白、粉等，还有半重瓣、重瓣和不同花心之分。

分布习性 原产欧洲高加索，西伯利亚地区和中国西北部。喜凉爽、稍干燥和阳光充足环境。耐寒，怕高温，生长适温10～16℃，白天温度不超过16℃，晚间温度不低于10℃，幼苗期温度以10℃为宜。春末夏初温度过高，生长势明显减弱，出现落花现象。土壤以干燥为好，过于湿润或排水不畅，茎叶和根部易腐烂。对光照反应不敏感，但生长期需充足阳光，茎叶健壮挺拔，花期稍遮阳可延长观花期。土壤以肥沃、疏松和排水良好的壤土为好。

繁殖栽培 播种，春季4月或秋季9月进行播种，发芽适温为13～15℃，播后14～18天发芽，若温度过高发芽反而不整齐。分株于春秋季均可进行，春季在萌发新芽前，将母株切开带土，可直接盆栽。一般每2～3年分株1次。在春季新芽长到8～10cm时剪取嫩枝或花后剪取基部萌发的新芽进行扦插繁殖，插后2～3周可生根，当年夏秋季即可开花。穗花翠雀为直根性花卉，不耐移植，播种育苗均需采用穴盘苗，少量栽培如需移植应多带土。盆栽常用20～25cm盆，每盆栽苗3株，盆栽用肥沃园土、腐叶土或泥炭土和沙的混合土。生长期每半月施肥1次，可用腐熟稀释的饼肥水或卉友20-20-20通用肥，花前增施2～3次磷肥。花期土壤保持稍湿润，可延长观花期，主花序枯萎后应及时剪除，可促使基部侧芽萌发，形成新花序，再次开花。常有黑斑病、霜霉病危害，发病初期用75%百菌清可湿性粉剂1000倍液喷洒。虫害有蚜虫、夜蛾，分别用25%灭蚜灵乳油500倍液和90%敌百虫晶体2000倍液喷杀。

园林用途 矮生品种盆栽或装点花槽摆放庭前、路旁草坪边缘十分协调。若与美丽飞燕草、大花飞燕草等组成混合花境，灿烂夺目，具有亲切感。高秆品种瓶插摆放窗台或居室，素雅别致，充满着迷人的风采。

园林应用参考种植密度 2株×2株/m²。

常见栽培品种 德桑（Dasante）系列，株高75～85cm，株幅25～30cm。花径4～5cm，花色有蓝、浅蓝、深蓝、蓝紫等。株型紧凑低矮，耐–15℃低温，早花。北极光（Aurora）系列，株高75～85cm，株幅25～30cm。花径5～6cm，花色有蓝、浅蓝、白、深紫、淡紫、亮紫等。株型紧凑低矮，耐–15℃低温，早花。

1	2	3
4		
5		

1、2、3.穗花翠雀德桑系列
4.穗花翠雀用于花径布置
5.穗花翠雀用于室外景观布置

随意草
Physostegia virginiana
唇形科假龙头花属

形态特征 多年生草本。株高 1～1.2m，株幅 50～60cm。叶片披针形、椭圆形或匙形，具锯齿，中绿色。总状花序，小花唇形，花色有深紫、淡紫、粉、白等。花期盛夏至初秋。

分布习性 原产北美东部。喜温暖、湿润和阳光充足环境。较耐寒，怕干燥和强光。生长适温18～25℃，冬季能耐 –10℃低温。宜肥沃、疏松和排水良好的沙质壤土。适合长江流域地区栽培。

繁殖栽培 春播或秋播，发芽适温18～24℃，播后7～14天发芽。从播种至开花需10～12周。冬季或早春萌发前分株。

园林用途 用于公园、公共场所的花坛、花境布置。成片丛植于风景区，景观清新、优美、自然，也适合盆栽和切花观赏。

园林应用参考种植密度 4株×4株/m²。

常见栽培品种 '雪峰''Crown of Snow'，花白色。从播种至开花需10～12周。'水晶峰''Crystal Peak'，花白色。从播种至开花需16～18周。'玫瑰女王''Rose Queen'，花粉红色。从播种至开花需12～15周。

1	2	3
	4	
	5	

1.白花随意草
2.淡紫花随意草
3.随意草花时十分招引蝴蝶
4.随意草的丛植景观
5.随意草配置路旁

天蓝鼠尾草
Salvia uliginosa
唇形科鼠尾草属

形态特征 多年生草本。株高1.5～2m，株幅70～90cm。叶对生，长圆披针形，具深锯齿，中绿色，长7cm。顶生总状花序，花纯蓝色，长2cm。花期夏末至中秋。

分布习性 原产巴西、乌拉圭、阿根廷。喜温暖、湿润和阳光充足环境。较耐寒，较耐旱，耐热，怕积水。生长适温为15～28℃，冬季能耐-5℃低温。土壤宜肥沃、疏松和排水良好的沙质壤土。适合长江流域地区栽培。

繁殖栽培 播种在春季进行，发芽适温18～21℃，播后1～2周发芽。春季可分株繁殖。春季和初夏用嫩枝扦插，夏末至秋季用半成熟枝扦插。生长期土壤保持湿润，土壤表面干燥后浇透水，但水分过多会导致茎叶徒长。每月施肥1次，用腐熟饼肥水或卉友20-20-20通用肥。生长过程中用摘心来控制花期。

园林用途 一次栽种可多年观赏，适用于公园、风景区的空旷地、坡地和零星空隙地布置。也适合家庭院落点缀。

园林应用参考种植密度 3株×3株/m²。

1	3
2	
4	

1.天蓝鼠尾草适用于园景布置，让人感到特别欣慰

2.天蓝鼠尾草的丛植景观

3.天蓝鼠尾草

4.天蓝鼠尾草用于庭院布置

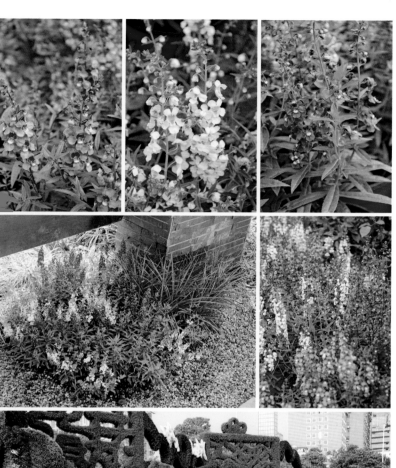

天 使 花
Angelonia angustifolia
玄参科香彩雀属

形态特征　多年生宿根草本。株高30～60cm，株幅20～30cm。叶对生，线状披针形，边缘具刺状锯齿，深绿色。总状花序，花腋生，花唇形，有红、白、紫等色。花期春季至夏季。

分布习性　原产美洲南部、中部的热带和亚热带地区。喜温暖、湿润和阳光充足环境。不耐寒，耐高温，稍耐干旱和怕强光。生长适温为18～28℃，冬季温度不低于10℃。宜肥沃、疏松和排水良好的沙质壤土。

繁殖栽培　播种，春季采用室内盆播，播种土用高温消毒的泥炭土、培养土和河沙的混合土，播后覆浅土，发芽适温为24℃，播后1～2周发芽。从播种至开花需14～16周。春季霜后的时间里都可进行扦插繁殖。以春、秋季扦插最好。剪取嫩枝扦插，插后2～3周生根或进行分株繁殖，可直接盆栽。家庭栽培宜购买种子或穴盘苗。盆栽用口径15～20cm盆，每盆栽苗1～3株。盆土用肥沃园土、泥炭土和粗沙的混合土。生长期和开花期盆土保持湿润，不能脱水，定期将盆花放在水中浸泡1次，达到浇透的目的。花后逐渐减少浇水。生长期每月施肥1次，用腐熟饼肥水，花期每月加施1次磷肥，或用卉友15-15-30盆花专用肥。分枝性强的品种，苗株不需摘心，且不留残花。一般品种苗高15cm时进行摘心，促使分枝，达到株型矮、多开花的效果。花谢后需强剪，促使萌发新花枝，能再次开花。春、夏季蚜虫危害时，家庭中可用烟灰水、肥皂水等涂抹叶片或用40%氧化乐果乳油1000倍液喷杀。

园林用途　天使花具有分枝性强、花期长、花枝密集、栽培容易等特点，花色有白、紫、粉、红等。布置庭院中的池畔、墙边、道旁、花境和湿地。整个夏季为盛花期，给人以清新优雅之感。盆栽点缀窗台、阳台或居室，充满自然的田野气息。

园林应用参考种植密度　5株×5株/m²。

常见栽培品种　热曲（Serena）系列，株高25～30cm，株幅30～35cm。花色有淡紫、白、淡紫粉、蓝、紫等色，花径2cm。分枝性强，植株紧凑，耐高温，耐干燥。

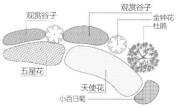

观赏谷子　观赏谷子　金钟花　杜鹃　五星花　天使花　小百日菊

天使花配置平面图

1	2	3	1、2、3.天使花热曲系列
4		5	4.天使花与五星花、鸟尾花等组成的花境
6			5.天使花丛植的景观
			6.天使花与长春花等组成花境

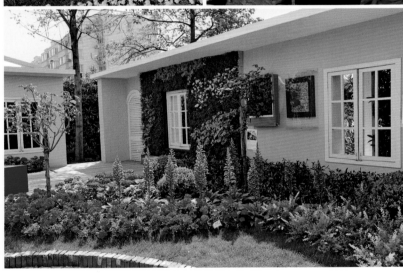

天竺葵
Pelargonium hortorum
牻牛儿苗科天竺葵属

形态特征　多年生草本。株高12～60cm，株幅20～30cm。叶片圆形，深绿色，又有栗色、铜绿色环纹。伞形花序顶生，花有单瓣、半重瓣和重瓣，红、紫、粉、白、橙、黄和双色等。花期春季和秋季。

分布习性　原产非洲南部。喜温暖、湿润和阳光充足环境。不耐寒，忌水湿和高温，怕强光和光照不足。生长适温为10～25℃，冬季温度不低于5℃，16℃有利花芽分化。宜肥沃、疏松和排水良好的沙质壤土。

繁殖栽培　春、秋季采用室内盆播，种子较大，播种用高温消毒的泥炭土、培养土和河沙的混合土，播后覆土，发芽适温为13～18℃，播后1～3周发芽。从播种至开花需16～18周。夏末或初秋，剪取长10～15cm嫩枝扦插，插于泥炭，约2～3周生根。若用0.01%吲哚丁酸液浸泡插条基部2秒，生根快，根系发达。盆栽用口径12～15cm盆。盆土用叶土、泥炭土和沙的混合土。生长期保持盆土湿润。高温季节，植株进入半休眠状态，浇水量减少，掌握"干则浇"原则。宜在清晨浇水，盆内切忌过湿或积水。生长期每半月施肥1次，花芽形成期每半月加施1次磷肥，或用15-15-30花专用肥。萌发新枝叶的植株，注意肥液不能沾污叶片。种苗高12～15cm时进行摘心，促使产生侧枝，达到株型矮、多开花的效果。花谢后应立即摘去开败的花枝，利于新枝的发育和开花。当生长势减弱时，进行重剪。剪去整个株的1/2或1/3，并放阴凉处恢复。

园林用途　盆栽点缀家庭窗台、案头，全年开花呈现出欣欣向荣的景象。散植花境，群植花坛，装饰石园，更能表现出天竺葵的姿、色、美。

园林应用参考种植密度　5株×5株/m²。

常见栽培品种　时空（Horizon）系列，株高30～40cm，株幅25～30cm。花色有橙红、白、粉红、红、浅紫等色，花球径12cm。开花早，花期长，花株整齐。林戈（Ringo）系列，株高30～40cm，株幅25～35cm。花有红、白、粉等色，花球径12～14cm。早花种，分枝多，花整齐。

1	2	3
4	5	
6		

1.天竺葵
2.天竺葵时空系列
3.天竺葵用于大型艺术盆栽
4.天竺葵用于花坛布置
5.天竺葵'埃克利普西'
6.天竺葵适合房前景观布置，有着强烈醒目的美

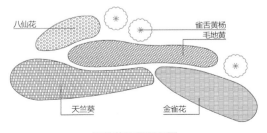

八仙花　　　雀舌黄杨
　　　　　　毛地黄
天竺葵　　金雀花

天竺葵配置平面图

万带兰
Vanda coerulea
兰科万带兰属

形态特征 多年生常绿草本。株高60cm，株幅30cm。茎不分枝，附生性。叶长舌形或线形，长15～25cm，深绿色。总状花序，花径高30～90cm，着花7～20朵，花大，花萼和花瓣淡蓝色，有天蓝色格式网纹，唇瓣小，蓝色，花径5～10cm。花期夏末至秋季。

分布习性 原产印度、缅甸、泰国。野生于热带地区海拔1000m左右的密林中或路旁悬崖上。喜高温多湿和散射光环境。不耐寒、怕干旱和强光暴晒。生长适温3～10月为26～30℃，11月至翌年3月为17～23℃，如果气温低于10～15℃，兰株被迫休眠，叶片逐渐枯黄，根部变成黑褐色。冬季温度低于5℃，大多数兰株会受冻害死亡。土壤以透气性好、排水畅、富含腐殖质的腐叶土为宜。

繁殖栽培 常用分株和扦插繁殖。万带兰的分株性较差，正常生长旺盛的兰株，3～4年后仅在基部长出1～2个能分株的芽，分株一般在初夏开花后进行，将兰株的上部带2～3条根一起剪下，可直接盆栽。扦插在春季或花谢后进行，将兰株的茎剪成小段，每段带2～3个节，然后插入盛水苔的塑料筐中或苗床中，室温为25～30℃，空气湿度70%～80%，约30～40天后插条节间长出生有气生根的小苗，即可盆栽。吊盆栽培常用10～20cm特殊塑料盆或木框，每盆栽苗1～3株，盆栽用木炭、砖块、蛇木块作栽培基质。生长过程中要充足浇水，保持较高的空气湿度。每周施肥1次，可用"花宝"或"卉友"兰花专用肥稀释2000倍液根施或喷洒叶面，盛夏高温时可停施1～2次，遮阴30%～40%。冬季温度偏低时，则停止施肥，浇水后切不可让水留在兰株的中心部位，否则容易引起兰株腐烂和叶片脱落。兰株定栽2～3年后，如基质透水性差，可在春季重新栽植，有利于根系的生长发育。

园林用途 万带兰花朵大，形美色雅，为洋兰中的精品。用于吊盆观赏，具有东方风韵和时代气息。如悬挂客厅、书房、窗台或阳台更觉清新素雅。蓝网万带兰由于花期长，花序着花多，非常适合新娘捧花和作贵宾的礼仪花卉，不仅满足视觉上的欣赏，也呈现出浪漫的情调和宽大气派的效果。

园林应用参考种植密度 3株×3株/m²。

常见栽培种及品种 '多尘'万带兰*Vanda* 'Many Motes'，属白色花系。每个花序有花10朵以上，花萼和花瓣白色，密生紫色斑点，唇瓣深紫色，喉部白色，花期秋季。'可爱'万带兰*Vanda* 'Fuchs Delight'，又名'富克斯之喜'。叶长舌形，深绿色。花茎高30～50cm，翠绿色，每个花序有花5～7朵，花大，花萼

1	2	3
	4	

1.'约瑟芬'万带兰
2.'多尘'万带兰
3.杂种万带兰
4.'可爱'万带兰

和花瓣淡蓝色，网纹颜色较深，唇瓣小，深蓝色，蕊柱白色。花期冬春季。'约瑟芬'万带兰*Vanda* 'Miss Agnes Joaquim'，种间杂种。属红色花系。每个花序有花5～8朵，花大，花径8cm，花萼白色，具玫瑰红色晕，花瓣较大，紫红色，唇瓣宽，紫色，喉部黄色，具红色斑点。花期全年。棒叶万带兰（*Vanda teres*），多年生草本。株高50～200cm。茎攀援状。叶肉质，细长，圆柱状，绿色，先端钝。总状花序疏生，着花3～5朵，花大，花径7～10cm，花萼白色，具玫红色晕，花瓣大，白色，具深玫红色晕，唇瓣裂片边缘黄色，下部裂片具玫红脉纹和黄色斑点。花期夏季至初秋。三色万带兰（*Vanda tricolor*），附生茎长达1m，株幅30cm。叶2列呈皱褶状，长45cm。总状花序，着花10朵以上，花径5～7cm，有香气，花萼和花瓣柠檬黄色，具淡红褐色斑点，唇瓣白色，具紫色斑点。花期秋季至翌年夏季。

文 心 兰
Oncidium luridum
兰科文心兰属

形态特征　多年生草本。株高40cm，株幅30cm。根状茎粗壮，叶卵圆或长圆形，革质，常有深红棕色斑纹。花茎粗壮，圆锥花序，小花黄色，有棕红色斑纹。

分布习性　原产美洲热带地区。厚叶种叶厚，喜湿热环境，生长适温18～25℃，冬季温度不低于10℃。薄叶种叶薄、怕闷热、喜冷凉环境，生长适温10～22℃，冬季温度不低8℃。文心兰喜湿润和半阴，除栽培基质湿润以外，需喷水增加空气湿度。硬叶种叶质厚硬，耐干旱能力强，冬季长时间不增加水分，也不会干死，忍耐力很强。夏秋生长期适当遮光，冬季需充足阳光。容易栽培和开花。

繁殖栽培　主要用分株繁殖。春秋季均可进行，春季新芽萌发前结合换盆进行分株。将长满盆钵的兰株，先用小铲沿盆壁插入，慢慢地沿着盆壁转一圈，将紧贴盆壁的肉质根剥离下来，然后脱出兰株根团，清理老假鳞茎下部的栽培基质，剪除枯萎的老假鳞茎，并将带2个芽的假鳞茎剪下，进行分株，最后用新的栽培基质将兰株盆栽，放半阴处2～3周，不浇水，仅对兰株地上部喷雾，保持较高空气湿度，待萌发嫩芽和长新根后转入正常管理。常用15cm盆栽，也可用蕨板或蕨柱栽培。基质为碎蕨根40%、泥炭土10%、碎木炭20%、蛭石20%、水苔10%。盆底多垫碎砖。未开花植株在萌芽前栽植，开花植株在花谢后栽植。生长期每半月施肥1次，也可用0.05%～0.1%复合肥喷洒叶面补充。冬季休眠期停止浇水和施肥。开花后要及时摘除凋谢花枝和枯叶。

1	3	5
2		6
4		7

1.文心兰'红仙女'
2.文心兰'巧克力'
3.文心兰'金西'
4.文心兰用于壁饰
5.文心兰与花烛配景用于室内装饰
6.文心兰用于室内造型观赏
7.文心兰用于室内环境布置

园林用途 文心兰花繁叶茂，一枝花茎着生几十朵至几百朵花，极富韵味，加上花期亦长，深受人们喜欢。盆栽摆放居室、窗台、阳台，犹如一群舞女舒展长袖在绿丛中翩翩飞舞，观赏起来真是妙趣横生。若以文心兰为主花，配上美国凌霄、绿掌、天门冬等，用壁插点缀居室，典雅豪华，引人注目。

园林应用参考种植密度 4株×4株/m²。

常见栽培品种 '永久1005''EL1005'，属红色花系。花朵小，密集，花萼和花瓣褐红色，唇瓣白色，基部具红色斑块，中心有一红斑。'金西''Kinsei'，属黄色花系。小花密集，花萼和花瓣褐色，唇瓣金黄色，基部有褐斑。'富高特''Kuguat'，属红色花系。花朵密集，花萼和花瓣红褐色，带黄色斑纹，唇瓣浅黄色，基部具红褐色斑纹。'红舞''Red Dance'，属红色花系。花萼、花瓣和唇瓣均为红色。'罗斯''Romsey'，属黄色花系。小花密集，金黄色，基部有棕色斑。'星战''Star Wars'，花瓣褐色，唇瓣黄金色，基部红色。'野猫''Wildcat'，属红色花系。花萼和花瓣红褐色，有黄色斑纹，唇瓣红褐色，有淡黄色斑纹。

五星花
Pentas lanceolata
茜草科五星花属

形态特征　多年生常绿亚灌木。株高30～70cm，株幅50cm。叶片对生，卵圆形或披针形，深绿色。聚伞花序由20～50朵小花组成，开于枝顶，花小，有红、白、蓝、淡蓝、洋红等色。花期春季至秋季。

分布习性　原产也门至东非热带。喜温暖、湿润和阳光充足环境。不耐寒，怕积水，稍耐阴，怕干旱和高温。生长适温20～30℃，冬季温度不低7℃。宜肥沃、排水良好的壤土。适合于华南地区栽培。

繁殖栽培　春季播种，发芽适温16～18℃。全年用嫩枝扦插，长10～15cm，顶端留2对叶片，并将叶片剪去一半，有利于插条生根。盆栽常用10～12cm盆，盆土用肥沃园土、泥炭土和粗沙的混合土。生长期需充足水分，水分充足茎叶生长也快。每月施肥1次，可用腐熟稀释的饼肥水。植株花谢后，可将整个花枝剪去一半，促使萌发新花枝，可继续开花。

园林用途　在南方，配植小庭园的窗前、花坛、台阶两侧、建筑物周围或草坪边缘，显得明快亮丽。盆栽摆放广场、小游园、街旁，烘托出节日气氛。

园林应用参考种植密度　4株×4株/m²。

常见栽培品种　壁画（Graffiti）系列，株高25～30cm，株幅25～30cm。花色有红、白、粉红、玫红、紫红、淡紫等色。分枝性好，植株紧凑，花期长。

1	2
3	4
5	
6	

1、3.五星花蝴蝶系列
2、4.五星花壁画系列
5.五星花与太湖石配景
6.五星花与观赏草组景

吸毒草
Rabdosia plectranthus 'Mona Lavender'
唇形科香茶菜属

形态特征 多年生草本。茎紫黑色，株高50～60cm，株幅40～50cm。叶对生，卵圆形至披针形，边缘具锯齿，叶面绿色，背面紫色，被细茸毛。穗状花序，花扁长圆形，淡紫色，也有白色。花期夏季。

分布习性 栽培品种。喜温暖、湿润和阳光充足环境。不耐寒，较耐旱，略耐阴，生长适温10～22℃，冬季温度不能低于5℃。对土壤要求不严，以疏松、肥沃和排水良好的沙质壤土为宜。适合长江流域以南地区栽培。

繁殖栽培 常用播种、扦插和分株繁殖。播种，种子成熟后即播，发芽适温19～24℃，播后7～10天发芽。扦插在夏季进行，剪取长10cm顶端嫩枝扦插，插后10～15天生根，也可水插。春季分株繁殖。生长期土壤保持湿润，但不能积水，每月施肥1次，用腐熟饼肥水。夏季每周向叶面喷水2～3次，保持较高的空气湿度。冬季盆栽植物放室内窗台养护，需充足光照。

园林用途 吸毒草全株深色，花期长，既可观花又能观叶，是新颖的花坛和盆花植物。目前常用于花境、景点布置，尤其适合与矮牵牛、宿根半边莲、美女樱等配景。

园林应用参考种植密度 4株×4株/m²。

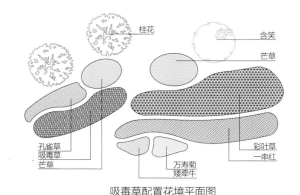

吸毒草配置花境平面图

1	2	1.紫色吸毒草
3		2.白色吸毒草
4		3.吸毒草与观赏草组成的景观
		4.吸毒草与乔灌木、置石等配置的景点

西洋滨菊
Chrysanthemum maximum
菊科菊属

形态特征 多年生草本。株高90cm，株幅60cm。叶片披针形，具锯齿，深绿色。头状花序，单生，舌状花白色，管状花黄色。花期初夏至初秋。

分布习性 属于栽培品种。喜温暖、湿润和阳光充足环境。耐寒，耐半阴。生长适温为15～20℃，冬季温度不低于－10℃。宜肥沃、疏松和排水良好的沙质壤土。

繁殖栽培 秋季播种，播后不覆土，发芽适温为16～18℃，播后10～20天发芽。种子发芽率在80%～90%。开花前剪取顶端嫩枝扦插，长5～7cm，插入沙床，保持湿润，约10～12天生根。秋季挖取根部切开分株繁殖。盆栽用口径15～20cm盆，每盆栽3株苗。盆土用肥沃园土、泥炭土和粗沙的混合土。生长期做到"宁干勿湿"、"干后浇透"的原则，盆土保持稍湿润，高温季节，植株进入半休眠状态，浇水稍减少，适当向叶面喷水。生长期每月施肥1次，用腐熟饼肥水，花期增施1～2次磷钾肥，或用卉友15-15-30盆花专用肥，花谢后剪除残花和花茎，促使萌发新花茎能再次开花，花后剪除地上部，有利于基生叶萌发。

园林用途 特别适用于多年生混合花境布置和深色建筑物前点缀，呈现出轻快柔和、清新悦目的景象。散植草坪边缘、水边和疏林隙地，也可收到较好的景观效果，也是盆花和切花的好材料。

园林应用参考种植密度 2株×2株/m²。

1
2
3

1.西洋滨菊花丛中如果加入大花金鸡菊、天人菊，使环境更精彩

2.西洋滨菊作路旁花坛

3.西洋滨菊与毛鹃、红花檵木等配景

香石竹
Dianthus caryophyllus
石竹科石竹属

形态特征 多年生草本。株高80cm，株幅15～25cm。茎直，多分枝，整株被白粉，叶对生，线形或广披针形，灰绿色。花单生或2～6朵聚生枝顶，花瓣扇形，花朵内瓣多呈皱缩状。有半重瓣、重瓣和波状。

分布习性 原产地中海地区。喜夏凉爽、稍干燥、冬季温暖的环境。不耐严寒，怕高温，生长适温14～21℃，对白天25℃以上的高温适应性差，高温下常出现茎秆细弱，花小的现象，日温差超过12℃以上易引起花萼开裂。香石竹喜光、怕高温多湿，宜选择阳光充足和通风好的场所。土壤以疏松、肥沃、富含腐殖质和排水良好的沙质壤土为好。

繁殖栽培 常用扦插繁殖，除夏季高温外，均可进行。剪取植株中部的侧枝为插穗，长10cm左右，用0.2%吲哚丁酸浸泡基部1～2秒，插入40%珍珠岩和60%泥炭的混合基质中，插后20～25天生根，半月后盆栽。盆栽用腐叶土、培养土和粗沙的混合土。常用12～15cm盆，宜浅栽。3周后进行摘心，促使萌发侧枝。每半月施肥1次，可用卉友15-0-15高钙肥。盆栽时为了控制高度，在植株高15cm时，用0.25%B9液喷洒叶面，每周1次，喷2～3次。为了使花朵大，每个茎枝保留顶部的花，以下叶腋出现小花蕾要及时摘除。常发生褐斑病、白绢病和锈病危害，发病初期可用25%三唑酮可湿性粉剂1500倍液喷洒或50%多菌灵可湿性粉剂500倍液喷洒。虫害有蚜虫、红蜘蛛危害，发生时用40%氧化乐果乳油1500倍液喷杀。

园林用途 香石竹花色娇艳，芳香浓郁，常用于插花、花束、花篮和花环。近年来已发展成为盆栽花卉。喜庆节日，在居室或餐室中摆上一盆香石竹，使室内增添温暖、喜庆的感觉。

园林应用参考种植密度 5株×5株/m²。

常见栽培品种 烛光（Zhuguang）系列，株高20～25cm，株幅15～25cm。花色有白、黄、橙、粉、玫红、朱红、粉底朱红等，花径4～5cm。分枝性强，花期长。颂歌（Songge）系列，株高25～30cm，株幅15～25cm。株型紧密，花色有白、黄、橙、玫红、桃红、粉底玫红等，花径5cm。分枝性强，花期长。小儿郎（Xiaoerlang）系列，株高15～20cm，株幅15～20cm。花色有白、黄、粉、玫红、朱红、粉底洋红等，花径3～4cm。分枝性强，花期长。

1	2	1.香石竹烛光系列
	3	2.香石竹小儿郎系列
	4	3.香石竹颂歌系列
		4.香石竹用于景观布置

小 菊
Chrysanthemum × morifolium 'Charm'
（菊科菊属）

形态特征　多年生草本。株高50～80cm，株幅30～40cm。叶卵形，边缘浅裂，鲜绿色。头状花序，花有单瓣、半重瓣和重瓣，花色除蓝色以外，极其丰富，常见白、黄、粉、红、紫等色系和双色品种。花期夏季至秋季。

分布习性　原产中国。喜湿润和阳光充足环境。耐寒，怕高温，生长适温18～22℃，白天温度20℃，夜间15℃时有利于花芽分化，盛花期以12～15℃为宜。生长期盆土保持湿润，但忌过湿或积水。菊花为短日照植物，每天14小时光照有利于茎叶的营养生长，每天12小时以上黑暗和夜间温度在10℃时，有利于花芽发育和开花。土壤要求疏松、肥沃和排水良好的微酸性沙质壤土。

繁殖栽培　早春剪取根部萌发的新芽，长6～8cm，插于沙床，约15～20天生根，10～15天后即可盆栽。盆栽用口径15～20cm盆，每盆栽苗3株。盆土用肥沃园土、培养土和粗沙的混合土。小菊喜欢干燥，浇水必须适量，切忌喷湿叶面，极易感染病害。浇水时，以"不干不浇，浇则浇透"为原则。生长期每半月施肥1次，用腐熟饼肥水，直至开花，或用卉友12-0-44硝酸钾肥。盆栽小菊通过多次摘心促发分枝，达到花枝多、花蕾多、花朵覆盖满盆的效果。

园林用途　色彩清新的小菊，用于庭院中的花坛、台阶或栽植槽布置，呈现出浓郁的田园风情，盆栽摆放窗台或阳台，显得格外清丽典雅，十分悦目。用小菊加工成悬崖菊、盆景菊、造型菊，装点庭园或居室，品位独特，高雅超然，营造出新颖别致的氛围。

园林应用参考种植密度　4株×4株/m²。

常见栽培品种　'橙瓣托桂''Chengbantuogui'，花橙红色，瓣端黄色，花心黄绿色。'香宾紫''Biarritz Purple'，花瓣紫色。'小绿菊''Xiaoluju'，花绿色。'红匙瓣黄心''Hongchibanhuangxin'，花深红色，花心黄色。另外，还有银莲花型的'梦时'、'茶时'，托桂型的'克里蒙'，大理菊型的'贝克尔'，球型的乒乓系列。

1	2	7
3	4	
5	8
6	

1.小菊'密心紫'　　　5.小菊用于制作盆栽艺菊
2.小菊'红匙瓣黄心'　6.小菊加工的"白天鹅"
3.小菊'橙瓣托桂'　　7.小菊用于庭院布置
4.小菊'香缤紫'　　　8.小菊用于室外景点布置

小圆彤

Gloxinia sylvatica

苦苣苔科块茎苣苔属

形态特征 多年生草本。株高20～30cm，株幅20～30cm。叶对生，披针形或卵状披针形，褐绿色。花腋生，1～2朵，花梗细长，花橙红色。花期初夏至仲秋。

分布习性 原产巴拿马至秘鲁。喜温暖、湿润和阳光充足环境。不耐寒，怕高温和强光，耐半阴。生长适温为20～28℃，冬季温度不低于10℃。宜肥沃、疏松和排水良好的沙质壤土。

繁殖栽培 早春采用室内盆播，发芽适温19～24℃，播后2～3周发芽。盆栽植株过于拥挤，在春季或秋季进行分株，将地下根茎分开，可直接盆栽。春秋季剪取地下根茎和茎节基部，浅埋在水苔或蛇木屑中，保湿，约4～6周生根后盆栽。

园林用途 盆栽点缀窗台或客厅，十分耐看、有趣，给人以新鲜、新颖、新奇的感觉。

园林应用参考种植密度 4株×4株/m²。

1.小圆彤

薰衣草
Lavendula anguistifolia
唇形科薰衣草属

形态特征 常绿亚灌木。株高75～90cm，株幅75～90cm。叶片对生，线形，灰绿色，长5cm，叶缘反卷。穗状花序顶生，密集，长8cm，花淡紫至深紫色，芳香。花期春末至夏末。

分布习性 原产地中海地区。喜冬暖夏凉、湿润和阳光充足环境。耐寒，耐干旱，怕高温高湿，不耐阴，忌积水。生长适温18～25℃，冬季能耐－10℃低温。宜肥沃、疏松和排水良好的沙质壤土。

繁殖栽培 春季播种，发芽适温21～24℃。春、秋分株，夏季取半成熟枝扦插。

园林用途 丛植于路旁、混合花境或岩石园，景致十分自然流畅、富有韵味。盆栽点缀居室，清雅秀丽，阵香扑鼻，使人精神焕发。也是蜜源植物和香精原料，用于装饰、烹调、美容、熏香和药用。

园林应用参考种植密度 2～3株×2～3株/m²。

常见同属种类 齿叶薰衣草*Lavendula dentata*，株高75～100cm，株幅75～150cm。叶片线状长圆形，深绿色，长3～4cm，叶缘具细齿。短穗状的聚伞花序，顶生，密集，长5cm，花蓝紫色，顶端具紫色苞片，芳香。花期春末至夏末。

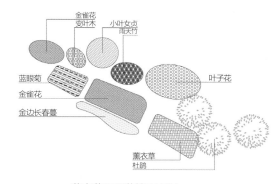

薰衣草配置花境平面图

1	1.薰衣草配植于道旁
2	2.薰衣草与万寿菊配景
3	3.薰衣草与蓝色矮牵牛配景组成蓝色之恋
4	4.薰衣草与鸡冠花配景

新几内亚凤仙
Impatiens 'New Guinea'
凤仙花科凤仙花属

形态特征 多年生草本。株高20～35cm，株幅20～30cm。茎多汁、光滑、多分枝。叶有长柄，卵形至披针形，叶色有绿、黄和红等，主脉红色。花朵腋生，扁平，单瓣或重瓣，有红、洋红、鲜红、橙红、粉红、玫瑰红、白、淡紫、深紫等色。花期夏秋季。

分布习性 杂交品种。喜温暖、湿润和阳光充足环境。不耐高温和烈日暴晒，生长适温为22～24℃，冬季温度不低于12℃，5℃以下易受冻害，30℃以上高温会引起落花。对水分反应敏感，苗期切忌脱水或干旱，夏秋空气干燥时，应喷水保持一定的空气湿度。但盆内切忌积水。夏季高温和花期，防止强光暴晒，冬季室内栽培时，需充足阳光，可延长开花观赏期。土壤以肥沃、疏松和排水良好、pH值5.5～6.0的微酸性沙质壤土为好。

繁殖栽培 种子细小，常采用室内盆播或穴盘育苗。发芽适温为24～26℃，播后7～14天发芽。从播种至开花需12～13周。春季至初夏剪取充实的顶端嫩枝扦插，长10～12cm，插后20天可生根，30天可盆栽。幼苗具3～4片真叶可移栽上盆，常用8～10cm盆或15～20cm吊盆，盆土用高温消毒的肥沃园土、泥炭土和沙的混合土。苗期生长适温白天为20～22℃，晚间为16～18℃，并注意通风。春季换盆，如根部尚未长满整个盆内，植株还不会开花，暂不用换盆。待盆内出现盘根现象时，才能开花。因此，换盆必须谨慎，否则过早换盆反而影响开花。苗高10cm时摘心1次，成熟植株每年春季修剪1次。生长期每半月施肥1次，可用卉友20-20-20通用

1	2	6
3		
4		7
5		

1.新几内亚凤仙超级回音系列
2.新几内亚凤仙‘蜜月’
3.新几内亚凤仙‘薰衣’
4.新几内亚凤仙‘紫云’
5.新几内亚凤仙回音系列
6.新几内亚凤仙、蝴蝶兰、风铃草等作室内花境布置
7.新几内亚凤仙花带与绿色草坪组景

肥，花期增施2～3次磷钾肥。花期若光照不足，空气干燥，会引起落花。花后及时摘除残花。冬季雨雪天减少浇水，室温低于15℃，要控制浇水，否则极易发生茎腐现象。春夏季易发生灰霉病危害叶片，可用波尔多液或75％百菌清可湿性粉剂800倍液喷洒。虫害有蚜虫，发生时可用烟灰水或10％吡虫啉可湿性粉剂1500倍液喷杀。

园林用途　新几内亚凤仙花繁花满株，色彩绚丽，全年开花不断。盆栽适用于阳台、窗台和庭园点缀，用它装饰吊盆、花球装点灯柱、走廊和厅堂，异常别致，引人注目。若群体摆放花坛、花带、花槽和制作花墙、花伞、花柱，典雅豪华，绚丽夺目。

园林应用参考种植密度　5株×5株/m²。

常见栽培品种　光谱（Spectra）系列，株高20～30cm，株幅20～30cm。花色有玫红、粉红、玫红、红、淡紫、白等。从播种至开花需12～15周。超级回音（Super Sonics）系列，株高25～30cm，株幅25～30cm。花色有橙、玫红、粉红、红、淡紫、浅粉、紫、白、深紫等。生长均匀，较耐寒。回音（Sonics）系列，株高20～25cm，株幅25～30cm。花色有深橙、玫红、粉红、红、淡紫、浅粉、紫、白、甜紫、魔粉、深紫等。花径7～8cm，开花早。'蜜月''Miyue'，花深粉色。'紫云''Ziyun'，花紫红色。'熏衣''Xunyi'，花淡紫红色。

萱草
Hemerocallis fulva
百合科萱草属

形态特征 多年生草本。株高60～75cm，株幅75～100cm。叶基生，条形，深蓝绿色。聚伞花序，花大，漏斗状，单瓣或重瓣，花色有红、橙红、桃红、粉红、淡绿、黄、紫和双色等。花期夏季。

分布习性 原产中国和日本。喜温暖、湿润和阳光充足环境。耐寒，生长适温为15～25℃，冬季温度可耐-20℃，在高温35℃以上条件下也能开花。耐干旱，遇天气过分干旱时注意浇水补充。对光照反应十分敏感，阳光充足则开花多，花色鲜艳，光照不足开花少，花朵亦小。土壤以富含腐殖质和排水良好的沙质壤土为好。

繁殖栽培 播种以秋播为好，也可8月中旬种子成熟，采下即播，播后覆浅土。发芽适温18～22℃，约25～30天发芽。实生苗培育第二年开花。分株于叶片枯萎后或早春新芽萌发前进行，将母株挖出，剪去枯根和过多须根，掰开分丛栽植，一般每隔3～4年分株1次。常用20cm盆。每盆栽3～5株，盆栽用肥沃园土、腐叶土和沙的混合土。地栽每穴栽3～5株，栽后压实，浇透水。生长期盆土保持稍湿润，切忌根部积水导致腐烂。花期保持土壤湿润，不能缺水，否则影响开花。生长期每月施肥1次，用腐熟饼肥水。花期增施2次磷钾肥。不留种花谢后剪除花茎，地上部枯萎后剪去枯叶，适当培土，根部留地越冬。

园林用途 萱草花色鲜艳，栽培容易，花期又长。丛植园内，葱郁繁盛，开花不断，带有几分天然野趣。也适用于花坛、花境、林间草地和坡地丛植，花时五彩纷呈，令人赏心悦目。切花点缀居室，给人以舒展自如、翠绿清秀之感。

园林应用参考种植密度 2丛×2丛/m²。

常见栽培品种 '草雾''Meadow Mist'，株高75cm，株幅80cm。花星状，亮粉色，花径12～13cm，花期夏季。'超级紫星''Super Purple Star'，株高65cm，株幅75cm。花深紫红色，花径14～15cm，花期夏季。'红鹦鹉''Red Poll'，株高50cm，株幅90cm。花亮红色，花径15～16cm，花期夏季。'秋红''Autumn Red'，株高50cm，株幅60cm。花深粉色，花径10～12cm，花期夏季。'金钟''Gold Bell'，株高60cm，株幅70cm。花金黄色，花径12～14cm，花期夏季。'新星''New Star'，株高60cm，株幅80cm。花星状，柠檬黄色，花径12～14cm，花期夏季。

2	6	7
3		
5	8	

1.萱草'秋红'   5.萱草'新星'

2.萱草'红鹦鹉'   6.萱草的丛植景观

3.萱草'草雾'   7.萱草与观赏草配植，亲切自然

4.萱草'金钟'   8.萱草用于庭院道旁条状布置

勋 章 花
Gazania splendens
菊科勋章花属

形态特征 多年生草本。株高20cm，株幅25cm。叶披针形，全缘或有浅羽裂，深绿色，被灰毡毛。头状花序，单生，舌状花有白、黄、橙红和双色，具不同环状色彩。花期夏季。

分布习性 原产热带非洲。喜温暖、湿润和阳光充足环境。稍耐寒，耐高温，生长适温15～20℃，冬季温度不低于0℃，而对30℃以上高温适应能力较强。勋章花对水分比较敏感，茎叶生长期需土壤湿润，但土壤水分过多，植株容易受涝萎蔫死亡。夏季高温时，如果空气湿度过高，对植株的生长和开花不利。勋章花属喜光性花卉，生长和开花均需充足阳光，光照不足，叶片柔软，花蕾减少，花朵变小，花色变淡。土壤以肥沃、疏松和排水良好的沙质壤土为宜。

繁殖栽培 播种繁殖，播前种子浸种1天，属嫌光性种子，播后需覆土5mm，发芽适温为16～18℃，播后2～4周发芽。从播种至开花需12～15周。分株繁殖，春季用刀自株丛的根颈部纵向切开，每个分株苗必须带芽头和根系，可直接盆栽。扦插繁殖，剪取带茎节的芽，留顶端2片叶，插后3～4周生根，若用0.1%吲哚丁酸溶液处理1～2秒，生根时间可缩短。勋章花常用8～12cm盆。生长期每半月施肥1次，用腐熟饼肥水或卉友15-15-30盆花专用肥，保持盆土湿润和充足阳光，勋章花可开花不断，若遇阴雨天，光照不足或气温过低，勋章花花瓣常不展开。如不留种，花谢后要及时剪除，有助于形成更多花蕾、多开花。生长过程中，空气湿度大，易诱发灰霉病，发病初期用75%百菌清可湿性粉剂800倍液喷洒。虫害有蚜虫和红蜘蛛，发生时用40%氧化乐果乳油1500倍液喷杀。

园林用途 是配置花坛、草坪边缘、岩石旁和水池沿线的夏季花卉，若与非洲菊、银叶菊等一起丛植，景观十分自然和谐。盆栽点缀小庭院或装饰窗台，张张花脸，滑稽可爱。也是常见的插花材料。

园林应用参考种植密度 4株×4株/m^2。

常见栽培品种 黎明(Daybreak)系列，株高20～25cm，株幅15～20cm。花色有白、橙、亮粉、亮黄、红色条纹、玫红条纹等。耐干旱，花期夏季。亲吻(Kiss)系列，株高20～25cm，株幅15～20cm。花色有红褐、金色火焰、黄色火焰、黄、白、橙等，耐旱、耐热、早花。花期夏季。从播种至开花需10～12周。泰银(Taiyin)系列，株高20cm，株幅20cm。叶银灰色，花色有橙、白、玫红、金黄等，花径8cm，花期夏季。

1	2	6
3	4	
5		7

1、4.勋章花黎明系列
2、3.勋章花亲吻系列
5.勋章花泰银系列
6.勋章花与叠石在一起
7.勋章花用于景点布置

亚 菊
Ajania pacifica
菊科亚菊属

形态特征 多年生草本。株高30cm，株幅90cm。叶倒卵圆形至长椭圆形，先端钝，叶缘有灰白色钝锯齿，叶面银绿色。头状花序顶生，花序呈球形，黄色，聚集在一起。花期秋季。

分布习性 原产亚洲中部和东部。喜温暖和阳光充足环境。耐寒，生长适温为20～26℃，耐冬季温度低于10℃。土壤以肥沃、疏松和排水良好的沙质壤土为宜。

繁殖栽培 播种，春季采用室内盆播，播后覆浅土，发芽适温为20～25℃，播后10～20天发芽，播种苗当年可以开花。扦插，春季或夏季剪取植株基部的萌发枝，插穗长5cm左右，插入沙床，约10～14天生根。分株，春季将植株基部的带根匍匐枝剪下，可直接盆栽。幼苗7～8片叶或扦插苗可栽10～12cm盆。盆土用肥沃园土、腐叶土和沙的混合土。生长期保持盆土湿润，每月施肥1次，可用腐熟饼肥水或用卉友15-15-30盆花专用肥。分枝少时，可进行摘心，促使多萌发分枝，多开花。花后应修剪、整枝、保持优美株形。常有叶斑病危害，发病初期用50%多菌灵可湿性粉剂1000倍液喷洒。虫害有盲蝽，发生时用10%吡虫啉可湿性粉剂1500倍液喷杀。

园林用途 亚菊银绿色叶片，加上灰白色叶缘，显得特别素雅清秀。花时密集的金黄色球花充满高贵而典雅的美感。盆栽摆放窗台或阳台，使居室环境格外清新亮丽。也适合庭园丛植配置向阳的花坛或岩石园。

园林应用参考种植密度 1株/m²。

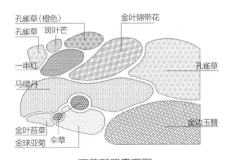

亚菊配置平面图

1	1.庭院中的亚菊
2	2.亚菊作地被布置
3	3.亚菊与孔雀草等组成花境

野芝麻
Lamium barbatum
唇形科野芝麻属

形态特征　多年生草本。株高50～60cm，株幅30～40cm。叶片卵状心形至卵状披针形，边缘具锯齿。轮伞花序，着花5～12朵，花白色。花期春季。

分布习性　原产中国。喜温暖、湿润和半阴环境。较耐寒，怕干燥和强光。生长适温15～25℃，冬季能耐-10℃低温。宜肥沃、疏松和排水良好的沙质壤土。适合长江流域地区栽培。

繁殖栽培　播种，春季或秋季采用撒播，发芽适温15～25℃，播后10～15天发芽。冬季或早春萌发前分株。生长期只需粗放管理，植株生长过密处适度间苗，一般不需要浇水、施肥，冬季撒施一些腐熟的饼肥屑即可。

园林用途　野芝麻植株挺拔，开花整齐，适合林缘、公园、庭院、溪沟的背阴处丛植，花时绿白相间的野芝麻呈现清雅、自然的景色。

园林应用参考种植密度　5株×5株/m²。

常见栽培种及品种　花叶野芝麻*Lamium galeobdolon*。灰叶野芝麻*Lamium maculatum*'Beacon'。

1	
2	3
4	

1.斑叶野芝麻
2.野芝麻
3.野芝麻散植于林下的景观
4.野芝麻的丛植景观

银叶菊

Senecio cineraria 'Cirrus'
菊科千里光属

形态特征 多年生常绿草本。株高50～60cm，株幅50～60cm。叶片椭圆形，深羽裂，叶面银灰色，被白色绵毛，长15cm。伞房花序，花黄色或白色，花径2.5cm。花期夏季。

分布习性 栽培品种。喜凉爽、湿润和阳光充足环境。较耐寒，怕高温和强光，畏干旱和积水。宜肥沃、疏松和排水良好的沙质壤土。适合于长江流域以南地区栽培。

繁殖栽培 春季播种，发芽适温19～24℃，播后10～12天发芽。初夏取嫩枝扦插，夏末用半成熟枝扦插，长6～8cm，插后2～3周生根。栽种银叶菊土壤不宜过湿，否则茎叶容易发黑腐烂。生长期每半月施肥1次，注意肥液不能沾污叶片。同时，氮肥施用不能过多，否则茎叶徒长，节间伸长，叶片松散、柔软、叶色淡化。冬季放室内越冬，需充足阳光，并经常转盆，以保证株形匀称。植株过高时可修剪摘心，压低株型。

园林用途 银叶菊全株被白毛，异常美丽。盆栽适用作窗台、书桌摆设，在宾馆、花坛和景点布置中成片摆放，形成带、块景观，可起到良好的烘托作用。

园林应用参考种植密度 2株×2株/m²。

常见栽培品种 '银灰' 'Silver Dust'，全株被银灰色毛，叶羽状细裂。'钻石' 'Diamomd'，全株被白色绵毛，叶长椭圆形，羽状深裂，小裂片呈钻石状。

1	2
3	
4	

1.银叶菊
2.银叶菊与矮牵牛、角堇等用于花墙布置
3.银叶菊用于道旁布置
4.银叶菊与蓝眼菊组景

玉 簪
Hosta plantaginea
百合科玉簪属

形态特征 多年生草本。株高50～60cm，株幅50～80cm。叶基生丛状，心形，亮绿色，长16～28cm。总状花序顶生，着花9～15朵，花漏斗状，长10cm，白色。花期夏秋季。

分布习性 原产中国、日本、朝鲜。喜温暖、湿润和半阴环境。较耐寒，怕干旱和强光暴晒。生长适温为15～25℃，冬季能耐－5℃低温。以肥沃、疏松和排水良好的沙质壤土为宜。

繁殖栽培 盆栽用口径20cm盆，每盆栽苗4～6株。盆土用培养土、腐叶土和沙的混合土。每2年换盆1次，早春进行。生长期需充分浇水，春季至秋季每天浇水1次，保持盆土湿润。但盆土过湿会引起叶片枯黄萎蔫。地上部叶片枯萎后的休眠期，每周浇水1次，保持盆土稍湿润。生长期每月施肥1次，用腐熟饼肥水，或用卉友20-20-20通用肥。花谢后剪除花茎，叶片枯萎后剪去枯叶，适当培土，保护好顶芽。

园林用途 长江以南常作半阴处、林下的地被植物，色彩宜人。盆栽布置门厅、客厅、走廊或墙角，既可观叶，亦可赏花，给人一种柔和愉快的感觉。

园林应用参考种植密度 3株×3株/m²。

常见同属种类 紫萼*Hosta ventricosa*，株高50～60cm，株幅60～100cm。叶深绿色。花钟状，紫色或淡紫色。

1	
2	3
4	5
6	

1.灰叶玉簪
2.黄心玉簪
3.花叶玉簪
4.金标玉簪
5.金边玉簪
6.玉簪丛植于步道两侧，花时摇曳生姿

羽扇豆

Lupinus polyphyllus

蝶形花科羽扇豆属

形态特征 多年生草本。株高50～110cm，株幅50～75cm。叶片掌状复叶，有小叶3～9枚，银绿色。总状花序，蝶形花，花色有深蓝、淡蓝、蓝紫、淡红、淡黄、白、粉红和双色等。花期春末和夏初。

分布习性 原产北美。喜凉爽、湿润和阳光充足的环境。较耐寒，怕高温和水湿，稍耐阴。生长适温13～20℃。冬季可耐–15℃低温。以肥沃、疏松和排水良好的沙质壤土为宜。适合于长江流域和黄河流域地区栽培。

繁殖栽培 秋、冬季进行播种繁殖，秋季10月露地播种，冬季1月室内盆播，发芽适温15～18℃，播后15～25天发芽。由于种子坚硬，播前先在0℃处理48小时，再温水浸种24小时。一般从播种至开花约4～5个月。种子有自播繁衍能力。春、秋季分株。露地栽培，播种不宜过密，直根性苗不耐移植，出苗后需及时间苗，苗株过密、通风不畅，易患叶枯病、叶斑病和白粉病，生长期用50%多菌灵可湿性粉剂1500倍液喷洒预防。生长期每半月施肥1次，土壤保持一定湿度，花前增施磷钾肥1～2次。花后剪去残花，防止自花结实，以促进当年二次花的生长。冬季苗株遇雨雪天气注意开沟排水。

园林用途 妩媚迷人的羽扇豆，布置在房屋的前沿、庭院的入口处或台阶前，当花序盛开时，清风吹拂摇曳生姿，极富大自然的气息。摆放窗台、阳台或居室明亮处，成串多彩的花序，给人带来蓬蓬勃勃、生机盎然的感觉。用羽扇豆插瓶或插盆，增添居室明快的情趣，让人备感振奋和温馨。也是布置自然园林和多年生花境的好材料，成片栽植草地边缘或建筑物前，花时景观更加诱人。

园林应用参考种植密度 4株×4株/m²。

常见栽培品种 画廊（Gallery）系列，矮生种，花朵密集，株高40～50cm，株幅30～40cm。花色有白、蓝紫、粉、黄、红等。奖品（Russell Prize）系列，大花种，花朵密集，株高80～100cm，株幅70～80cm。花色有纯白、粉红、黄、蓝紫、淡紫和双色等。

1	2	6
3	4	
5		7

1、2.羽扇豆奖品系列
3.羽扇豆画廊系列
4.羽扇豆与八仙花、蓬蒿菊组景
5.羽扇豆形成的景观
6.羽扇豆用于庭院布置
7.羽扇豆群体景观

猪笼草
Nepenthes mirabilis
猪笼草科猪笼草属

形态特征 多年生草本。株高1.5～5m，株幅20～30cm。叶长椭圆形，中脉延长为卷须，末端生有一个叶笼，笼面淡紫色，光滑。花单性，雌雄异株，总状花序，花小，红褐色和白色。花期冬季。

分布习性 原产中国、东南亚至澳大利亚的热带地区。喜温暖、湿润和半阴环境。不耐寒，生长适温21～29℃，最适温度为21℃，冬季温度不低于15℃。15℃以下植株停止生长，10℃以下，叶片边缘出现冻害。对水分反应较敏感，在高温湿润条件下才能正常生长发育，需经常喷水，如果温度变化大，过于干燥，都会影响叶笼形成。猪笼草为附生性植物，夏季强光直射下，必须遮阳，否则叶片易灼伤，直接影响叶笼发育。但长期在阴暗条件下，叶笼形成慢而小，笼面色彩暗淡。土壤以肥沃、疏松和透气的腐叶土为好。

繁殖栽培 扦插，春季选取健壮枝条，叶片剪去一半，基部剪成45°斜面，用水苔将插穗基部包扎，保持90%～100%空气湿度，室温30℃，约20～25天可生根。压条，在春季或夏季于叶腋的下部割伤，用苔藓包扎，待生根后剪取盆栽。原产地也用播种繁殖，室内盆播，用泥炭土，发芽适温27～30℃，播后30～40天发芽。盆栽猪笼草常用12～15cm吊盆。盆栽用泥炭土、珍珠岩和蛭石的混合基质或用水苔。生长期要多喷水，保持较高的空气湿度，猪笼草的营养除通过叶笼吸取外，在植株基部需补充2～3次氮素肥料。秋、冬季应放阳光充足处，有利于叶笼的发育。每年2月在新根尚未长出时进行换盆。幼苗一般栽培3～4年才能产生叶笼。常有叶斑病危害，发病期用75%百菌清可湿性粉剂800倍液喷洒。虫害有蚜虫、介壳虫危害，发生时用40%速果乳油1500倍液喷杀。

园林用途 猪笼草常用于盆栽或吊盆观赏，点缀客室花架、阳台和窗台，悬挂小庭园树下和走廊旁，十分优雅别致，给人以新鲜感，兴奋感和错落感。如今，还常见于花艺设计中，自然悬挂叶笼，青翠光亮，活泼生动，颇具趣味性。

园林应用参考种植密度 5株×5株/m²。

常见同属种类 大猪笼草*Nepenthes rajah*，株高2m，叶笼大，长30cm，笼面红褐色，具绿色条纹。中型猪笼草*Nepenthes intermedia*，笼面绿色，具淡紫红斑点。虎克猪笼草*Nepenthes hookeriana*，株高3m，叶笼浅绿色，具深红色斑点。紫色猪笼草*Nepenthes purpurea*，叶笼深紫红色。

1	2	5	6
3	4		
		7	

1.虎克猪笼草
2.大猪笼草
3.中型猪笼草
4.紫色猪笼草
5.猪笼草用于景观布置
6.猪笼草用于垂吊观赏
7.猪笼草与观叶植物组成壁饰景观

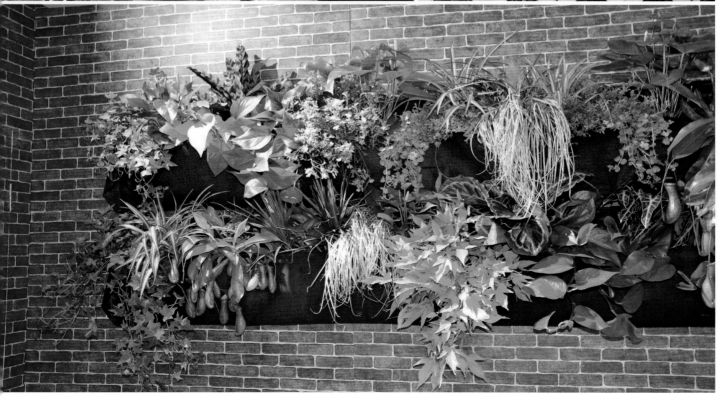

鸢尾

Iris tectorum

鸢尾科鸢尾属

形态特征 多年生草本。根状茎密集。株高25～40cm，株幅20～30cm。叶基生，剑状线形，光滑，深绿色，长30cm。每个分枝茎顶端着花2～3朵，蓝紫色，花径3～10cm，其冠状突起上具有深色脉纹。花期初夏。

分布习性 原产中国。喜温暖、湿润和阳光充足环境。耐寒，稍耐阴和干旱。生长适温13～25℃，冬季能耐－15℃低温。以肥沃、微酸性的壤土为宜。适合长江流域地区栽培。

繁殖栽培 播种，秋季种子成熟，浸种1天，再冷藏10天，播种于冷床中，约1个月后发芽。一般播种后2～3年可开花。分株，当根状茎长大后就可分株，一般隔2～3年进行1次，以春、秋季或花后进行最好，这样不影响植株生长和花芽分化。分割的根茎，每块以带2～3个芽为宜，大量繁殖时，将分割的根茎插在湿沙中，室温保持20℃左右，待长出不定芽后再移栽。盆栽或地栽，栽植前需有充足的基肥，可用腐熟的饼肥、骨粉等。种植后保持土壤湿润，生长期可追肥2～3次，可用卉友20-20-20通用肥或20-8-20四季高硝酸肥。如果土壤偏碱，易引起叶色变黄。秋后地上部枯萎后，进行覆土防寒。

园林用途 鸢尾适应性强、耐寒、耐湿、耐干旱，其应用范围较广。尤其是成片栽植形成群落景观，突出一个"清雅"的美感，使人备感身心爽朗。用数支插花，装点书房或客室，也很高雅，展现出独特的韵味。

园林应用参考种植密度 5株×5株/m²。

常见栽培变型 白花鸢尾（f. *alba*），花白色，其冠状突起上具黄色脉纹。

1	1.鸢尾
2	2.鸢尾布置于水边的景观
3	3.鸢尾配植于宽阔的分隔带上
4	4.鸢尾丛植于广场的景观

白鹤芋
Spathiphyllum kochii
天南星科苞叶芋属

形态特征 多年生常绿草本。株高80～100cm，株幅60cm。叶片宽披针形，长30～40cm，深绿色。花朵佛焰苞大，纯白色，长18～20cm，肉穗花序，绿白色，长8cm。花期春季和夏季。

分布习性 原产美洲热带地区。喜高温多湿和半阴的环境。不耐寒，怕强光暴晒。生长适温为24～30℃，秋冬季为15～18℃，冬季温度不低于15℃。室温低于5℃，叶片易受冻害。土壤用肥沃和富含有机质的壤土。适合于华南地区栽培。

繁殖栽培 种子成熟后即播或春季播种，发芽温度23～27℃。冬季或花后分株繁殖。盆栽用15～20cm盆，盆土用园土、腐叶土和河沙的混合土，加少量过磷酸钙，盆栽后放半阴处养护。每2年换盆1次。盆土稍干应立即浇水，每周浇水1～2次，保持土壤湿润。花期每周浇水3次，盆土保持湿润，若室内空气干燥，向地面或盆面喷水，增加空气湿度。冬季室温在15℃时，每周浇水1次，盆土保持稍湿润。生长期和开花期，每月施肥1次，但氮肥不能过量，否则会影响开花。或用卉友20-20-20通用肥，室温在15℃时，停止施肥。花后将残花剪除，换盆时注意修根。随时剪除植株外围的黄叶、枯叶和用稍湿的软布轻轻抹去叶片上的灰尘，保持叶片清洁、光亮。

园林用途 盆栽点缀客厅、书房，十分舒泰别致。列放宾馆、会场、车站、空港，显得清雅有序。在南方，配植庭园、池畔、墙角处，格外秀丽。其花可制作花篮或插花观赏。

园林应用参考种植密度 2株×2株/m^2。

常见栽培品种 有大绿苞、卷苞、绿苞、深绿苞、圆苞等。

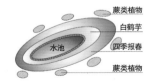

白鹤芋配置景观平面图

1	2	3
	4	
	5	
	6	

1.卷苞白鹤芋
2.绿苞白鹤芋
3.深绿苞白鹤芋
4.白鹤芋
5.白鹤芋丛植的景观
6.白鹤芋用于配置室内景点

百子莲
Agapanthus africanus
（石蒜科百子莲属）

形态特征　多年生常绿草本。株高60～90cm，株幅45cm。叶片带状，深绿色。伞形花序，有花20～40朵，漏斗状，深蓝色。花期夏末。

分布习性　原产南非。喜温暖、湿润和阳光充足环境。不耐寒，忌积水和强光，耐半阴。生长适温为20～25℃，冬季温度不低于5℃。宜含有机质丰富、疏松和排水良好的沙质壤土。适合于华南和西南地区栽培。

繁殖栽培　种子成熟后即播或春播，播后覆浅土，发芽适温13～15℃，播后需5～8周发芽，从播种至开花需3～4年。春季结合换盆进行分株繁殖，将过密老株分开，每盆栽2～3丛，根茎必须带顶芽，分株后翌年开花。盆栽用直径18～20cm高盆，每盆栽2～3丛根状茎，根茎必须带顶芽，栽植深度为2～3cm。盆土用肥沃园土、腐叶土和粗沙的混合土。盆栽每2～3天浇水1次，盆土不宜过湿，更不能积水，否则容易烂根。花后进入半休眠状态，严格控制浇水，宜干不宜湿。春季至开花，每月施肥1次，抽出花茎时，增施1次磷钾肥。花后不留种，剪除花序，春季清除基部黄叶、枯叶。

园林用途　布置花境、水边或岩石园，素雅新奇，十分引人注目，呈现出一派自然风光。盆栽陈设小庭园、台阶或居室，格外清新宜人。

园林应用参考种植密度　2丛×2丛/m²。

常见栽培种及品种　'白枭''Snowy Owl'，株高100～120cm，株幅50～60cm。伞形花序，花钟状，白色。花期夏末。耐寒。钟形百子莲_Agapanthus campanulatus_，株高60～120cm，株幅40～45cm。叶片带状，灰绿色。伞形花序，花钟状淡蓝至深蓝色，也有白色。花期夏末。

1	2
	3
	4

1.百子莲'白枭'
2.钟形百子莲
3.百子莲用于室内景观的配置
4.百子莲用于庭院景观配植

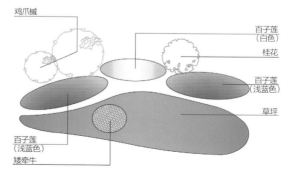

鸡爪槭　百子莲（白色）　桂花　百子莲（浅蓝色）　草坪　百子莲（浅蓝色）　矮牵牛

百子莲配置景观平面图

彩色马蹄莲
Zantedeschia aethiopica
天南星科马蹄莲属

形态特征 多年生块茎植物。株高50～70cm，株幅30～50cm。叶片基生，箭形或戟形，亮绿色，有白色斑点。肉穗花序顶生，佛焰苞黄色、玫红色、深红色等，漏斗状，先端尖，反卷，肉穗花序黄色，圆柱形。花期春末至盛夏。

分布习性 栽培品种。喜温暖、湿润和阳光充足环境。不耐寒和干旱，稍耐阴。生长适温15～25℃，若气温高于25℃或低于5℃时，植株被迫休眠。宜肥沃、保水性能好的黏质壤土。适合于华南地区栽培。

繁殖栽培 种子成熟后即播，发芽温度21～27℃。春季分株繁殖。盆栽用12～15cm盆，栽3～5个块茎。盆土用肥沃的水稻土，或肥沃园土、泥炭土和沙的混合土，加入少量腐熟厩肥。马蹄莲喜水，生长期盆土保持湿润，经常向叶面和地面喷水，保持较高的空气湿度。花后停止浇水，休眠期切忌潮湿，否则块茎容易腐烂。生长期每2周施肥1次，到开花期停止施肥，施肥时注意勿使肥水流入叶柄内而引起腐烂。花后剪去枯黄叶片和残花，以利块茎膨大、充实。

园林用途 是切花的重要材料，用于制作花束、花篮、花环和瓶插，装饰效果特别好。矮生种盆栽摆放台阶、窗台或橱窗，充满异国情调，特别生动可爱。

园林应用参考种植密度 3丛×3丛/m²。

常见栽培品种 '绿雾''Green Fog'，株高60～70cm，佛焰苞绿色。'坦登斯船长''Tandons Captain'，株高50～65cm，佛焰苞黄色和橙色。'紫雾''Purple Fog'，株高60～75cm，佛焰苞紫色和黄色。'小梦''Little Dream'，株高55～70cm，佛焰苞红色。'红丽''Majestis Red'，株高60～75cm，佛焰苞红色。

1	2	5
3	4	
6		
7		

1.彩色马蹄莲'坦登斯船长'
2.彩色马蹄莲'紫雾'
3.彩色马蹄莲'绿雾'
4.彩色马蹄莲'小梦'
5.彩色马蹄莲用于室内景观布置
6.彩色马蹄莲丛植效果
7.马蹄莲用于室内装饰

彩条美人蕉
Canna generalis 'Phaison'
美人蕉科美人蕉属

形态特征 多年生草本。株高80～120cm，株幅40～50cm。叶片椭圆形，绿色，镶嵌红、粉、黄色脉纹。总状花序顶生，花大，每苞片内有花1～2朵，花橙色。花期盛夏至初秋。

分布习性 栽培品种。喜温暖、湿润和阳光充足环境。不耐寒，耐湿，怕积水和强风。生长适温15～30℃，冬季温度不低于5℃。宜土层深厚、肥沃和排水良好的沙质壤土。

繁殖栽培 春季4～5月播种，种皮坚硬，播种前用30℃温水浸种24小时或擦破种皮后播种，发芽适温21～24℃，播后20～30天发芽，实生苗当年能开花。早春萌芽前用分株繁殖，挖取根茎，分割成几段，每段必须带芽眼2～3个，盆栽或开穴地栽，栽植深度为8～10cm。盆栽用30～40cm釉缸或木桶。每盆栽5～7个根茎，栽植深度8～10cm，盆土用园土、腐叶土和泥炭土的混合土。生长期土壤保持湿润，夏秋花期盆土不能脱水，但庭院栽植也怕淹水。生长期施肥2～3次，用腐熟饼肥水，花前增施1次磷钾肥。花后将花茎及时剪去，促使抽出新花茎，可继续开花。地上部枯萎后，剪去茎叶，盖于植株上方，以备安全越冬。

园林用途 在庭院的角隅、窗前或台阶两侧布置，叶形宽阔，俊美，叶色五彩斑斓，在橙色花序的衬托之下，显得妖媚动人。盆栽点缀居室，增添喜庆气氛。

园林应用参考种植密度 2株×2株/m²。

1	2
3	
4	

1.彩条美人蕉
2.彩条美人蕉的多彩叶片
3.彩条美人蕉丛植墙际的景观效果
4.彩条美人蕉与观赏草配景

长筒石蒜
Lycoris longituba
石蒜科石蒜属

形态特征 多年生草本。株高50～70cm，株幅30cm。叶片阔线形，中绿色。伞形花序，有花5～17朵，花白色，具淡红色条纹。花期夏季。

分布习性 原产中国。喜温暖、湿润和半阴环境。较耐寒，耐干旱和强光。生长适温15～25℃，冬季能耐-5℃低温，夏季有休眠习性。宜富含腐殖质、排水良好的沙质壤土。

繁殖栽培 种子成熟后立即播，发芽适温6～12℃，鳞茎休眠期分株繁殖。盆栽用15～20cm的深筒盆，每盆栽3～5个鳞茎，栽植深度为8～10cm。盆土用肥沃园土、腐叶土和粗沙的混合土。地栽在栽植前施足基肥。叶片生长期和夏、秋花前，可充分浇水，盆土保持湿润。抽出花茎前施肥1次，有利于花茎出土，粗壮整齐。秋季幼叶萌发出土后再施肥1次，叶丛萌发青翠整齐。如果培育种鳞茎，抽出花茎应立即剪除，以免消耗养分。

园林用途 布置草地边缘、稀疏林下，点缀于岩石缝间或配植于多年生混合花境中，可构成夏秋佳景。也作切花观赏。

园林应用参考种植密度 4丛×4丛/m²。

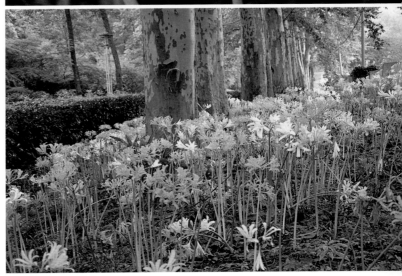

1	1.长筒石蒜
2	2.长筒石蒜
3	3.长筒石蒜丛植景观

葱 兰
Zephyranthes candida
石蒜科葱莲属

形态特征 多年生草本。株高10～20cm，株幅8cm。叶片窄线形，深绿色。花单生顶端，似番红花，纯白色。花期夏季至初秋。

分布习性 原产阿根廷、乌拉圭。喜温暖、湿润和阳光充足环境。较耐寒，耐半阴和瘠薄土壤。生长适温20～25℃，冬季能耐 –5℃低温。宜富含腐殖质、排水良好的沙质壤土。适合于长江流域以南地区栽培。

繁殖栽培 种子成熟后即播，发芽温度13～18℃，春季分株繁殖。盆栽用15～20cm盆，每盆栽鳞茎5～7个，栽植时鳞茎顶端稍露出土面。盆土用肥沃园土、泥炭土和粗沙的混合土。地栽时施足基肥，栽植深度为5～6cm。每2～3年换盆1次。盆栽后浇水，以利生根；生长期和开花期每周浇水2～3次，盆土保持湿润。遇严寒时，大部分老叶受冻枯萎，鳞茎留盆或留地越冬，停止浇水。生长期每半月施肥1次，开花前后各施1次磷钾肥，有利于鳞茎发育。花谢后及时摘除花朵，以免消耗养分。叶片老化时，进行重剪，促使新叶生长。

园林用途 适用作花坛、绿岛、花径和景观路边的镶边材料，也宜于园林绿地中或建筑物旁丛植，以及群体栽植于林下半阴处作地被植物。花时，似雪的一片，十分悦目。如在草坪中成丛散植，可组成缀花草坪，饶有野趣。也可盆栽观赏。

园林应用参考种植密度 10丛×10丛/m²。

1	1.葱兰
2	2.葱兰丛植景观
3	3.葱兰与山石相伴

大花葱
Allium giganteum
百合科葱属

形态特征　多年生鳞茎状草本。株高1.5～2m，株幅15～20cm。叶圆筒形，浅绿色，长30～100cm。伞形花序，小花星状，密集，紫粉色，有50朵以上，呈球形，径10cm。花期夏季。

分布习性　原产亚洲中部。喜冷凉和阳光充足的环境。较耐寒，怕高温多湿，耐阴，怕风和积水。生长适温为12～24℃，冬季温度不低于0℃。土壤以富含腐殖质、疏松和排水良好的沙质壤土为宜。

繁殖栽培　种子成熟后阴干，放5～7℃低温贮藏，秋季播种，翌年早春发芽出苗，夏季地上部枯萎，形成小鳞茎，播种苗需培育4～5年才能开花。大花葱属秋植性球根植物，秋季将主鳞茎周围的子鳞茎剥下可直接盆栽。盆栽用直径15～20cm盆，每盆栽鳞茎3～5个，鳞茎栽植深度为5cm。盆土用腐叶土、培养土和粗沙的混合土。生长期盆土保持湿润，盆栽每2～3天浇水1次，盆土不宜过湿，更不能积水，否则鳞茎容易腐烂。花后进入休眠期，鳞茎留盆或挖出贮藏，保持通风、干燥。生长期施肥1～2次，抽出花茎时，增施1次磷钾肥，或用卉友15-15-30盆花专用肥。花后不留种，剪除花序，集中养分供鳞茎生长。

园林用途　布置花境、草坪边缘、坡地或岩石园，十分新奇，散发出一种自然美。盆栽陈设小庭院、台阶或居室，显得朴素优雅。

园林应用参考种植密度　5株×5株/m²。

1	3
2	
4	

1.成束的大花葱装点居室，清新典雅
2.大花葱的花球
3.大花葱丛植景观
4.大花葱群体的景观

大花美人蕉
Canna generalis
美人蕉科美人蕉属

形态特征 多年生草本。株高1.2～1.5m，株幅40～50cm。叶片长阔卵圆形，有深绿、棕或紫色。总状花序，花有白、黄、红、粉、橙、紫红和镶嵌条纹及洒金等。花期盛夏至初秋。

分布习性 栽培品种。喜温暖、湿润和阳光充足环境。不耐寒，耐湿，怕积水和强风。生长适温15～30℃，冬季温度不低于5℃。宜土层深厚、肥沃和排水良好的沙质壤土。

繁殖栽培 春季或秋季播种，种皮坚硬，播种前用温水浸种24小时或擦破种皮后播种，发芽适温21～24℃，播后3～5周发芽，实生苗当年能开花。早春用分株繁殖，萌芽前挖取根茎，分割成小段，每段必须带芽眼2～3个，开穴直接栽种，栽植深度8～10cm。盆栽用30～40cm釉缸或木桶。每盆栽5～7个根茎，栽植深度8～10cm，盆土用园土、腐叶土和泥炭土的混合土。生长期土壤保持湿润，夏秋花期盆土不能脱水，但庭院栽植也怕淹水。生长期施肥2～3次，用腐熟饼肥水，花前增施1次磷钾肥。花后将花茎及时剪去，促使抽出新花茎，可继续开花。地上部枯萎后，剪去茎叶，盖于植株上方，以备安全越冬。

园林用途 常作墙垣、小庭园或建筑物旁的背景材料。丛植点缀草坪边缘、花境和池畔，花时景色十分自然优雅。在庭园的墙角、窗前或台阶两侧布置，碧绿青翠，花时光彩明亮，对比强烈又和谐悦目，增添美色和欢愉。盆栽点缀厅堂或居室，落地或装饰窗台，有一种令人感到新奇的境界，让人轻松与陶醉。

园林应用参考种植密度 2株×2株/m²。

常见栽培品种 热情(Tropical)系列，株高70～80cm，株幅40～50cm。花色有玫红、黄色、红等。花大，花径7～10cm。从播种至开花需12～14周。'怀俄明''Wyoming'，株高1.2～1.5m。花橙黄色。'黄未来''Yellow'，株高1.2～1.5m。花黄色，花瓣上被有红色小斑点。'金星''Gold Star'，株高1.5～1.8m。花红色，花瓣边缘金黄色。'总统''The President'，株高1.2～1.5m。花鲜红色。

1	2	3
	4	
	5	
	6	

1.大花美人蕉热情系列
2.大花美人蕉'总统'
3.大花美人蕉'怀俄明'
4.大花美人蕉'黄未来'
5.大花美人蕉丛植景观
6.大花美人蕉花前叶片也美

大丽菊
Dahlia pinnata
菊科大丽菊属

形态特征 多年生草本。株高50～250cm，株幅60cm。叶片一至三回羽状深裂，裂片卵形，中绿至深绿色。头状花序顶生，舌状花有白、黄、橙、粉、红、紫等色，管状花黄色。花期盛夏至秋季。

分布习性 原产墨西哥、哥伦比亚、危地马拉。喜温暖、湿润和阳光充足环境。夏季凉爽，不耐干旱，怕积水。生长适温为10～25℃，温差在10℃以上的地区，有利于生长和开花。温度超过30℃，生长差，开花少。宜肥沃、排水良好的沙质壤土。

繁殖栽培 矮生大丽花用播种繁殖，独本大丽花用分株和扦插繁殖。早春播种，发芽适温16℃，播后2周发芽，播种苗在发芽后3周移栽，4周后定植或盆栽。春季分株，将块根分割栽种，常采用催芽的块根，待有2片叶展开时上盆。冬末或早春取块茎萌发枝扦插，剪取3～5cm长的芽头，插于沙床，约2～3周生根后盆栽，扦插苗当年可开花。独本大丽花用25～30cm盆，矮生大丽花用12～15cm盆。盆土用腐叶土、炉灰、沙和腐熟饼肥等配制的混合土。栽植前均需施足基肥。生长期盆土保持湿润，花期浇水掌握"干透浇透"的原则，每1～2天向叶面喷水1次。浇水时不要把水直接淋在花朵上，否则花瓣容易腐烂。地栽雨后注意排水。生长期每旬施肥1次，用腐熟饼肥水，或用卉友15-15-30盆花专用肥。栽种的独本大丽花，保留主枝的顶芽继续生长，及时去除侧芽；多本大丽花需摘心，促使多分枝、多开花。对过密的叶片应适当疏除。花谢后及时摘除整枝残花，促使新花枝形成，可再度开花。如果花茎折断时，需从底部剪除，即会重新长出新枝。

园林用途 矮生种盆栽点缀居室、前庭、台阶，具吉祥、幸福之意。若成片摆放花坛、花境、广场，气氛活跃、奔放热闹。

园林应用参考种植密度 2株×2株/m²。

常见栽培品种 瑞格莱特（Rigoletto）系列，株高35～40cm，株幅40～50cm。花重瓣、半重瓣，花色有白、黄、橙、粉、红、紫和红白双色等色，花径6～7cm。花期盛夏至秋季。早花、矮生。'紫鹦鹉''Purple Parrot'，花紫色。

1	2
3	4
5	
6	

1.大丽菊'神秘日'
2.大丽菊'紫鹦鹉'
3.大丽菊瑞格莱特系列
4.大丽菊'黄睡莲'
5.大丽菊丛植景观
6.大丽菊用于配景

大岩桐
Sinningia speciosa
苦苣苔科大岩桐属

形态特征 多年生草本。株高25～30cm，株幅25～30cm。叶片卵圆形至长圆形，深绿色，被茸毛，背面具红晕。花钟形，有红、蓝紫或白色。花期夏季。

分布习性 原产巴西。喜温暖、湿润和半阴环境。夏季怕强光、高温，喜凉爽；冬季怕严寒和阴湿。生长适温为16～23℃，冬季为10～12℃。夏季高温多湿，植株被迫休眠，冬季温度不低于5℃。宜肥沃、疏松和排水良好的壤土。

繁殖栽培 春季采用室内盆播，种子细小，播后不必覆土，发芽适温15～21℃，播后2～3周发芽，幼苗具6～7片真叶时盆栽，秋季开花。叶片扦插繁殖，剪取健壮充实的叶片，叶柄留1cm剪下，稍晾干，插入珍珠岩或河沙中，遮阴保湿，插后10～15天生根。春季还可用分割块茎繁殖。盆土用肥沃园土、腐叶土和河沙的混合土。栽植时，块茎需露出盆土，每个块茎只留1个嫩芽。苗期盆土保持湿润，花期每周浇水2次，防止过湿，盆土需湿润均匀，浇水从盆边或叶片空隙下，切忌向叶面淋水，会造成叶斑或腐烂，且容易感染病菌。

生长期每2周施肥1次，肥液不能沾污叶片。花期每2周施磷钾肥1次。或用卉友15-15-30盆花专用肥。花后不留种，及时剪除开败的花茎，促使新花茎形成、继续开花和块茎发育。发现黄叶和残花应及时摘除。

园林用途 是节日点缀和装饰室内及窗台的理想盆花。用它摆放壁炉、花架、地柜，增添居室的欢乐气氛。也可摆放会议桌、橱窗、茶室，更添节日的欢乐气氛。

园林应用参考种植密度 5盆×5盆/m²。

常见栽培品种 灿烂（Canlan）系列，株高15～20cm，株幅15～20cm。花色有红、蓝等。皇后（Empress）系列，株高20～25cm，株幅20～25cm。叶片小，开花早，花色有粉红双色、淡紫双色、红、紫红、紫点、蓝色白边。锦花（Brocade）系列，株高15～20cm，株幅15～20cm。叶窄，花大重瓣，花径8cm，花色有红白双色、蓝白双色、红、蓝等。从播种至开花需22～27周，实生苗重瓣率90%。

1	2	1.大岩桐皇后系列
3	4	2.大岩桐灿烂系列
	5	3、4、5、6.大岩桐锦花系列
	6	

235

德国鸢尾
Iris germanica
鸢尾科鸢尾属

形态特征 多年生草本。根状茎短而粗壮，淡黄色，株高60~120cm，株幅30~40cm。叶丛生，剑形，长40cm，交互排列成两行。花茎高出叶丛，花鲜蓝色，花径10cm，具黄色的髯毛。花期春末。

分布习性 原产地中海地区。喜温暖、湿润和阳光充足环境。耐寒，耐干燥。生长适温为13~25℃，冬季为10~12℃，冬季能耐-15℃低温。在长江中下游地区栽培，3月初新芽萌发，花芽分化温度为5~20℃，分化过程约20~25天。花谢后地上部有短暂休眠期，老根萎缩、休眠期后新根逐渐萌发，地上茎冬季不完全枯萎。喜肥沃的黏性石灰质土壤。

繁殖栽培 播种，种子成熟后需当年播种，不宜干藏。常秋播，播前浸种24小时，冷藏10天，发芽适温18~21℃，春播约6周出苗，出苗整齐。实生苗需18~20个月可望开花。分株在花后休眠期至新根萌动前进行。将根茎挖出分割，每段根茎带1~2个芽。一般每隔2~3年分株1次。早春盆栽，用15~20cm盆。盆土用肥沃园土、泥炭土和河沙的混合土。地栽选肥沃的黏性石灰质土壤。生长期需充足水分，保持土壤湿润，叶片生长茂盛。花谢后地上部有短暂休眠期，老根萎缩，土壤应稍干燥些。4月开花前和6月花朵凋谢后各施1次肥，用腐熟饼肥水。花后不留种，将残花剪除，以免消耗养分。换盆或分株时，剪除过长的根系和萎缩的根茎。

园林用途 植株挺拔，花朵硕大，色彩幽雅。用它栽植于庭院的墙际、角隅或花器，花时十分赏心悦目，给人以雍容、典雅之感。

园林应用参考种植密度 4丛×4丛/m²。

常见栽培品种 '幻梦' 'Beautiful Vision'，花淡紫色。'魂断蓝桥' 'Blue Starcato'，花茎高1m，花蓝色，皱边。'幻仙' 'Fantasy Fair'，花茎高90cm，花淡紫色，髯毛红色。'雅韵' 'Gracious Living'，花茎高90cm，旗瓣乳白色，垂瓣淡紫，髯毛黄色。'麦耳' 'Wheatear'，花茎高95cm，花杏黄色，花瓣边缘波状，髯毛橘红色。

1	2
3	
4	

1.德国鸢尾的花朵
2.德国鸢尾与雕塑置景
3.德国鸢尾丛植景观
4.德国鸢尾丛植于道路两侧

地中海蓝钟花
Scilla peruviana
百合科绵枣儿属

形态特征 多年生草本。株高15～30cm，株幅15～20cm。叶半直立，披针形，5～15枚，丛生于基部，绿色。圆锥状总状花序，由50～100朵星状花组成，花平展，蓝紫色，也有白色，花径1.5～2.5cm。花期初夏。

分布习性 原产葡萄牙、西班牙、意大利及非洲北部。喜温暖、湿润和阳光充足环境。不耐严寒，耐半阴，生长适温15～20℃，冬季能耐-5℃低温。土壤以肥沃、疏松和排水良好的腐叶土或泥炭土为好。

繁殖栽培 常用分株和播种繁殖。分株可在秋季进行，也可将鳞茎旁的子鳞茎剥下直接盆栽，一般3年分株1次。播种，种子成熟后即播，发芽适温15～25℃，播种苗需培育2～3年才能形成开花鳞茎。秋季盆栽，常用15～18cm盆，每盆栽植1个鳞茎，待早春萌芽后要注意浇水，生长期施1～2次稀薄液肥，对肥力要求不严。花期土壤保持湿润，花后减少浇水，以免土壤过湿，引起鳞茎腐烂。

园林用途 地中海蓝钟花植株低矮，花序大，花色淡雅，花姿优美。盆栽点缀居室窗台、阳台，使环境显得柔和轻快。如三五成丛装饰花境、岩石园，同样清新悦目，生机盎然。

园林应用参考种植密度 5株×5株/m²。

常见栽培种 西班牙蓝钟花*Scilla hispanica*，株高30～40cm，株幅10～12cm。叶舌状，深绿色，长20～40cm。总状花序，着花10～15朵，钟状，蓝色，长2cm。花期春季。

1	2
3	
4	

1.地中海蓝钟花大花序
2.地中海蓝钟花
3.西班牙蓝钟花丛植景观
4.西班牙蓝钟花

东方百合
Lilium 'Oriental Hybrid'
百合科百合属

形态特征 多年生草本。株高1～1.5m，株幅20～30cm。叶片互生，披针形，深绿色。总状花序，花大，漏斗状，裂片外翻，花有白、红、粉等色，具红或黄条纹及红色斑点，有浓郁的香气。花期夏季。

分布习性 种间杂种。喜温暖、湿润和阳光充足环境。不耐严寒，怕高温多湿，忌积水，耐半阴。生长适温15～25℃，冬季温度不低于0℃。宜肥沃、疏松和排水良好的微酸性沙壤土。适合于长江流域以南地区栽培。

繁殖栽培 种子成熟后即播，发芽适温13～18℃。鳞茎休眠期进行分株或用鳞片扦插。盆栽用15～20cm深筒盆，每盆栽1～3个鳞茎，栽植深度2～3cm，如果用催芽鳞茎，芽尖稍露土面。盆土用腐叶土、泥炭土和粗沙的混合土，加少量腐熟饼肥屑和骨粉。生长期每周浇水1次，盆土保持湿润，但盆土切忌过湿，会导致鳞茎腐烂；花后逐渐减少浇水，待地上部分枯萎后停止浇水，盆土保持干燥。春季生长初期和现蕾时各施肥1次，用腐熟饼肥水。如果不留种，花谢后立即剪除花茎，有利于鳞茎的发育。待茎叶枯黄凋萎后，剪除地上部分。

园林用途 盆栽点缀居室、窗台或阳台，呈现出豪华、热情的氛围。也是时尚的高档切花，素雅、浅色的花，韵味十足；红色绮丽的花，充满魅力，还常用于花束、捧花和插花。

园林应用参考种植密度 4株×4株/m²。

常见栽培品种 '贝莱扎''Bellezza'，株高80～100cm。花淡紫至淡粉色，花瓣基部布有小红点。'吉尼维''Geneve'，株高90～100cm。花白色，花瓣被红晕，基部布有小红点。'泰伯''Tiber'，株高90～100cm。花红色，花瓣顶端粉白色。'流星''Star Gazer'，株高100～115cm。花红色，花瓣边缘白色，基部布有深色小红点。

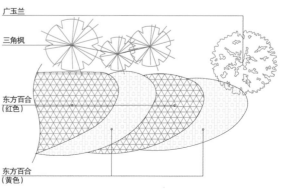

广玉兰

三角枫

东方百合
（红色）

东方百合
（黄色）

用两色东方百合配置的景观平面图

1	3
2	
4	
5	

1.东方百合'贝莱扎'
2.东方百合'泰伯'
3.东方百合'吉尼维'
4.东方百合用于室内景观布置
5.东方百合用于景观布置

番红花
Crocus sativus
鸢尾科番红花属

形态特征 多年生草本。株高5～15cm，株幅5cm。叶片基生，线形，灰绿色。花1～3朵顶生，花淡紫红色，柱头深红色。花期秋季。

分布习性 原产欧洲中部和西部。喜凉爽、湿润和半阴环境。耐寒，忌炎热，怕雨涝积水。生长适温15～20℃，冬季能耐 -15℃低温。宜肥沃、有机质丰富、疏松和排水良好的沙质壤土。适合于黄河流域以南地区栽培。

繁殖栽培 种子成熟后即播，发芽适温15～17℃。球茎休眠时分株。家庭栽植番红花常用20cm特制的有孔盆，每盆栽球茎10多个。盆土用肥沃园土、泥炭土或腐叶土和沙的混合土。地栽，施足基肥，秋花种在8月栽植，栽植深度为5～6cm。盆栽后浇水，以利生根；生长期每周浇水2～3次，盆土保持湿润。花后叶片逐渐枯黄则停止浇水。开花前后各施1次磷钾肥，有利于球茎发育。花后摘除残花，以免消耗养分。

园林用途 配植花坛或作林下地被植物，景色十分自然，具有浓厚的乡村气息。盆栽或水养也十分可爱诱人。

园林应用参考种植密度 20株×20株/m²。

常见种及栽培品种 番黄花*Crocus flavus*，原产希腊、土耳其、罗马尼亚、原南斯拉夫。多年生草本。株高8cm，株幅5cm。叶片狭线形，6～8枚，深绿色。花单生，橙黄色，花药淡黄色。花期春季。'纪念''Remembrance'，株高10～12cm，株幅5cm。花紫色。'匹克威克''Pickwick'，株高10～12cm，株幅5cm。花瓣白色，具浅紫和深紫条纹，基部深紫色。'安塞里''Anseley'，株高8～10cm，株幅5cm。花黄色。'雪旗''Snow Bunting'，株高7～8cm，株幅5cm。花白色。

1	
2	
3	4

1.番红花'安塞里'
2.番红花'雪旗'
3.番红花'纪念'
4.番红花'匹克威克'

风信子
Hyacinthus orientalis
百合科风信子属

形态特征 多年生草本。株高20～30cm，株幅8～10cm。叶片线状至披针形，上有凹沟，亮绿色。总状花序顶生，花筒状钟形，单瓣或重瓣，有紫、白、红、黄、粉、蓝等色。花期早春。

分布习性 原产土耳其、叙利亚、黎巴嫩。喜凉爽、湿润和阳光充足环境。不耐严寒，怕强光。鳞茎在6℃下生长最好，萌芽适温为5～10℃，叶片生长适温10～12℃，现蕾开花以15～18℃最有利。鳞茎贮藏为20～28℃，对花芽分化最好。宜肥沃、疏松和排水良好的沙质壤土，忌过湿和黏质土壤。

繁殖栽培 种子采后即播，发芽适温13～18℃，夏季休眠期分株繁殖。盆栽用12～15cm盆，每盆栽1个鳞茎，20cm盆，每盆栽3～5个鳞茎。盆土用腐叶土、培养土和粗沙的混合土。盆栽时1/3露出土面，地栽深度5～8cm。生长期和开花期，盆土保持湿润，如果在低温条件下，土壤过于潮湿，根系易腐烂或花序枯萎。鳞茎休眠期停止浇水，保持干燥。盆栽植株在叶片生长期施肥1～2次。地栽植株长出叶丛时，施磷钾肥1次。花期结束后，再施肥1次。花后剪除花茎，防止消耗鳞茎养分，有利于鳞茎发育。

园林用途 宜花坛、花境、林下、草坪边缘自然式布景，花时，有浓厚的春天气息。盆栽点缀窗台和居室显得青翠光亮，抒发春光。成片摆放公共场所或配置景点，更加鲜艳夺目。鳞茎水养，放置书桌、案头，新奇别致。

园林应用参考种植密度 10株×10株/m²。

常见栽培品种 '吉普赛女王''Gipsy Queen'，花橙色。'简·博斯''Jan Bos'，花红色。极早花种。'卡耐基''Carnegie'，花白色。晚花种。'蓝裳''Blue Jacket'，花深蓝色。晚花种。'紫色感动''Purple Sensation'，花淡紫色。

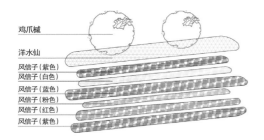

鸡爪槭
洋水仙
风信子（紫色）
风信子（白色）
风信子（蓝色）
风信子（粉色）
风信子（红色）
风信子（紫色）

用不同颜色的风信子配置的景观平面图

1	2	5
3	4	
6		
7		

1.风信子'蓝裳'
2.风信子'简·博斯'
3.风信子'卡耐基'
4.风信子'紫色感动'
5.风信子'吉普赛女王'
6.风信子与黄水仙组景
7.风信子的带状景观布置

芙蓉酢浆草
Oxalis purpurea
酢浆草科酢浆草属

形态特征 多年生常绿草本。株高10～12cm，株幅15～20cm。叶片基生，有长柄，叶柄顶端着生小叶3枚，阔卵圆形，深绿色。花单生，漏斗状，紫红色。花期秋季至翌年春季。

分布习性 原产非洲南部。喜温暖、湿润和阳光充足环境，较耐阴，耐干旱，忌高温干燥。生长适温20～28℃，冬季能耐－5℃低温。宜肥沃、疏松和排水良好的沙质壤土。

繁殖栽培 盆栽用15～20cm盆，每盆栽1～3个鳞茎，栽植深度为2～3cm。盆土用泥炭土、蛭石和珍珠岩的混合土。生长期盆土保持湿润，夏季休眠期减少浇水，盆土保持稍湿即行。生长期每2周施肥1次，可用腐熟饼肥水，抽出花茎时施磷钾肥1次。休眠期停止施肥。生长期随时摘除黄叶和枯叶，花后摘除残花或僵花。

园林用途 布置花坛、花境、花槽，株丛密集，花姿柔美可爱，富有自然情趣。成片栽植作地被植物，花时成片红色花朵，十分醒目动人。盆栽可摆放阳光充足的窗台、阳台和台阶等处，使环境更显活泼、生动。

园林应用参考种植密度 5丛 × 5丛/m²。

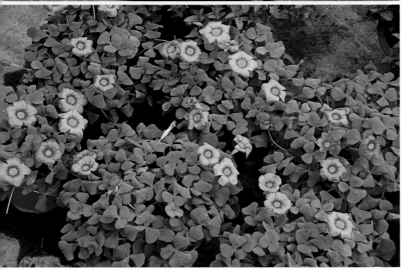

1	1.芙蓉酢浆草
2	2.芙蓉酢浆草

荷包牡丹
Dicentra spectabilis
紫堇科荷包牡丹属

形态特征 多年生草本。株高30～60cm，株幅45cm。叶片对生，二回羽状复叶，似牡丹叶片，淡绿色。总状花序弯垂，花形似荷包，外瓣玫红色，内瓣白色。花期春末和夏初。

分布习性 原产西伯利亚、中国、朝鲜。喜凉爽、湿润和半阴。耐寒，不耐高温和干旱，怕强光。生长适温15～25℃，冬季能耐-15℃低温。宜肥沃、疏松和排水良好的壤土。适合于长江流域及西南地区栽培。

繁殖栽培 春秋季均可播种。但春播种子必须层积处理，种子与泥炭一起放入薄膜口袋，在冰冻条件下存放6周，以打破种子休眠。发芽适温13～15℃，播后4～5周发芽。播种苗需培育3年才能开花。春秋季挖取根茎，按自然段顺势分开，分别盆栽或将根茎切成段，每段长8～10cm，必须带有芽眼，插入沙床，约4～5周生根后盆栽。盆栽常用20～25cm盆。栽植前施足基肥，栽植时根茎必须带芽眼，否则不易成苗。盆土用腐叶土、培养土和粗沙的混合土。生长期盆土保持湿润，开花后盆土需逐渐干燥，防止盆土过湿导致肉质根茎腐烂。地栽雨后注意排水。生长期每2周施肥1次。开花前施磷钾肥1次。花谢后剪除花茎，地上部枯萎，可挖起根茎在室内进行促成栽培或剪除枯萎茎叶留地越冬。

园林用途 叶丛美丽，花朵玲珑，形似荷包，色彩鲜红。用它布置庭院花境、山石旁或草坪边缘，花时呈现出清爽明快，简洁素雅的自然气氛。

园林应用参考种植密度 3丛×3丛/m²。

1	2
3	
4	

1.荷包牡丹花序
2.荷包牡丹全株
3.荷包牡丹与牡丹配景
4.荷包牡丹丛植景观

红花酢浆草
Oxalis rubra
酢浆草科酢浆草属

形态特征 多年生常绿草本。株高15～25cm，株幅20～30cm。叶片灰绿色，基生，有长柄，叶柄顶端着生小叶3枚。聚伞花序，小花花瓣5枚，基部联合，玫瑰红色。花期春至秋季。

分布习性 原产巴西。喜温暖、湿润和阳光充足环境，较耐阴，耐干旱，忌高温干燥。生长适温20～28℃，冬季能耐－5℃低温。宜肥沃、疏松和排水良好的沙质壤土。适合于长江流域以南地区栽培。

繁殖栽培 春季播种，发芽适温13～18℃。全年均可分株。盆栽用15～20cm盆，每盆栽3个鳞茎，栽植深度为5cm。盆土用肥沃园土、泥炭土和沙的混合土。生长期盆土保持湿润，地栽夏秋干燥时注意补充水分。生长期每2个月施肥1次，可用腐熟饼肥水。生长期栽植要将植株的大部分老叶剪去，仅留正在伸出的新叶。冬季移栽，可将叶片全部剪去再地栽。

园林用途 布置花坛、花境、花槽，株丛稳定，线条清晰，富有自然情趣。成片栽植作地被植物，花时又似红色海洋，十分壮观诱人。盆栽可摆放阳光充足的窗台、阳台和台阶等处，表现出乡风质朴的感觉。

园林应用参考种植密度 5丛×5丛/m²。

常见栽培品种 白花酢浆草*Oxalis rubra* var.*alba*，花白色。

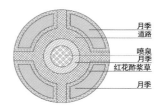

红花酢浆草配置花坛平面图

月季
道路
喷泉
月季
红花酢浆草
月季

1	3	1.红花酢浆草
2		2.白花酢浆草
4		3.红花酢浆草与黄木香配景，构成层次丰富的景观
5		4.红花酢浆草花带布置
		5.红花酢浆草用于步道边布置

红花石蒜
Lycoris radiata
石蒜科石蒜属

形态特征 多年生草本。株高30～50cm，株幅20cm。叶片细带状，深绿色。伞形花序，有花4～6朵，鲜红色。花期夏末和秋初。

分布习性 原产中国、日本。喜温暖、湿润和半阴环境。较耐寒，耐干旱和强光。生长适温15～25℃，冬季能耐－5℃低温，夏季有休眠习性。宜富含腐殖质、排水良好的沙质壤土。适合于长江流域以南地区栽培。

繁殖栽培 种子成熟后即播，发芽适温6～12℃，鳞茎休眠期分株繁殖。盆栽用20cm的深筒盆，每盆栽5～6个鳞茎，栽植深度为5～6cm。盆土用肥沃园土、腐叶土和粗沙的混合土。地栽在栽植前施足基肥。叶片生长期和夏、秋花前，可充分浇水，盆土保持湿润。抽出花茎前施肥1次，有利于花茎出土，粗壮整齐。秋季幼叶萌发出土后再施肥1次，叶丛萌发青翠整齐。如果培育种鳞茎，抽出花茎应立即剪除，以免消耗养分。

园林用途 布置花境、假山或林下作地被植物，夏秋红花怒放时，一片鲜红，引来群蝶飞舞，给人以艺术享受。

园林应用参考种植密度 5丛×5丛/m^2。

1	2
3	
4	

1.红花石蒜招引凤蝶
2.红花石蒜路边散植的景观效果
3.红花石蒜的群落景观
4.红花石蒜与明代红墙组景

红花文殊兰
Crinum amabile
石蒜科文殊兰属

形态特征 多年生草本。株高50～70cm，株幅50～70cm。叶带状，绿色，长1.2～1.4m。伞形花序顶生，着花12～15朵，花窄瓣状，白色带紫红色。花期春季至夏季。

分布习性 原产苏门答腊。喜温暖、湿润和半阴环境。生长适温为13～19℃，冬季鳞茎休眠期适温为10℃，越冬温度不低于8℃。不耐寒，怕强光暴晒，耐盐碱土。宜含腐殖质丰富的肥沃、疏松和排水良好的沙质壤土。

繁殖栽培 盆栽用直径15～25cm盆，栽植不宜过深，以不见鳞茎为准。盆土用肥沃园土、腐叶土和粗沙的混合土。每2年换盆1次，生长期盆土保持湿润，但不能积水，否则容易烂根。花后盆土保持稍湿润，冬季盆土宜干不宜湿。生长期每月施肥1次，或用卉友20-20-20通用肥。抽出花茎前，增施1次磷钾肥。花后不留种，及时剪除花序残梗，促使子鳞茎充实。随时清除基部黄叶、枯叶。

园林用途 盆栽用于入口处和门厅布置，具有鲜明、艳丽和华美的效果。丛栽庭院或草地边缘，营造出绿意浓郁的美丽空间。

园林应用参考种植密度 2株×2株/m²。

1	2
3	
4	

1.红花文殊兰的花朵
2.红花文殊兰
3.红花文殊兰的花序
4.红花文殊兰用于室内景点布置

忽地笑
Lycoris aurea
石蒜科石蒜属

形态特征 多年生草本。株高60cm，株幅20cm。叶片细带状，中绿色。伞形花序，顶生，漏斗状，花5～6朵，黄色，边缘波状。花期春季至夏季。

分布习性 原产中国、日本。喜温暖、湿润和半阴环境。较耐寒，耐干旱和强光。生长适温15～25℃，冬季能耐–5℃低温，夏季有休眠习性。宜富含腐殖质、排水良好的沙质壤土。

繁殖栽培 种子成熟后立即播或湿沙贮藏进行秋播，发芽适温6～12℃，翌年春季萌发幼苗并形成小鳞茎，实生苗需培育4～5年才能开花。秋季花后或春季叶片刚枯萎时进行分株繁殖，挖鳞茎时勿损伤须根，否则影响当年开花。盆栽用15～20cm的深筒盆，每盆栽3～5个鳞茎，栽植深度为8～10cm。盆土用肥沃园土、腐叶土和粗沙的混合土。地栽在栽植前施足基肥。叶片生长期和夏、秋花前，可充分浇水，盆土保持湿润。抽出花茎前施肥1次，有利于花茎出土，粗壮整齐。秋季幼叶萌发出土后再施肥1次，叶丛萌发青翠整齐。如果培育种鳞茎，抽出花茎应立即剪除，以免消耗养分。

园林用途 夏秋间盛开黄花，反卷、皱缩，冬季叶色翠绿。用它布置草地边缘、林下或配置多年生混合花境，可构成自然佳境。也是很好的地被植物。

园林应用参考种植密度 5丛×5丛/m²。

1	2
3	
4	

1、3.忽地笑
2.忽地笑在庭院中的布置
4.忽地笑用于道路两侧布置

'花叶'艳山姜
Alpinia zerumbet 'Variegata'
姜科山姜属

形态特征 多年生草本。株高2.5～3m，株幅1～1.2m。叶片长圆披针形，深绿色，镶嵌淡黄条纹。总状花序，下垂，成对生，花白色，具紫晕，芳香。唇瓣黄色，具红和褐色条纹。花期夏季。

分布习性 原产亚洲东部。喜高温、多湿和明亮阳光。不耐寒，耐半阴，怕强光。生长适温22～28℃，冬季温度不低于7℃，宜肥沃、保湿较好的壤土。适合于华南地区栽培。

繁殖栽培 种子成熟后立即播种，发芽适温25～30℃，播后2～3周发芽。家庭常用分株繁殖，春、夏季挖出根茎，剪去地上部分茎叶，切取根茎4～5cm长一段，带2～3个茎。盆栽用20～25cm釉缸或木桶。每盆栽3～5段根茎，栽植深度6～8cm，盆土用肥沃园土、腐叶土和泥炭土的混合土，加少量腐熟饼肥屑。每2年换盆1次。生长期土壤保持湿润，夏季花期盆土不能脱水，空气干燥时向叶面喷水。庭院栽植选排水好的场所，下雨后注意排水，防止受淹。生长期每月施肥1次，用腐熟饼肥水，花前增施1次磷钾肥，或用卉友20-20-20通用肥。后将花茎及时剪去，促使抽出新花茎，可继续开花。随时剪除过密枝叶和折断茎叶。换盆时剪除老根茎和过长须根。

园林用途 在南方，配置于池畔、溪边或建筑物周围，使景观更丰富悦目。盆栽点缀休闲的客厅，使气氛既安详又有灵性。

园林应用参考种植密度 1株/m²。

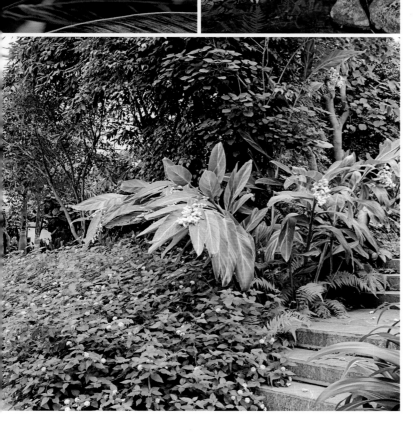

1	3	
2		
4		

1.'花叶'艳山姜的花
2.'花叶'艳山姜抽生的花序
3.'花叶'艳山姜用于室内水景布置
4.'花叶'艳山姜在坡地上布置

花毛茛
Ranunculus asiaticus
毛茛科毛茛属

形态特征　多年生草本。株高20～45cm，株幅20cm。叶片宽卵圆形至圆形，3深裂，叶缘齿牙状，浅绿至深绿色。花杯状，有红、粉、黄或白等色，具紫黑色花心。花期春末夏初。

分布习性　原产地中海地区、非洲东北部、亚洲西南部。喜凉爽、湿润和阳光充足的环境。较耐寒、也耐半阴，怕强光暴晒和高温，忌积水和干旱。生长适温白天15～20℃，夜间7～10℃，冬季温度不低于-5℃，夏季有休眠现象。土壤以肥沃、疏松和排水良好的微酸性沙质壤土为宜。

繁殖栽培　秋季播种，发芽温度10～18℃。秋季或春季分株繁殖。盆栽用12cm盆，每盆栽苗3株，块根栽植深度为2～3cm。盆土用培养土、腐叶土和粗沙的混合土，加少量鸡粪。早春生长期盆土保持湿润，露地栽培，雨后注意排水，防止积水。花期保证土壤湿润，开花接近尾声，叶片逐渐老化，逐渐减少浇水。地上部发黄枯萎时，停止浇水。开花前追肥1～2次，花后再施肥1次，用腐熟饼肥水，或用卉友15-15-30盆花专用肥。花后不留种应剪去残花，有利于块根的发育。

园林用途　庭园中丛植于草地边缘，栽植花槽和台阶。花时，繁花似锦，给人们留下喜悦的意韵。若盆栽，装饰室内窗台、阳台、客厅，格调高雅，温馨美艳。

园林应用参考种植密度　5株×5株/m²。

常见栽培品种　花谷（Bloomingdale）系列，株高20～25cm，株幅20～25cm。花色有粉瓣绿心、红瓣绿心、粉红、黄、红、玫红、紫、金黄、白、蓝双色、橙双色等，花径9～13cm。新乐园（Xinleyuan）系列，花有橙红、白瓣粉边等。

1	2	3	10
4	5	6	
7	8		11
9			

1、3、4、5、6.花毛茛花谷系列
2.花毛茛新乐园系列
7.花毛茛用于花坛布置
8.花毛茛与蓝眼菊、异果菊等组成的花境
9.花毛茛用于布置小品，颇富情趣
10.花毛茛用于景点布置
11.花毛茛与毛地黄、白晶菊等组成的花境

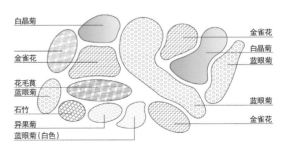

花毛茛配置景观平面图

（图中标注）白晶菊　金雀花　白晶菊　蓝眼菊　金雀花　花毛茛　蓝眼菊　石竹　异果菊　蓝眼菊（白色）　蓝眼菊　金雀花

'黄脉'美人蕉
Canna ×generalis 'Striata'
（美人蕉科美人蕉属）

形态特征　多年生草本。株高1～1.5m，株幅40～50cm。叶片淡绿色至黄绿色，具亮黄色脉纹。总状花序似唐菖蒲，花橙色，花径8cm。花期盛夏至初秋。

分布习性　栽培品种。喜温暖、湿润和阳光充足环境。不耐寒，耐湿，怕积水和强风。生长适温15～30℃，冬季温度不低于5℃。宜土层深厚、肥沃和排水良好的沙质壤土。适合于长江流域以南地区栽培。

繁殖栽培　春季或秋季播种，发芽适温21℃。播前种子温水浸种24小时。早春分株。盆栽用30～40cm釉缸或木桶。每盆栽5～7个根茎，栽植深度8～10cm，盆土用园土、腐叶土和泥炭土的混合土。生长期土壤保持湿润，夏秋花期盆土不能脱水，但庭院栽植也怕淹水。生长期施肥2～3次，用腐熟饼肥水，花前增施1次磷钾肥。花后将花茎及时剪去，促使抽出新花茎，可继续开花。地上部枯萎后，剪去茎叶，盖于植株上方，以备安全越冬。

园林用途　在庭园的墙角、窗前、台阶两侧或建筑小品旁布置，叶形宽阔，俊美，叶色黄绿镶嵌，富有纹彩，在橙红色花序的衬托之下，显得豪华气派。若摆放公园或商厦等入口处，优美的叶姿给人轻松柔和的感觉。室外成丛或成带状栽植于林缘、草地、道路和分隔带，也成为视觉欣赏的焦点。盆栽点缀居室，十分亲切，也能增添环境的色彩。

园林应用参考种植密度　2株×2株/m²。

'黄脉'美人蕉在水边配置景观平面图

（图中标注）
金鸡菊
波斯菊
紫叶美人蕉
景石
'黄脉'美人蕉
海桐
美人蕉
景观水池

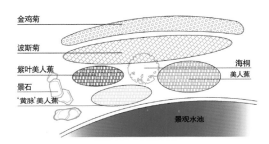

1	2
3	
4	

1.'黄脉'美人蕉的丛植景观
2.'黄脉'美人蕉与粉条美人蕉用于庭院布置
3.'黄脉'美人蕉用于庭院中配植
4.'黄脉'美人蕉用于水边配景

火星花
Crocosmia × crocosmiflora
鸢尾科雄黄兰属

形态特征 又叫射干菖蒲。多年生草本。株高50～60cm，株幅8～10cm。叶片线状，剑形，淡绿色。花序拱形，花橙色或黄色。花期夏季。

分布习性 原产南非。喜温暖、湿润和阳光充足环境。较耐寒，冬季能耐－15℃低温，栽培品种耐－5℃。亦耐半阴和干旱，宜肥沃、疏松和排水良好的沙质壤土。球茎3月中旬发芽，6～7月开花，12月茎叶逐渐枯萎越冬，球茎自然繁殖力较强。适合于黄河流域以南地区栽培。

繁殖栽培 分株，春季新芽萌发前挖起球茎，可直接分球栽植。一般3年分株1次。播种，以9月秋播，发芽适温21～24℃，播后21～30天发芽，播种苗需2～3年开花。由于火星花匍匐茎的伸长生长和植株的萌生力较强，庭园栽植前土壤要充分翻耕，施足基肥，地栽株行距20cm×20cm，15cm盆栽用球茎3～5个，栽植深度为球茎高的2倍，大球茎栽后当年可开花，小球茎第二年开花。生长期保持土壤湿润。3月中旬萌芽，孕蕾期和花谢后各施肥1次，可使叶茂花盛，并形成充实的更新球茎。球茎的贮藏温度为2～5℃。

园林用途 配植花境、花坛或岩石园，仲夏花时十分自然得体。若大面积片植于林下、空隙地和向阳坡地，景观十分热烈壮观。也可盆栽和作切花观赏。

园林应用参考种植密度 10株×10株/m²。

常见栽培品种有 '埃米莉·麦肯齐''Emily Mckenzie'，株高60cm。叶中绿色。花长4～5cm，鲜橙色，喉部具红褐色斑点。'火鸟''Firebird'，株高80cm。叶中绿色。花长5～8cm，橙红色。'火王''Fire King'，株高40～60cm。叶中绿色。花双色，橙红和黄色，长2～3cm。'金羊毛''Golden Fleece'，株高60～75cm。叶中绿色。花长5cm，柠檬黄色。'汉密尔顿小姐''Lady Hamilton'，株高60～75cm。叶中绿色。花长3～4cm，金黄色，中心具杏黄色。'金星''Lucifer'，株高1～1.2m，叶中绿色。花长5cm，番茄红色。

1	2	1.火星花的花朵
3		2.火星花的花枝
4		3.叶翠花艳的火星花
		4.火星花丛植景观

黄 水 仙

Narcissus pseudo-narcissus

石蒜科水仙属

形态特征 多年生草本。株高45cm，株幅15cm。叶片宽线形，灰绿色。顶生1花，花横向，花被片6枚，乳白色，副花冠喇叭形，裂端皱折，红色。花期春季。

分布习性 原产欧洲。喜温暖、湿润和阳光充足环境。较耐寒，耐半阴。生长适温为17～20℃，叶片生长18～20℃，鳞茎花芽分化17～20℃，鳞茎贮藏13～17℃。宜土层深厚、肥沃、排水良好的微酸性沙质壤土。适合于长江流域以南地区栽培。

繁殖栽培 种子成熟后即播，发芽适温8～15℃，初夏和初秋鳞茎休眠期分株。盆栽用15～20cm盆，每盆栽鳞茎3～5个。盆土用肥沃园土、腐叶土和粗沙的混合土。盆栽覆土刚好盖住鳞茎顶芽，栽后浇透水。冬季根部生长期和春季叶片生长期，盆土保持湿润，但不能积水。开花后逐渐减少浇水，鳞茎休眠期保持干燥。生长期施肥1～2次，花期增施磷钾肥1次，或用卉友15-15-30盆花专用肥，促使鳞茎充实。生产种鳞茎，当抽出花茎时需及时摘除。

园林用途 群植或散植于庭院草地中、假山堆石的隙缝中以及水池、溪沟流水旁，使早春风光更加明媚动人。盆栽或小型插花，点缀窗台、阳台和客厅，显得格外清秀高雅。

园林应用参考种植密度 6株×6株/m²。

常见栽培品种 '巴雷特·白朗宁''Barret Browning'，花横向，花被片6枚，乳白色，副花冠喇叭形，裂端皱折，红色。'贝尔坎托''Belcanto'，花横向，花被片6枚，乳白色，副花冠大，喇叭形，裂端皱折，淡黄色。'卡尔顿''Carlton'，花横向，花被片6枚，淡黄色，副花冠大，喇叭形，裂端皱折，黄色。'笨冰''Ice Follies'，花横向，花被片6枚，白色，副花冠大，杯状，裂端皱折，白色，花心淡黄色。'白狮''White Lion'，花横向，重瓣，花瓣乳白色，雄蕊瓣化，具黄、白色，裂缘橙红色，花径11cm。'塔希提''Tahiti'，花重瓣，副花冠短，橙红色，点缀瓣间。'迪克·怀尔登''Dick Wilden'，花重瓣，花瓣和副冠，金黄色。'德克萨斯''Texas'，花重瓣，花瓣和副冠金黄色，花心红色。'彻富尔内斯''Cheerfulness'，株高40cm。花重瓣，花瓣和副冠有白色和黄色两种，花径5.5cm。'花漂''Flower Drift'，花重瓣，花瓣白色，副冠红色。'新娘花冠''Bridal Crown'，株高40cm。花重瓣，白色，花径4cm。

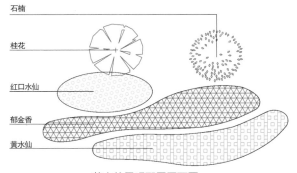

黄水仙景观配置平面图

石楠
桂花
红口水仙
郁金香
黄水仙

1	2	3	6
4	5		7

1.黄水仙'冰之舞'
2.黄水仙'卡尔顿'
3.黄水仙'彻富尔内斯'
4.黄水仙'德克萨斯'
5.黄水仙与郁金香组景
6.黄水仙与风信子组景
7.黄水仙的林下景观

嘉兰
Gloriosa superba
百合科嘉兰属

形态特征　多年生蔓生草本。株高1～2m，株幅20～30cm。叶片亮绿色，卵圆披针形至长圆形，长4～8cm。花朵单生于枝顶叶腋间，花被片向上反曲，上部红下部黄，也有绿色和窄瓣品种等，花径5～10cm。花期夏季至秋季。

分布习性　原产热带非洲、印度。喜温暖、湿润和半阴环境。不耐寒、怕强光暴晒、积水和干旱。生长适温为18～25℃，冬季温度不低于17℃。土壤以富含腐殖质，排水、通气良好和保水力强的壤土为宜。

繁殖栽培　吊盆栽培用12～15cm盆，每盆栽苗2～3株。盆土用腐叶土或泥炭土、肥沃园土和粗沙的混合土。栽植深度为5cm。栽植后充分浇水，并经常喷雾，保持较高的空气湿度。但切忌浇水或喷水过多，使叶片褐化掉落。生长期盆土保持湿润，花后逐渐减少浇水至停水。生长期每2周施肥1次，用腐熟饼肥水，或用卉友20-20-20通用肥。夏、秋花期增施1～2次磷钾肥。花后摘除残花，蔓枝过长时进行疏剪造型。

园林用途　嘉兰枝蔓缠绕，花色多彩。吊盆悬挂窗台、客厅，红黄相间的花朵又似在翩翩起舞，充满着强烈的动感美。其花枝用于切花和制作胸花或新娘捧花。

园林应用参考种植密度　5株×5株/m^2。

常见栽培品种　'米萨托红''Misato Red'，花瓣红色，边缘黄色。'南方风''Southern Wind'，花瓣浅黄绿色。

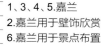

1	3
	4
2	5
6	

1、3、4、5.嘉兰
2.嘉兰用于壁饰欣赏
6.嘉兰用于景点布置

桔 梗
Platycodon grandiflorum
桔梗科桔梗属

形态特征 多年生草本。株高50～60cm，株幅25～30cm。叶片卵圆形至卵圆披针形，具锯齿，淡蓝绿色。花单朵或数朵顶生，钟状，有蓝紫、粉、白等色。花期夏末。

分布习性 原产西伯利亚东部、中国北部、朝鲜、日本。喜凉爽、湿润和阳光充足的环境。耐寒，耐阴，忌高温、多湿。生长适温13～21℃，冬季能耐－15℃低温。以肥沃、疏松和排水良好的沙质壤土为好。适合于黄河流域以南地区栽培。

繁殖栽培 播种繁殖，春播或秋播，发芽适温18～21℃。夏季分株或初夏分割基部带根苗。盆栽用15cm的深盆。盆土用肥沃园土和腐叶土的混合土，加少量腐熟饼肥屑。生长期盆土保持湿润，切忌水分过多或排水不畅，容易使根部罹病或腐烂。生长期每月施肥1次，用腐熟饼肥水，开花前增施1次磷钾肥。花后不留种应立即剪除，以免消耗养分。初冬地上部分逐渐枯萎，剪除枯枝叶。

园林用途 桔梗花蕾似气球，花时如悬铃，十分可爱，具有新鲜感和亲近感。适合于盆栽或花坛布置，也可点缀岩石园和用于切花。盆栽点缀窗台和阳台，碧绿的叶片，清雅的花朵，令人感到舒适。若用桔梗花枝瓶插，摆放茶几或餐桌，清爽明快，会带来好心情、好胃口。

园林应用参考种植密度 4株×4株/m²。

1	1.桔梗花
2	2.桔梗的花枝
3	3.桔梗丛植景观

立金花
Lachenalia aloides
百合科立金花属

形态特征 多年生草本。株高15~20cm，株幅5~7cm。叶片带状，绿色，有紫红色细斑点。总状花序，有花10余朵，钟状，黄褐色，边缘紫红色。花期冬季或早春。

分布习性 原产南非。喜冬季温暖、夏季凉爽气候。不耐寒，怕强光和积水。生长适温为13~18℃，休眠期为7~13℃，冬季温度不低于5℃。宜肥沃、疏松和排水良好的沙质壤土，切忌过湿或黏质土壤。适合于西南地区栽培。

繁殖栽培 种子成熟后立即播种，发芽适温13~18℃，夏季或秋季进行分株繁殖。盆栽用8~10cm深筒盆，每盆栽鳞茎1个；13cm盆，栽3个鳞茎；15cm盆，栽5个鳞茎。栽植深度为2~3cm。盆土用腐叶土、泥炭土和粗沙的混合土。栽后浇透水，在第1片绿芽出现后才能再浇水。否则盆土过湿，会导致鳞茎腐烂；生长期每周浇水1次，盆土保持湿润。花期每2周浇水1次，盆土保持稍湿润。花后减少浇水，直至叶片变黄。生长期每2周施肥1次，开花前后各施1次磷钾肥，有利于鳞茎发育。如果不留种，花后应立即剪除花茎，以免消耗植株养分，影响鳞茎的发育。

园林用途 用于小庭园和室内装饰，若用木桶、陶罐、椰壳和瓷盆等容器栽植，呈现出柔和温馨或豪华典雅的风格。

园林应用参考种植密度 12株×12株/m²。

常见栽培品种 '纳马克瓦''Namakwa'，总状花序有花10余朵，钟状，黄褐色，边缘紫红色。'罗莫德''Romaud'，总状花序着花50朵以上，钟状，横生，淡黄色，具绿晕。'罗梅利亚''Romelia'，总状花序稍短，有花15~20朵，钟状，下垂，黄褐色，芽期棕红色。'罗尼娜''Ronina'，总状花序短着花15朵左右，钟状，横生，基部稍膨大，金黄色。'罗莎贝思''Rosabeth'，总状花序着花15~20朵，钟状，稍下垂，红色，边缘绿色。

1	3
	4
2	5

1.立金花'罗莎贝思'
2.立金花'罗尼娜'
3.立金花'纳马克瓦'
4.立金花'罗梅利亚'
5.立金花'罗莫德'

六出花
Alstroemeria aurantiaca
石蒜科六出花属

形态特征 多年生草本。株高1m，株幅45cm。叶片长披针形，亮绿色。伞形花序，花小而多，喇叭形，橙黄色或黄色，内轮具深红色条斑。花期夏季。

分布习性 原产智利。喜温暖、湿润和阳光充足环境。夏季需凉爽，怕炎热，耐半阴，不耐瘠薄。生长适温为15～25℃，25℃以上生长旺盛，但花芽难以分化。冬季能耐-10℃低温。宜肥沃、疏松和排水良好的沙质壤土。适合于西南地区栽培。

繁殖栽培 播种，种子成熟后即播，每克种子有50～60粒，发芽适温16～18℃，播后14～28天发芽，发芽率在80%～85%。秋播六出花翌年夏季开花，春播苗秋季开花。分株在秋季或早春进行，将地下块茎小心挖出，分切后盆栽，每个块茎保留2～3个芽。荷兰企业以出售成品花和组培苗为主，英、美国家主要出售种子。盆栽用12～15cm盆，秋季挖取块茎栽植，每个块茎需留2～3个芽。栽植深度3～5cm。盆土用肥沃园土、泥炭土和河沙的混合土，加少量过磷酸钙。每2年换盆1次。生长期土壤保持湿润，夏秋干旱时，应及时浇水补充，否则影响植株生长和开花，冬季减少浇水，盆土保持稍干燥。生长期每2周施肥1次，可用腐熟饼肥水，或卉友28-14-14高氮肥。花后不留种，将残花及时剪除；茎叶密集，需疏叶，保留粗壮花芽，可使花期多开花。随时摘除黄叶和枯叶。

园林用途 花形奇异，花色丰富，盛开时更显典雅富丽，盆栽点缀阳台或网格，奇特新颖，充满时代气息。用于公共场所的橱窗、大堂、接待厅摆放，显得格外典雅富丽。

园林应用参考种植密度 2株×2株/m²。

常见栽培品种 ‘巴黎魅力’‘Paris Charm’，花淡橙红色。‘菲奥纳’‘Fiona’，花浅粉色。‘托斯凯恩’‘Toscane’，花深粉色。‘维多利亚’‘Victoria’，花亮黄色。

1	2	1.六出花 ‘托斯凯恩’
	3	2.六出花 ‘维多利亚’
4		3.六出花 ‘巴黎魅力’
5		4.六出花
		5.六出花 ‘菲奥纳’

欧洲银莲花
Anemone coronaria
毛茛科银莲花属

形态特征 多年生草本。株高30～45cm，株幅15cm。根出叶三回深裂，中绿色。花单生，萼片花瓣状，有单瓣、半重瓣和重瓣。白、红、紫、蓝和双色等。花期春季。

分布习性 原产地中海地区。喜凉爽、湿润和阳光充足的环境。较耐寒，怕高温多湿和干旱，耐半阴。生长适温为15～20℃，遮光50%～60%。夏季高温和冬季低温时，块根处于休眠状态。土壤需肥沃、疏松和排水良好的壤土。适合于淮河流域以南地区栽培。

繁殖栽培 种子成熟后即播，发芽适温15～20℃。早春或秋季分株。盆栽用12～15cm盆，每盆栽3个块根，盆栽深度1.5cm，地栽深度5～7cm，栽后浇水，促使块根萌芽。盆土用腐叶土、肥沃园土和粗沙的混合土。盆土表面干燥后浇水，开始抽枝开花，盆土必须保持湿润，土壤干燥会影响开花的质量。地栽，雨雪天后注意排水，防止积水。冬季盆土切忌过湿，以免块根腐烂。生长期每月施1次薄肥，用腐熟饼肥水。开始见花，加施1次磷钾肥，有助于果实和块根的发育。或用卉友15-15-30盆花专用肥。花后不留种，及时剪除残花，有利于块根充实。

园林用途 适用花坛、花境、草坪边缘和岩石园配置，非常新颖别致。长花枝和重瓣种可供切花和盆栽，点缀居室，显得轻盈活泼，充满活力。

园林应用参考种植密度 6株×6株/m²。

常见栽培品种 '莫纳·利萨''Mona Lisa'，株高30～40cm，株幅15～20cm。花单生，萼片花瓣状，单瓣，花色有淡紫、白、红、紫等。'德·凯恩''De Caen'，株高30～45cm，株幅15cm。花单生，萼片花瓣状，单瓣，具5～8瓣，花色有白、红、紫、蓝和双色等。

1	2
3	4
5	

1、3.欧洲银莲花'莫纳·利萨'
2、4.欧洲银莲花'德·凯恩'
5.欧洲银莲花与花毛茛等组成花境

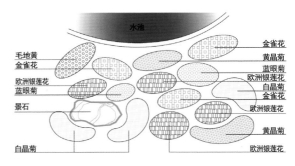

欧洲银莲花配置花境平面图

葡萄风信子
Muscari botryoides
百合科蓝壶花属

形态特征 多年生草本植物。有皮鳞茎卵圆形，白色。株高15～30cm，株幅5～10cm。基生叶半圆柱状线形，深粉绿色，肉质。花茎直立，高15～20cm，顶端簇生12～20朵小球状花，下垂，蓝紫色，有白粉，呈总状花序。花期春季至初夏。

分布习性 原产欧洲的中部和东南部。喜温暖、湿润和阳光充足环境。耐寒性强，不畏重霜，初夏需凉爽，耐半阴。生长适温为15～17℃，冬季能耐–15℃低温。土壤用疏松、肥沃和排水良好的沙质壤土，切忌黏质土壤。

繁殖栽培 春、秋季播种，发芽适温18～24℃，播后6～8周发芽，播种苗培育3年才能开花。秋季分株，每2～3年分株1次。分株的鳞茎在栽植前用0.3%硫酸铜液浸泡30分钟消毒，然后用水洗净，晾干后栽植。盆栽用7cm盆，栽3个鳞茎；9cm盆，栽5～7个鳞茎；12cm盆，栽9个鳞茎。盆土用肥沃园土、腐叶土的混合土，加少量腐熟饼肥。栽植深度以覆土能盖住鳞茎为准，栽后浇透水。生长期每周浇水1次，花期每周浇水2次，盆土保持湿润，切忌干燥。但浇水过多或盆土过湿，易导致鳞茎腐烂。花谢后逐渐减少浇水，让鳞茎以较为干燥状态进入休眠期。盆栽或地栽，栽植前施足基肥，开花前施1次磷钾肥。如果不留种，花后立即摘除花茎，有利于鳞茎充实。

园林用途 植株矮小，蓝紫色球状小花宛如一串串紫葡萄，娇小玲珑，十分可爱。盆栽或丛栽花篮摆放阳台、网格或桌台，别有一番情趣。

园林应用参考种植密度 10株×10株/m²。

常见栽培品种 ‘白色魔力’'White Magic'，株高15～20cm，株幅5cm。花白色。‘大西洋’'Atlantic'，株高15～30cm，株幅5～10cm。花天蓝色。‘亚美尼亚’'Amerniacum'，株高15～30cm，株幅5～10cm。花深蓝色。

1	2	3
	4	
	5	

1.葡萄风信子丛栽景观
2.葡萄风信子‘大西洋’
3.葡萄风信子‘白色魔力’
4.葡萄风信子丛植景观
5.葡萄风信子与郁金香配景

球根秋海棠
Begonia tuberhybrida
秋海棠科秋海棠属

形态特征 多年生草本。株高30cm,株幅30cm。叶片心脏形,中绿色。花单生,有单瓣、半重瓣和重瓣,花有红、白、黄、粉、橙等色。花期夏季。

分布习性 栽培品种。喜温暖、湿润和半阴环境。不耐寒,忌高温,怕积水和强光。生长适温为16～21℃,冬季温度不低于10℃。不耐高温,超过32℃易引起茎叶枯萎和花芽脱落,35℃以上则地下块茎腐烂死亡。宜肥沃、疏松和排水良好的沙质壤土。适合于西南地区栽培。

繁殖栽培 种子成熟后即播,发芽适温21℃。初夏取带顶芽的嫩枝扦插。吊盆栽培用20～25cm盆,每盆栽苗3～4株。盆土用腐叶土或泥炭土、肥沃园土和河沙的混合土,加入少量的腐熟厩肥。盆栽块茎稍露出土面。生长期充分浇水,若供水不足,茎叶易凋萎倒伏,若浇水过量,块茎易引起水渍状溃烂。夏秋花期切忌浇水过多或大雨冲淋,花后减少浇水,地上部逐渐枯黄脱落,挖出块茎稍干燥后贮藏。生长期每旬施肥1次,用腐熟饼肥水。或用卉友15-15-30盆花专用肥。如果不留种,花后立即摘除花茎,有利于块茎充实。

园林用途 盆栽点缀客厅、橱窗或窗台,色彩鲜丽,娇媚动人。用它布置花坛、花境和入口处,显得分外妖娆,制作吊篮悬挂厅堂、阳台和走廊,色翠欲滴,鲜明艳丽。

园林应用参考种植密度 4株×4株/m²。

常见栽培品种 永恒(Nonstop)系列,株高20cm,花大,重瓣,花色有粉红、白、黄、红、玫白双色等,花径9～11cm。从播种至开花需17～19周。修饰(Ornament)系列,株高20～80cm,花大,重瓣,花色有粉红、白、乳黄、杏黄、绯红、金色花边等,花径6～8cm。从播种至开花需16～18周。幻境(Panorama)系列,株高20～30cm,花大,重瓣,花色有粉红、白、黄、绯红、红等,花径6～7cm。从播种至开花需16～18周。

1	2	3
4		5
6		7
8		

1.球根秋海棠'坎坎'
2.球根秋海棠'修饰黄花'
3.球根秋海棠'浅黄茶花'
4.球根秋海棠'常丽金橙'
5.球根秋海棠'杏喜'
6.球根秋海棠用于室内悬挂观赏
7.球根秋海棠盆栽用于室内观赏
8.球根秋海棠用吊盆作悬挂观赏

球根鸢尾
Iris xiphium
鸢尾科鸢尾属

形态特征　多年生草本。株高60～90cm，株幅15～20cm。叶丛生，剑形，中绿色。花单生，淡蓝紫色至深蓝紫色或淡紫红色，垂瓣的脊中心黄色。花期冬末和早春。

分布习性　原产高加索、土耳其、伊拉克、伊朗。喜温暖、湿润和阳光充足环境。较耐寒，怕干旱。生长适温为16～20℃，冬季温度不低于0℃。宜肥沃、疏松和排水良好的中性或微碱性沙质壤土。

繁殖栽培　种子成熟后当年秋播或翌年春播，发芽适温18～21℃，播后5～6周发芽，实生苗培育3～4年才能开花。9月至11月挖取鳞茎进行分株繁殖，地栽每隔2年分株1次。早春盆栽，用15～20cm盆，每盆栽3个鳞茎，栽植深度2～3cm。盆土用腐叶土、泥炭土和河沙的混合土。地栽前施足基肥，栽后浇透水。生长期需充足水分，保持土壤湿润，叶片生长茂盛。夏季地上部枯萎后，鳞茎进入休眠期，土壤保持干燥或贮藏在23～25℃条件下，准备秋季种植。生长期每月施肥1次，用腐熟饼肥水。花茎开始生长时施1次骨粉肥。花谢后老鳞茎逐渐消失，长出新鳞茎，可用卉友15-15-20盆花专用肥，促使新鳞茎充实肥大。花后不留种，将残花剪除，以免消耗养分。

园林用途　植株挺拔，花朵硕大，色彩幽雅。用它栽植于庭院的墙际、角隅或花器，花时十分赏心悦目，给人以雍容、典雅之感。布置于池畔、湖边或溪沟旁，花时显得清新典雅，十分悦目。盆栽和切花更显高雅、亲切。

园林应用参考种植密度　10株×10株/m²。

常见栽培品种　'阿波罗''Apollo'，株高75～80cm，花垂瓣黄色，旗瓣白色。'布朗教授''Professor Blaauw'，株高75～80cm，花深蓝色。'理想''Ideal'，株高65～70cm，花蓝色。卡萨（Casablanca）系列，株高70～80cm，花有白、淡蓝等色。

1	2
3	4
5	

1.球根鸢尾卡萨系列
2.球根鸢尾'理想'
3.球根鸢尾'阿波罗'
4.球根鸢尾'布朗教授'
5.球根鸢尾丛植景观

261

射 干

Belamcanda chinensis

鸢尾科射干属

形态特征 多年生草本。根茎结节状，短而粗壮，黄色。株高45～90cm，株幅20～25cm。叶基生或茎生，广剑形，扁平，呈扇状，粉绿色。顶生花序，每个花序着生15～20朵花，花深橙色，有深红色斑点，花径4～5cm。花期夏季。

分布习性 原产印度、中国、日本。喜温暖、稍干燥和阳光充足环境。较耐寒，耐高温和干旱。生长适温为10～15℃，34℃以上高温仍能正常生长，冬季温度不低于4℃。宜肥沃、疏松和排水良好的沙质壤土。适合长江流域地区栽培。

繁殖栽培 春季播种，发芽适温21～27℃，播后3周左右发芽出苗，需培育2～3年才能开花。分株在春季进行，将带芽根茎或匍匐茎挖出，纵向劈开，每段带芽1～2个，待切口稍干燥后栽种，10天后出苗，每隔2～3年分株1次。盆栽用15～20cm深盆，栽植深度3～4cm。盆土用腐叶土、肥沃园土和粗沙的混合土，加入少量厩肥。地栽选土层深厚的沃肥园土。生长期盆土保持湿润，天气干旱时，注意补水。地上部分枯萎后则停止浇水。春季根茎萌芽后和7月花期前各施肥1次。9月上旬追施磷肥1次，促进地下根茎发育。重霜后植株逐渐枯萎，根茎可留地越冬。剪除地上部分，换盆时修剪过长根系。花后剪除残花。

园林用途 布置花境或点缀林缘、草坪边缘、灌木丛旁和建筑物前，花时极富天然野趣。花枝用于插花欣赏。

园林应用参考种植密度 4株×4株/m²。

常见栽培变种 黄花射干*Belamcanda chinensis* var. *flava*，花黄色。

1	2
3	
4	

1.黄花射干
2.射干
3.射干在草地中丛植
4.射干景观

文殊兰
Crinum asiaticum
石蒜科文殊兰属

形态特征 多年生草本。株高50～60cm，株幅10～15cm。叶片带状，中绿色。伞形花序顶生，着花10～20朵，花窄瓣状，白色，芳香。花期春季至夏季。

分布习性 原产东南亚的热带地区。喜温暖、湿润和半阴环境。生长适温为13～19℃，冬季鳞茎休眠期适温为7～10℃，越冬温度不低于5℃。不耐寒，怕强光暴晒，耐盐碱土。宜肥沃、疏松和排水良好的沙质壤土。适合于华南地区栽培。

繁殖栽培 文殊兰种子大，春季采用室内浅盆点播，覆土2cm，发芽适温21℃，播后2～3周发芽，播种苗培育3～4年才能开花。春季结合换盆，将母株周围的小鳞茎剥下进行分株繁殖，一般2～3年分株1次。盆栽用直径15～25cm盆，栽植不宜过深，以不见鳞茎为准。盆土用肥沃园土、腐叶土和粗沙的混合土。每2年换盆1次。生长期盆土保持湿润，但不能积水，否则容易烂根。花后盆土保持稍湿润，冬季盆土宜干不宜湿。生长期每月施肥1次，或用卉友20-20-20通用肥。抽出花茎前，增施1次磷钾肥。花后不留种，及时剪除花序残梗，促使子鳞茎充实。随时清除基部黄叶、枯叶。

园林用途 盆栽用于门庭入口处和会议室布置，具有高雅简洁和清凉之感。丛栽院落或草地边缘，让人感到清爽明快，富有情趣。

园林应用参考种植密度 2株×2株/m^2。

常见栽培品种 '银边'文殊兰*Crinum asiaticum* 'Silver-Stripe'，叶片带状，中绿色，叶缘镶嵌白色条纹，花白色。

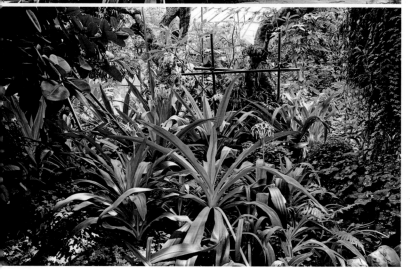

1	1.文殊兰
2	2.文殊兰用于室内景观布置
3	3.文殊兰丛植景观

仙客来黄水仙
Narcissus cyclamineus
石蒜科水仙属

形态特征 多年生草本。株高35cm，株幅15cm。叶片窄线形，龙骨状突起，亮绿色。顶生1花，花横向，花被片6枚，黄或白色，副花冠长喇叭形，裂端皱折，黄色或橙色。花期春季。

分布习性 原产葡萄牙、西班牙。喜温暖、湿润和阳光充足环境。耐寒，耐半阴。生长适温为17～20℃，叶片生长18～20℃，鳞茎花芽分化17～20℃，鳞茎贮藏13～17℃。宜土层深厚、肥沃、排水良好的微酸性沙质壤土。适合于长江流域以南地区栽培。

繁殖栽培 种子成熟后即播，发芽适温8～15℃，秋播于翌年春季出苗，当年形成小鳞茎，需培育4～5年成为能开花的种鳞茎。家庭常用分株繁殖，秋季挖出鳞茎时剥下子鳞茎进行分株盆栽。主鳞茎开花率100%，侧鳞茎开花率80%～90%，子鳞茎需培育2～3年成为能开花的种鳞茎。盆栽用15～20cm盆，每盆栽鳞茎3～5个。盆土用肥沃园土、腐叶土和粗沙的混合土。盆栽覆土刚好盖住鳞茎顶芽，栽后浇透水。冬季根部生长期和春季叶片生长期，盆土保持湿润，但不能积水。开花后逐渐减少浇水，鳞茎休眠期保持干燥。生长期施肥1～2次，花期增施磷钾肥1次，或用卉友15-15-30盆花专用肥，促使鳞茎充实。生产种鳞茎，当抽出花茎时需及时摘除。

园林用途 群植或散植于庭院草地中、假山堆石的隙缝中以及水池、溪沟流水旁，使早春风光更加明媚动人。盆栽或小型插花，点缀窗台、阳台和客厅，显得格外清秀高雅。

园林应用参考种植密度 8株×8株/m^2。

常见栽培品种 '二月金''February Gold'，花横向，金黄色，花径7.5cm，副花冠深喇叭形，金黄色。'二月银''February Silver'，花横向，花被片6枚，乳白色，副花冠长喇叭形，淡黄色。'喷火''Jetfire'，花横向，花被片6枚，金黄色，花径7.5cm，副花冠长喇叭形，亮橙色。'小姑娘''Litter Witch'，花横向，花被片金黄色，花径4cm，副花冠长喇叭形，金黄色。'鸽翼''Dove Wings'，花横向，花被片6枚，乳白色，花径8.5cm，副花冠长喇叭形，浅柠檬黄色。

1	2
3	4
5	6

1.仙客来黄水仙在道旁的丛植景观
2.仙客来黄水仙'喷火'
3.仙客来黄水仙'鸽翼'
4.仙客来黄水仙'二月银'
5.仙客来黄水仙'小姑娘'
6.仙客来黄水仙'二月金'盆栽观赏

小苍兰
Freesia refracta
鸢尾科香雪兰属

形态特征 多年生草本。株高20～40cm，株幅15～20cm。叶片线形，绿色。穗状花序顶生，着花5～10朵，花窄漏斗状，有白、黄、粉、紫、红、淡紫等。花期冬末至翌年早春。

分布习性 原产南非。喜凉爽、湿润和阳光充足环境。不耐寒，怕高温，忌干旱。生长适温15～20℃，冬季温度不低于0℃。宜肥沃、疏松和排水良好的沙质壤土。适合于室内栽培。

繁殖栽培 小苍兰常用分株繁殖，每年5月前后球茎进入休眠期，在母球周围形成3～5个小球茎，将小球茎剥下，分级贮藏于凉爽通风场所。9月开始取出球茎进行盆栽。春季或秋季采用室内盆播，发芽适温13～18℃，播后2周左右发芽，实生苗需4～5年才能开花。盆栽用12cm盆，栽5～7个球茎，栽植深度2～3cm。盆土用腐叶土、肥沃园土和沙的混合土。生长期盆土保持湿润，盆土过湿则花枝细，花朵小。茎叶自然枯萎后，则停止浇水。生长期每旬施肥1次，用腐熟饼肥水，抽出花茎后则停止施肥。抽出花茎时应设支架，防止花茎倒伏，花后剪除残花。

园林用途 盆栽宜点缀客厅、窗台、镜前或书房，清香素雅，满室春晖。冬春用切花插瓶，格调高雅，充满春意，给主人带来好心情。

园林应用参考种植密度 6盆×6盆/m²。

常见栽培品种 ‘白天鹅’‘White Swan’，花白色带黄晕。‘粉红之光’‘Pink Glow’，花深粉色花心白色。‘康蒂基’‘Kontiki’，花橙红色，基部橙色。‘帕拉斯’‘Pallas’，花重瓣，红色，基部白色。

1	2
3	4
5	

1.小苍兰‘白天鹅’
2.小苍兰‘粉红之光’
3.小苍兰‘帕拉斯’
4.小苍兰‘康蒂基’
5.小苍兰用于插花欣赏

仙客来
Cyclamen persicum
（报春花科仙客来属）

形态特征 多年生草本。株高20～30cm，株幅15～20cm。叶片心形，深绿色，有白色斑纹，背面淡紫绿色。花单生，花蕾时下垂，开花时上翻，形似兔耳。有白、红、紫、橙红、橙黄等色，以及花边、皱边、斑点和重瓣状等。花期初冬至翌年早春。

分布习性 原产地中海的东南部和非洲北部。喜冬季温暖、夏季凉爽的气候。喜湿润，忌积水。喜光但怕强光直射，光照不足导致叶片徒长、花色不正。生长适温为12～20℃，冬季温度不低于10℃，夏季温度不超过35℃。土壤用腐殖质丰富的沙质壤土。

繁殖栽培 秋季采用室内盆播，种子大，播前用30℃温水浸种4小时，发芽适温为12～15℃，约2周发芽。一般品种从播种至开花需24～32周。块茎休眠期可用球茎分割法繁殖。生长期还可用叶插和组培繁殖。盆栽用12～16cm盆，秋季休眠块茎萌芽后盆栽，块茎露出土面。盆土用腐叶土、泥炭土和粗沙的混合土。生长期每周浇水2～3次，盆土保持湿润。抽出花茎，每周浇水3次，必须待盆土干透再浇水。花期浇水不要洒在花瓣或花苞上。花后叶片开始转黄，应减少浇水。休眠块茎若盆土过湿易腐烂，过于干燥则推迟萌芽和开花。生长期每旬施肥1次，花期增施磷钾肥1次，或用卉友20-20-20通用肥。用液肥时不能沾污叶面。随时摘除残花败叶，以免霉烂影响结实。

园林用途 盆栽冬季装点客厅、案头、商店、餐厅等处，十分高雅，具气度不凡之感。在欧美也是圣诞节馈赠亲朋好友的礼仪花卉。

园林应用参考种植密度 5盆×5盆/m²。

常见栽培品种 傣女（Dainu）系列，花色有白花红边、XL紫斑、红边红心白、梦幻紫等。花大，株型紧凑。上盆后17～22周开花。哈里奥（Halios）系列，大花，花色有火焰纹紫色、火焰纹红品、梦幻深紫色、皱边混色、橙红色等。生长整齐，抗性强，花期长。浪花（Langhua）系列，花色有白瓣红点、白、粉红、紫红、浅粉、大红等。花大，抗病，花边皱褶。水晶宫（Shuijinggong）系列，花色有浅紫粉、深红、白、紫、紫红、玫红、紫粉等。花大，株型坚挺，播种至开花需30～32周。天鹅（Tiane）系列，花色有红、浅紫、白、紫红、玫红、白色玫红眼等。生长快而整齐。播种至开花需30～32周。

1	2	3	11
4	5	6	
7	8	12
9	10	

1、6.仙客来浪花系列　8.仙客来'哈里'
2.仙客来天鹅系列　9.仙客来用于吊盆观赏
3.仙客来水晶宫系列　10.仙客来用于室内环境布置
4、5.仙客来傣女系列　11.仙客来的艺术盆栽
7.仙客来'XL紫斑'　12.丰富多彩的仙客来

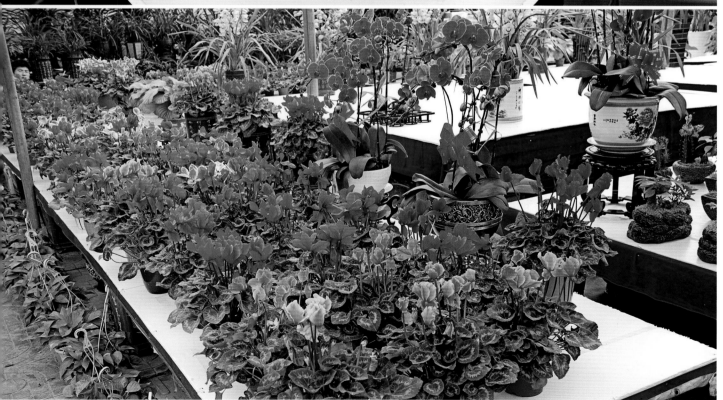

亚马逊百合
Eucharis grandiflora
石蒜科南美水仙属

形态特征 多年生草本。株高40～60cm，株幅30cm。叶片线状披针形至宽披针形，绿色。花漏斗形，花筒细长，紫粉色。花期夏季。

分布习性 原产哥伦比亚。喜温暖、湿润和半阴环境。不耐寒，耐阴，忌阳光暴晒，怕积水和干旱。生长适温20～24℃，冬季温度不低于10℃。宜肥沃、富含腐殖质的沙质壤土。适合长江流域以南地区栽培。

繁殖栽培 春季或花后进行分株，将母株旁生的子鳞茎剥下可直接盆栽，子鳞茎如果不马上栽植，必须贮藏于15℃和稍干燥的条件下。种子成熟后即播，发芽适温17～20℃，实生苗需培育2年才能开花。盆栽用15～20cm盆，每盆栽3～5个鳞茎。盆土用腐叶土或泥炭土和蛭石的混合土。生长期盆土保持湿润，经常向叶面和地面喷水，保持较高的空气湿度。花后停止浇水，休眠期切忌潮湿，否则鳞茎容易腐烂。生长期每2个月施肥1次，用腐熟饼肥水，或用卉友15-15-30盆花专用肥。氮肥使用量不宜多。花后不采种，剪去花茎，以集中养分供鳞茎生长。

园林用途 叶片翠绿，花朵洁白，光滑如玉，高雅动人，香气浓郁诱人。适合花径、岩石园、花坛和花境布置，清新悦目。若用高档瓷盆、玻璃盆或卡通盆装饰，放置于书桌、窗台，优雅别致，娇媚动人。

园林应用参考种植密度 3丛×3丛/m²。

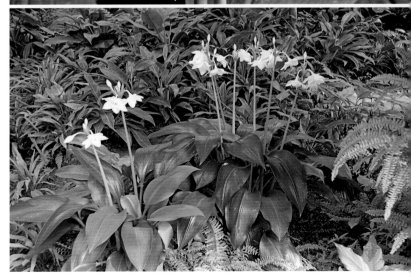

1	1.亚马逊百合的花朵
2	2.亚马逊百合
3	3.亚马逊百合丛植景观

亚洲百合
Lilium 'Asiatic Hybrid'
百合科百合属

形态特征 多年生草本。株高80～100cm，株幅20～30cm。叶片互生，窄卵圆形或椭圆形，深绿色。总状花序，花漏斗状，朝上开放，有黄、红、橙等色，有的品种花瓣上有深色斑点。花期夏季。

分布习性 种间杂种。喜温暖、湿润和阳光充足环境。不耐严寒，怕高温多湿，忌积水，耐半阴。生长适温15～25℃，冬季温度不低于0℃。宜肥沃、疏松和排水良好的微酸性沙壤土。适合于长江流域以南地区栽培。

繁殖栽培 种子成熟后即播，发芽适温13～18℃，鳞茎休眠期进行分株或用鳞片扦插。盆栽用15～20cm深筒盆，每盆栽1～3个鳞茎，栽植深度2～3cm，如果用催芽鳞茎，芽尖稍露土面。盆土用腐叶土、泥炭土和粗沙的混合土，加少量腐熟饼肥屑和骨粉。生长期每周浇水1次，盆土保持湿润，但盆土切忌过湿，否则会导致鳞茎腐烂；花后逐渐减少浇水，待地上部分枯萎后停止浇水，盆土保持干燥。春季生长初期和现蕾时各施肥1次，用腐熟饼肥水。如果不留种，花谢后立即剪除花茎，有利于鳞茎的发育。待茎叶枯黄凋萎后，剪除地上部。

园林用途 适用于盆栽和插花观赏，盆栽点缀居室、窗台或阳台，绚丽夺目，富有质感，营造出家庭特有的温馨气氛。也是十分流行的高档切花，与紫罗兰、常春藤、满天星等组成的花束，赠送恩师，表达亲密无间的师生情。

园林应用参考种植密度 4株×4株/m²。

常见栽培品种 '阿拉斯加' 'Alaska'，株高100cm。花白色，花心绿色。'伦敦' 'London'，株高130cm。花浅黄色，带绿晕。'马贝拉' 'Marbella'，株高120cm。花黄色。'曼尼萨' 'Manesa'，株高110cm。花白瓣黄心。'乔兰达' 'Jolanda'，株高110cm。花橙红色。

1	2
3	4
5	
6	

1.亚洲百合 '曼尼萨'
2.亚洲百合 '伦敦'
3.亚洲百合 '阿拉斯加'
4.亚洲百合 '乔兰达'
5.亚洲百合的丛植景观
6.亚洲百合群体景观

'银纹'沿阶草
Ophiopogon intermedius 'Argenteomarginatus'
百合科沿阶草属

形态特征 多年生常绿草本。地下有横走根状茎。株高50～60cm，株幅25～30cm。叶簇生，线形，长40～50cm，深绿色，叶缘有纵长条白边，叶中央有细白纵条纹。总状花序，花白色。花期秋季。

分布习性 栽培品种。喜温暖、湿润和半阴环境。耐寒，耐水湿，不耐干旱和盐碱。生长适温16～24℃，冬季温度不低于10℃。宜肥沃、疏松和排水良好的沙质壤土。适合于长江流域以南地区栽培。

繁殖栽培 种子较大，春季采用室内盆播或露地条播，发芽适温20～24℃，播后40～50天发芽。分株在春季4～5月，将老株从盆内托出，去除宿土，将株丛切开，每盆有5～8叶丛，剪除老根和去除老叶。盆栽用15～20cm盆，每盆栽苗5～7株。盆土用肥沃园土、腐叶土和粗沙的混合土，加少量腐熟饼肥屑。生长期盆土保持湿润，空气湿度在50％～60％，但盆土过湿会引起块根腐烂。冬季室温较低时，盆土可略干些。生长期每月施肥1次，用腐熟饼肥水，或用15–15–30盆花专用肥。花后不留种，剪除残花茎。换盆时去除黄叶、枯叶，剪除老根和剪短过长根系。

园林用途 盆栽摆放居室、点缀花槽、装饰山石盆景，显得古朴典雅。成片布置庭院、池畔或墙角处，自然雅致，别具一格。

园林应用参考种植密度 4丛×4丛/m²。

	1	
2		3
	4	

1.'银纹'沿阶草
2.'银纹'沿阶草配植于草坪
3.'银纹'沿阶草的丛植景观
4.'银纹'沿阶草在庭院中散植布置

蜘蛛百合
Hymenocallis americana
石蒜科水鬼蕉属

形态特征 多年生草本。株高30～70cm，株幅25～30cm。叶片剑形，鲜绿色。伞形花序，着花3～8朵，白色，副冠钟形或宽漏斗形。花期夏至秋季。

分布习性 原产美洲热带地区。喜温暖、湿润和半阴环境。不耐寒，怕强光，不耐干旱。生长适温15～25℃，冬季温度不低于15℃。宜肥沃、富含腐殖质的黏质壤土。适合于华南地区栽培。

繁殖栽培 种子成熟后即播，发芽温度19～24℃。春季分株繁殖。盆栽用12～15cm盆，用腐叶土或泥炭土、肥沃园土和河沙的混合土。栽植深度以假鳞茎顶部与盆土齐平。生长期盆土保持湿润，如果室温低于15℃，湿度过大会造成假鳞茎腐烂。生长期每半月施肥1次，抽出花茎后加施磷钾肥1次，或用卉友15-15-30盆花专用肥。花谢后及时剪除残花，以免消耗养分。平时，清除基部黄叶和枯叶。

园林用途 布置小庭院水景或丛植林下、草地边缘、池畔、多年生混合花境中，使景色更加清雅幽静。盆栽可点缀客厅、书房。

园林应用参考种植密度 4丛×4丛/m²。

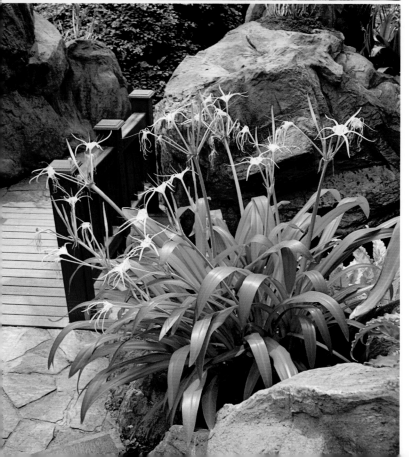

1	2	1.蜘蛛百合的花朵
3		2.蜘蛛百合
4		3.蜘蛛百合的丛植景观
		4.蜘蛛百合与置石配景

郁金香
Tulipa gesneriana
百合科郁金香属

形态特征 多年生草本。鳞茎扁圆锥形，周径在8cm以上，有褐色膜质外皮。株高40～45cm，株幅10～15cm。叶片披针形至卵圆披针形，中绿色。花单生，初时杯状，开放时呈星状，有红、橙、黄、白、紫红、黑等以及重瓣、复色。花期春季。

分布习性 原产小亚细亚和土耳其高山地带。如今栽培的都是杂交培育的栽培品种。喜温暖、湿润、夏季凉爽、稍干燥和阳光充足的环境。怕高温，忌积水，不耐阴和干旱。生长适温为18～22℃，冬季能耐-5℃低温。宜富含腐殖质、排水良好的沙质壤土。适合于黄河流域以南地区栽培。

繁殖栽培 秋季采用室内盆播，发芽适温为7～9℃，播后7～8周发芽。秋冬间结合栽种进行分株繁殖。栽种前，翻耕土壤，施足基肥，可用腐熟鸡粪、牛粪或垃圾肥。生长期土壤保持稍湿润，积水易导致鳞茎腐烂。从茎叶伸展至现蕾，施肥2～3次，可用卉友12-0-44硝酸钾肥。现蕾期和鳞茎膨大期可用20-8-20四季用高硝酸钾肥。花谢后将花朵剪除留花茎，有助于鳞茎发育。植株地上部枯萎，鳞茎进入休眠期。

园林用途 郁金香是世界著名的球根花卉。秀丽素雅的叶丛，挺拔的花茎，色彩丰润的花朵。用它配置花坛、花境、道旁或花器，呈现出一派浪漫情调。矮生种布置春季花坛，鲜艳夺目。高茎种作切花或配置花境，呈现出高贵典雅的气质。丛植于林下或草坪边缘，形成美丽和谐的春色景观。盆栽适用室内环境的装饰，使景观更柔美高雅。至今，美国白宫、法国卢浮宫多用郁金香装点，以增添欢快和热烈的气氛。

园林应用参考种植密度 5球×5球/m²。

常见栽培品种 '安娜琳达' 'Annelinde'，植株中等。花重瓣，浅粉色。'巴塞罗那' 'Barcelona'，植株很高。花玫红色。'黑英雄' 'Black Hero'，植株高。花深褐色。'干杯' 'Cheers'，植株很高。花白色。'热情鹦鹉' 'Flaming Parrot'，植株中等。花红白双色。'狂人诗' 'Gandes's Rhapsod'，植株高。花粉色。'法国之光' 'Ile De France'，植株矮。花红色。'蒙特卡洛' 'Monte Carlo'，植株中等。花重瓣，黄色。'紫旗' 'Purple Flag'，植株中等。花紫色。'夜皇后' 'Queen of Night'，植株高。花黑色。'声望' 'Renown'，植株很高。花红色。'春之绿' 'Spring Green'，植株高。花绿色。'人见人爱' 'World's Favourite'，植株中等。花橙红色。

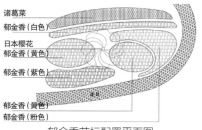

诸葛菜
郁金香（白色）
日本樱花
郁金香（黄色）
郁金香（紫色）
郁金香（黄色）
郁金香（粉色）

郁金香花坛配置平面图

1	2	3	9	10
4	5	6		
7		8	11	12

1.郁金香'紫旗'　　　7.郁金香'安达琳娜'
2.郁金香'春之绿'　　8.郁金香'蒙特卡洛'
3.郁金香'干杯'　　　9.色彩对比强烈的郁金香景观
4.郁金香'狂人诗'　　10.望不到边的郁金香
5.郁金香'热情鹦鹉'　11.郁金香在庭院中丛植景观
6.郁金香'黑英雄'　　12.郁金香群植的色彩美

中国水仙
Narcissus tazetta var. *chinensis*
（石蒜科水仙属）

形态特征 多年生草本。株高20～30cm，株幅15～20cm。叶片中绿色，扁平带状，质软而厚，表面有霜粉，长20～40cm。总状花序或圆锥花序，花碟形，有白、玫瑰红、粉红或紫等色，副冠鹅黄色，花径3～4cm。花期冬或春季。

分布习性 原产欧洲地中海地区。喜温暖、湿润和阳光充足环境。耐寒性较差，耐半阴和干旱，怕高温。生长适温10～20℃，冬季温度不低于0℃。宜土层深厚、疏松、肥沃的微酸性壤土。适合于长江流域以南地区栽培。

繁殖栽培 秋季用子鳞茎分株。盆栽用20cm盆，每盆栽鳞茎3个。盆土用肥沃园土和粗沙的混合土。水养选择健壮饱满的鳞茎，用潮湿砻糠灰或蛭石略加覆盖放暗处生根，然后以水石养于浅盆中。生长期盆土保持湿润，水养每天晚上将盆内水倒掉，第二天早晨再加新水，直至开花。盆栽或水养的中国水仙，一般不用施肥。生产种鳞茎，除施足基肥以外，生长期每半月施肥1次，鳞茎膨大期加施磷钾肥1～2次。生产种鳞茎，当抽出花茎时需及时摘除。

园林用途 配植庭园草地边缘、堆石假山旁或池塘溪沟边。水养雕刻或盆栽点缀书桌、案头和窗台。

园林应用参考种植密度 5株×5株/m²。

1		3
2		
	4	

1. 中国水仙单瓣种
2. 中国水仙摆放角隅欣赏
3. 中国水仙的盆栽观赏
4. 中国水仙重瓣种

紫娇花
Tulbaghia violacea
石蒜科紫娇花属

形态特征 多年生球根花卉。株高45～60cm，株幅25～30cm。叶狭长线形，亮绿色。聚伞花序，花茎细长，着花10朵左右，粉紫色。花期夏季至秋季。

分布习性 原产非洲南部。喜高温、湿润和阳光充足环境。不耐严寒，较耐阴，耐干旱，怕高温干燥和强光暴晒。生长适温22～28℃，冬季温度不低于5℃。宜肥沃、疏松和排水良好的沙质壤土。适合于长江流域以南地区栽培。

繁殖栽培 播种繁殖，种子成熟后即播，发芽温度19～24℃。种子发芽容易，种苗生长迅速，很快就能见花。春季进行分株繁殖。盆栽用12cm盆，栽5～7个球茎，栽植深度2～3cm。盆土用腐叶土、肥沃园土和沙的混合土。生长期充分浇水，盆土保持湿润，开花期减少浇水。茎叶自然枯萎后，则停止浇水，土壤保持干燥。生长期每月施肥1次，用腐熟饼肥水，氮肥不宜多，否则影响开花。花谢后，剪除花茎，促使再次开花。

园林用途 紫娇花花期长，花色淡雅，适合公园、风景区成片栽植或布置花坛、花境和配植景点，花时十分养眼。庭院中栽植道旁、墙角或水池边，也十分自然悦目。

园林应用参考种植密度 4丛×4丛/m²。

1	
2	3
4	

1.紫娇花用于庭院布置
2.紫娇花的丛植景观
3.紫娇花的花序
4.紫娇花在庭院中丛植

朱顶红
Hippeastrum vittatum
石蒜科孤挺花属

形态特征 多年生草本。株高70～90cm,株幅30cm。叶片阔带状,亮绿色。伞形花序,花漏斗状,白色,具红色条纹。也有深红、粉红、水红、橙红、白等色。花期春季。

分布习性 原产秘鲁。喜温暖、湿润和阳光充足环境。生长适温20～25℃,冬季温度不低于5℃。不耐严寒,怕水涝和强光。宜肥沃、富含有机质、疏松和排水良好的沙质壤土。适合于长江流域以南地区栽培。

繁殖栽培 采种后即播,发芽适温16～18℃。鳞茎休眠期分株繁殖。盆栽用12～15cm盆,栽植深度以鳞茎1/3露出盆土为准。盆土用腐叶土或泥炭土、肥沃园土和沙的混合土。初栽时少浇水,出现叶片和花茎时,盆土保持湿润。鳞茎膨大期盆土继续保持湿润,休眠鳞茎保持干燥。生长期每半月施肥1次,抽出花茎后加施磷钾肥1次。花后继续供水供肥,促使鳞茎增大、充实。如果需要培养种球,花后及时剪除花茎,以免消耗鳞茎养分。平时,清除基部黄叶和枯叶。

园林用途 配植草坪边缘、林下或山石隙地,形成群落景观,增添园林景色。盆栽用于窗前,居室环境装饰,烘托欢乐气氛。切花欣赏,淡雅清新,十分悦目。

园林应用参考种植密度 4株×4株/m²。

常见栽培变种及品种 中肋朱顶红*Hippeastrum reticulatum var. striatifolium*,株高25～35cm, 株幅30cm。叶片阔带状,深绿色,中肋白色。伞形花序,花漏斗状,玫粉色,具深粉色条纹。花期夏季。'黑天鹅''Royal Velvet',花深红色。'红狮''Red Lion',花深红色。'蝴蝶''Aphrodite',花重瓣,花白色带粉晕。'僵尸''Zombie',花重瓣,红白双色。'拉巴斯''La Paz',花瓣窄,花的上半部红色,下半部为绿白色。'绿色女神''Green Goddess',花白色,花瓣基部绿色。'魅力四射''Charisma',花红白双色,花上半部红色,下半部为白色。'苹果花''Apple Blossom',花半重瓣,花上半部橙红色,下半部粉白色。'舞后''Dancing Queen',花重瓣,红白双色,花瓣中肋和两侧为白色。'祖母绿''Emerald',花瓣窄,花浅粉色带绿晕,花心绿色。

1	2	6
3	4	7
5		8

1.朱顶红'僵尸'　5.朱顶红'苹果花'
2.朱顶红'舞后'　6.朱顶红与山石配景
3.朱顶红'黑天鹅'　7.路边带状种植的朱顶红
4.朱顶红'蝴蝶'　8.朱顶红与大花金鸡菊配景

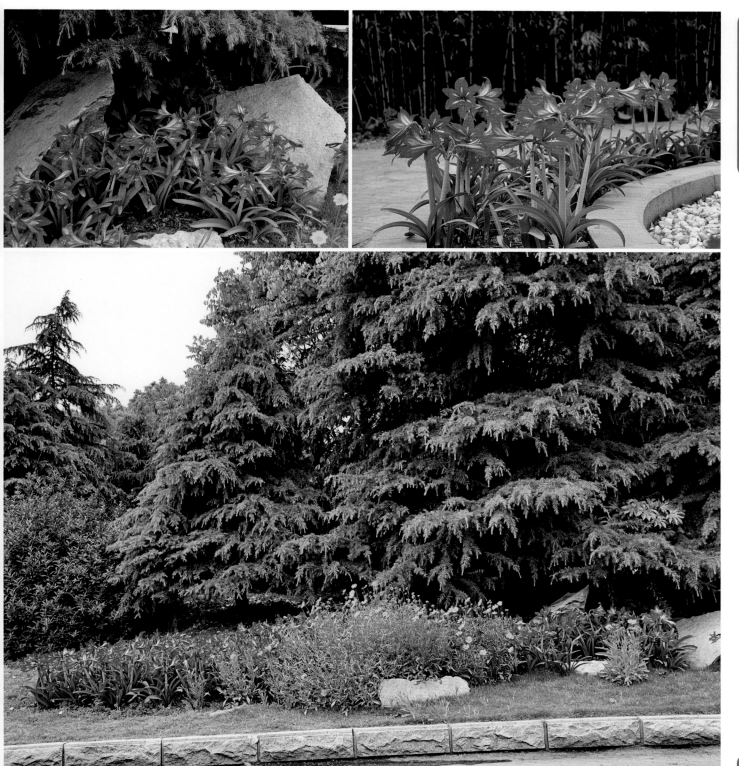

紫叶山酢浆草
Oxalis triangularis
酢浆草科酢浆草属

形态特征 多年生常绿草本。株高15～20cm，株幅15～20cm。叶片基生，有长柄，顶端着生小叶3枚，倒三角形，紫红色。花漏斗状，白色或淡粉红色。花期秋季。

分布习性 原产非洲南部。喜温暖、湿润和半阴环境。不耐严寒，较耐阴，耐干旱，怕高温干燥和强光暴晒。生长适温16～22℃，冬季温度不低于5℃。宜肥沃、疏松和排水良好的沙质壤土。适合于长江流域以南地区栽培。

繁殖栽培 全年均可分株繁殖，挖出株丛，掰开鳞茎分栽都能成新植株。鳞茎上布满芽眼，将鳞茎切成小块，放进沙床中，在室温13～18℃下，待生根展叶后再盆栽。春季用室内盆播，发芽适温15～20℃，播后10～12天发芽。盆栽用15～20cm盆，每盆栽3～5个鳞茎，栽植深度为2～3cm。盆土用泥炭土、蛭石和珍珠岩的混合土。生长期盆土保持湿润，休眠期减少浇水，盆土保持稍湿即行。生长期每2周施肥1次，可用腐熟饼肥水，抽出花茎时施磷钾肥2～3次。或用卉友15-15-30盆花专用肥，休眠期停止施肥。生长期随时摘除黄叶和枯叶，花后摘除残花，防止养分消耗。换盆时叶柄生长过长，可重剪让其萌发新叶。

园林用途 盆栽布置花槽、花坛、点缀景点，线条清晰，富有自然色感，也是极佳的吊盆和地被植物，能较好地烘托气氛。

园林应用参考种植密度 5丛×5丛/m²。

1	4
2	
3	5

1.紫叶山酢浆草
2.紫叶山酢浆草丛植景观
3.紫叶山酢浆草与金盏菊配景
4.紫叶山酢浆草景观
5.紫叶山酢浆草与美丽月见草配景

参考文献 *References*

〔1〕 王意成.草本花卉〔M〕.南京：江苏科学技术出版社，1999.

〔2〕 王意成.宿根花卉〔M〕.南京：江苏科学技术出版社，1999.

〔3〕 王意成.盆栽花卉生产指南〔M〕.北京：中国农业出版社，2000.

〔4〕 王意成.新潮花卉养护与欣赏〔M〕.南京：江苏科学技术出版社，2002.

〔5〕 王意成.新品种花卉栽培实用图鉴〔M〕.北京：中国农业出版社，2002.

〔6〕 王意成.药用、食用、香用花卉〔M〕.南京：江苏科学技术出版社，2002.

〔7〕 王意成.名贵花卉鉴赏与养护〔M〕.南京：江苏科学技术出版社，2002.

〔8〕 王意成.家庭四季养花〔M〕.南京：江苏科学技术出版社，2003.

〔9〕 王意成.观赏植物百科〔M〕.南京：江苏科学技术出版社，2006.

〔10〕 王意成.最新图解球根花卉栽培指南〔M〕.南京：江苏科学技术出版社，2007.

〔11〕 王意成.最新图解草本花卉栽培指南〔M〕.南京：江苏科学技术出版社，2007.

〔12〕 王意成.观赏植物百科（第二版）〔M〕.南京：江苏科学技术出版社，2008.

〔13〕 王意成.庭院花卉养护要领〔M〕.北京：中国农业出版社，2010.

〔14〕 王意成.轻松学养草本花卉〔M〕.南京：江苏科学技术出版社，2010.

〔15〕 王意成.轻松学养球根花卉〔M〕.南京：江苏科学技术出版社，2010.

〔16〕 王意成.轻松学养宿根花卉〔M〕.南京：江苏科学技术出版社，2010.

〔17〕 王意成.健康花草轻松学〔M〕.北京：电子工业出版社，2012.

〔18〕 王意成.花草树木图鉴大全〔M〕.南京：江苏科学技术出版社/凤凰汉竹，2013.

〔19〕 王意成.家养花草栽培图鉴〔M〕.南京：江苏科学技术出版社/凤凰汉竹，2013.

〔20〕 王意成.兰花名品新品鉴赏与栽培〔M〕.南京：江苏科学技术出版社/凤凰汉竹，2013.

〔21〕 The Royal Horticultural Society.A–Z Encyclopedia of Garden Plants〔M〕.London:Dorling Kindersley Limited， 1996.

中文名称索引

拉丁学名索引